普通高等教育"十二五"规划教材

单片机原理与应用
——基于 Keil C 和虚拟仿真技术

陈朝大　李杏彩　　　主　编

陈吹信　曾小波　许　毅　武交峰　副主编

郭钟宁　杨　宁　　　主　审

化学工业出版社

·北京·

本书是作者在单片机教学与开发应用过程中，将实践经验教训和心得感悟，以应用为主调，对单片机应用系统设计加以总结、整理而成的。本书共 13 章，包括单片机基础知识、单片机内部结构和工作原理、单片机的 C51 基础知识、Keil C 开发工具和 Proteus 仿真软件、单片机的中断系统、单片机的定时/计数器、单片机的串行口、单片机的并行扩展技术、单片机的串行扩展技术、单片机与常用外围设备接口电路、单片机与液晶显示器的接口电路、单片机与 D/A 及 A/D 的接口电路、单片机的课程设计（综合应用实例）等。

本书所有示例都有详细说明和程序设计流程，并在 Proteus 电子设计软件中通过仿真实验。本书章与章之间既相互关联，又独立成篇。

本书可作为应用型本科院校及高职高专院校的电子、电气、自动化、机电、计算机等专业的教材，也可供单片机课程设计、电子竞赛、毕业设计参考及相关工程技术人员阅读参考。

图书在版编目 (CIP) 数据

单片机原理与应用——基于 Keil C 和虚拟仿真技术 /
陈朝大，李杏彩主编. —北京：化学工业出版社，
2013.5（2017.7 重印）
普通高等教育"十二五"规划教材
ISBN 978-7-122-16679-1

Ⅰ. ①单…　Ⅱ. ①陈…　②李…　Ⅲ. ①单片微型计算
机-高等学校-教材　Ⅳ. ①TP368.1

中国版本图书馆 CIP 数据核字（2013）第 045747 号

责任编辑：王听讲　　　　　　　　　　文字编辑：高　震
责任校对：陈　静　　　　　　　　　　装帧设计：关　飞

出版发行：化学工业出版社（北京市东城区青年湖南街 13 号　邮政编码 100011）
印　　装：三河市延风印装有限公司
787mm×1092mm　1/16　印张 18　字数 473 千字　2017 年 7 月北京第 1 版第 3 次印刷

购书咨询：010-64518888（传真：010-64519686）　　售后服务：010-64518899
网　　址：http: // www.cip.com.cn
凡购买本书，如有缺损质量问题，本社销售中心负责调换。

定　　价：35.00 元

前　言

　　"单片机原理与应用"是工学类一门重要的专业基础课程，是电子信息工程、集成电路工程、自动化、电气工程及自动化等专业学生必须要掌握的一门基本技能。学生在课程设计、毕业设计、电子竞赛及社会实践中会广泛应用到单片机知识。

　　如何在较短时间内掌握单片机原理，具备应用单片机知识解决实际问题的能力？本书编者们围绕这个主题，完成了两个课题。2011 年 3 月～2011 年 11 月，完成了"单片机原理与应用优秀课程建设"课题；2010 年 9 月～2012 年 7 月，完成了"单片机原理与应用课程教学改革与实践研究"课题。编者们经过多年的不懈努力，总结了长期的教学和科研成果，本书正是编者们根据近年来的实践成果整理而成的。

　　本书以专题形式，从单片机的基本原理、基础知识到电路设计，从解决问题的思路到程序流程设计，从虚拟仿真到实物制作，对单片机应用系统设计进行了详细说明。本书章与章之间既相互关联，又独立成篇。本书具有以下创新特色。

　　1．理论教学特色

　　单片机课程理论教学已开始由汇编语言到 C 语言教学转变，五年内完成过渡。汇编语言编程抽象，学生难以理解，C 语言编程简洁灵活，移植性强，学生易掌握，所以，在本科教学中已启动用 C 语言编程的教学。经过五年教学实践，基本完成 C 语言版本的单片机教学转变，并推广到所有本科专业。为学生以后自学更高级的芯片（例如，DSP 系列、FPGA 系列、ARM 系列）打下基础。理论教学已经引入 Proteus 软件进行仿真教学，Proteus 是世界上著名的 EDA 工具，从原理图布图、代码调试到单片机与外围电路协同仿真，一键切换到 PCB 设计，真正实现了从概念到产品的完整设计。Proteus 计算机仿真技术可以有效降低模块制作的风险，通过 Proteus 仿真实验，学生能够掌握该仿真软件并完成单片机编程。

　　2．实践教学特色

　　单片机实践教学已从实验箱教学转到模块实训教学。实验箱教学主要工作是程序的调试，接上几根线再把调好的程序复制进去，实验就完成了。模块实训教学是把大的系统切割为小单元，并分别完成硬件和软件的设计。例如，基本起振单元、流水灯单元、数码管单元、4×4 键盘单元、LCD12864 单元等，每个小单元制作完毕后，又会把它们有机组合在一起，实现更复杂的功能。本书第 10～13 章，均是编者多年来教学模块实训、课程设计的经典总结，每个模块均包含功能仿真、程序代码及制作心得。使用本教材的教师，可以根据本校的实际教学情况需要，进行适当取舍。

　　3．创新培养模式

　　编者们长期从事单片机教学，多年来一直担任电子竞赛的指导教师。编者们在 2011 年 9 月到 2012 年 7 月期间，完成了"电子竞赛对教学改革的实践与研究"课题。通过各种类型的比赛，学生可以很好地将所学知识应用到实际中，学生只有通过实际的竞赛，才知道自己的不足，教师也知道教学中存在的问题。这样教和学就会在实际的主流评价中得到真正的检验，这样培养的学生也更加符合工作岗位的要求。

　　本书共分 13 章。第 1～2 章介绍单片机基础知识及内部结构和工作原理，第 3～4 章介绍 C51

基础知识、Keil C 开发工具和 Proteus 仿真软件，第 5～7 章介绍单片机中断系统、定时\计数器及串行口，第 8～9 章介绍单片机的并行扩展技术及串行扩展技术，第 10～12 章介绍单片机与常用外围设备接口电路、单片机与液晶显示器的接口电路及单片机与 D/A 及 A/D 的接口电路，第 13 章介绍单片机的课程设计（综合应用实例）。

本书由陈朝大（广东技术师范学院天河学院）、李杏彩（广州大学松田学院）担任主编，陈吹信（广东技术师范学院天河学院）、曾小波（湖南理工职业技术学院）、许毅（大连职业技术学院）、武交峰（广东环境保护工程职业学院）担任副主编，杨红（清远职业技术学院）、程意丽（广东工贸职业技术学院）担任参编。全书由陈朝大负责统稿工作。具体章节编写分工如下表所列：

章节	编写人
第 1 章　单片机基础知识	许　毅
第 2 章　单片机内部结构和工作原理	许　毅
第 3 章　单片机的 C51 基础知识	李杏彩
第 4 章　Keil C 开发工具和 PROTEUS 仿真软件	李杏彩
第 5 章　单片机的中断系统	陈朝大
第 6 章　单片机的定时/计数器	陈朝大
第 7 章　单片机的串行口	陈吹信
第 8 章　单片机的并行扩展技术	陈吹信
第 9 章　单片机的串行扩展技术	杨　红
第 10 章　单片机与常用外围设备接口电路	程意丽
第 11 章　单片机与液晶显示器的接口电路	曾小波
第 12 章　单片机与 D/A 及 A/D 的接口电路	曾小波
第 13 章　单片机的课程设计（综合应用实例）	武交峰

在此要衷心感谢华南理工大学自动化科学与工程学院田联房教授（博士生导师）、杜启亮副教授（硕士生导师）的悉心指导和帮助！

在此还要衷心感谢杨兰芝老师、周永海老师及梁福弟老师的支持，谢谢！

本书由郭钟宁博导、杨宁教授担任主审，他们在审阅本教材时提出了许多宝贵的意见和建议，在此我们表示衷心的感谢！

为了方便教学，本书还配有电子课件及仿真程序等教学资源包，任课教师和学生可以登录化学工业出版社教学资源网站（http://www.cipedu.com.cn），注册后可以免费下载使用。

尽管编者力图将单片机原理与应用表述得全面且深刻，使之成为单片机技术特色教材，但由于编者的水平所限，书中难免存在缺点，敬请广大读者和同行批评指正。

编　者
2013 年 5 月

目　录

第1章　单片机基础知识

本章主要介绍单片机的基础知识，包括单片机的发展、应用以及种类，并对计算机中的数制编码和转换做详细阐述。通过本章的学习，可以使学生了解单片机的发展历程、趋势及种类，并掌握计算机的数制，为后续各章的学习打下基础。

1.1 单片机的发展历史及发展趋势

单片机是单片微型计算机（Single Chip Microcomputer，SCM）的简称，它是将微型计算机的中央处理器 CPU、数据存储器 RAM、程序内存 ROM、定时/计数器（Timer/Counter）以及 I/O 接口等基本功能部件制作在一块集成电路芯片上的微型计算机。单片机具有适合在智能化方面和工业控制方面使用的特点，因此又称其为微控制器（MicroController）。

1.1.1 单片机的发展历史

1970 年微型计算机研制成功后，随后就出现了单片机。单片机的诞生是计算机发展史上一个重要的里程碑，标志着计算机在控制领域形成了一个独立的分支——嵌入式系统（Embedded Systems）。从诞生至今，单片机的发展大致可分为四个阶段。

第一阶段（1976～1978 年）：初级单片机阶段。以 Inter 公司 MCS-48 为代表。这个系列的单片机内集成有 8 位 CPU、I/O 接口、8 位定时器/计数器，寻址范围不大于 4K 字节，简单的中断功能，无串行接口。

第二阶段（1978～1982 年）：单片机完善阶段。在这一阶段推出的单片机其功能有较大加强，能够应用于更多的场合。这个阶段的单片机普遍带有串行 I/O 接口、有多级中断处理系统、16 位定时器/计数器，片内集成的 RAM、ROM 容量加大，寻址范围可达 64K 字节。一些单片机片内还集成了 A/D 转换接口。这类单片机的典型代表有 Inter 公司的 MCS-51、Motorola 公司的 6801 和 Zilog 公司的 Z8 等。

第三阶段（1982～1992 年）：8 位单片机巩固发展及 16 位高级单片机发展阶段。在此阶段，尽管 8 位单片机的应用已普及，但为了更好满足测控系统的嵌入式应用的要求，单片机集成的外围接口电路有了更大扩充。这个阶段单片机的代表为 8051 系列。许多半导体公司和生产厂以 MCS-51 的 8051 为内核，推出了满足各种嵌入式应用的多种类型和型号的单片机。其主要技术发展有：

① 外围功能集成。满足模拟量直接输入的 ADC 接口；满足伺服驱动输出的 PWM；保证程序可靠运行的程序监控定时器 WDT（俗称看门狗电路）；

② 出现了为满足串行外围扩展要求的串行扩展总线和接口，如 SPI、I^2CBus、单总线（1-Wire）等；

③ 出现了为满足分布式系统，突出控制功能的现场总线接口，如 CANBus 等；

④ 在程序内存方面广泛使用了片内程序内存技术，出现了片内集成 EPROM、E^2PROM、FlashROM 以及 MaskROM、OTPROM 等各种类型的单片机，以满足不同产品的开发和生产的需要，也为最终取消外部程序内存扩展奠定了良好的基础。与此同时，一些公司面向更高层次的应用，发展推出了 16 位的单片机，典型代表有 Inter 公司的 MCS-96 系列的单片机。

第四阶段（1993 年至现在）：百花齐放阶段。现阶段单片机发展的显著特点是百花齐放、技术创新，以满足日益增长的广泛需求。其主要有以下几个方面。

① 单片嵌入式系统的应用是面对最底层的电子技术应用，从简单的玩具、小家电，到复杂的工

业控制系统、智能仪表、电气控制，以及发展到机器人、个人通信信息终端、机顶盒等。因此，面对不同的应用对象，不断推出适合不同领域要求的、从简易性能到多全功能的单片机系列。

② 大力发展专用型单片机。早期的单片机是以通用型为主的。由于单片机设计生产技术的提高、周期缩短、成本下降，以及许多特定类型电子产品，如家电类产品的巨大的市场需求能力，推动了专用单片机的发展。在这类产品中采用专用单片机，具有低成本、资源有效利用、系统外围电路少、可靠性高的优点。因此专用单片机也是单片机发展的一个主要方向。

③ 致力于提高单片机的综合质量。采用更先进的技术来提高单片机的综合质量，如提高 I/O 接口的驱动能力；增加抗静电和抗干扰措施；宽（低）电压低功耗等。

1.1.2　单片机的发展趋势

随着生活水平的提高和工业生产的发展，单片机的发展趋势势必向大容量、高性能化、外围电路内装化等方向发展。

（1）制造工艺的进步　现在单片机在制造工艺上早已跨越了 PMOS 和 NMOS 时代而进入了 CMOS 时代，大多数单片机的生产企业都已经采用了 0.6μm 以上的光刻工艺。同时，随着贴片工艺的出现，单片机在其封装工艺中也大量采用了符合贴片工艺的各种封装方式，从而大大减小了其自身的体积。随着制造工艺技术的进步，单片机必将向着高内部密度、高可靠性以及小体积等方向发展。

（2）CPU 的改进　随着 CPU 技术的发展，单片机中的 CPU 也得到了很大改进，加快了指令运算的速度，提高了系统控制的可靠性，并加强了位处理功能以及中断和定时控制功能；采用流水线结构，指令以队列的形式出现在 CPU 中，从而有很高的运算速度，尤其适合用于数字信号的处理。CPU 性能的改进必将大大提升单片机的性能。

（3）存储容量的扩大　早期的单片机其片内 RAM 为 64～128B、ROM 为 1～2KB，寻址范围为 4KB。新型单片机的片内 RAM 为 256B，ROM 多达 64KB。现在单片机的片内 ROM 已经普遍采用 E^{2}PROM，该内存能够在+5V 下进行读/写操作，即具有 SRAM 的读/写操作方便，又有在掉电时数据不会丢失的优点。使用片内 E^{2}PROM，单片机可以不用片外扩展程序内存，大大简化了其应用系统的结构。同时，为了使片内 E^{2}PROM 中的内容不被复制，一些厂家对片内 E^{2}PROM 采用了加锁技术。单片机的内存随着实际需要的发展必将会向着大容量、方便快捷以及高保密的方向发展。

（4）片内 I/O 接口功能的提高　早期的单片机内部仅含有并行的 I/O 接口和定时/计数器，它们的功能较差，实际应用中往往需要通过特殊的接口扩展其功能，增加了应用系统结构的复杂性。

近年来，新型单片机内部的接口，无论从类型和数量上都有了很大发展。目前，在单片机中已经出现的各类型新型接口有数十种，虽然一个单片机中只含有若干种接口，但是其功能却比早期的强得多，用它们可以作为高速主机的通用外设接口。

目前，单片机种类繁多、功能多样，增加并行口的驱动能力，以减少外部驱动芯片；设置一些特殊的串行 I/O 功能，为构成分式、网络化系统提供方便条件等都将成为发展的趋势。

（5）低功耗化　随着单片机产品的 CMOS 化，采用 CMOS 芯片的单片机都具有功耗小的优点，而且为了充分发挥低功耗的特点，这类单片机普遍配置有等待状态、睡眠状态、关闭状态等多种工作方式。在这些状态下低电压工作的单片机，其消耗的电流仅在微安或纳安量级，非常适合于电池供电的便携式、掌上型的仪器仪表以及其他消费类电子产品。

（6）外围电路集成化　随着集成电路技术及工艺的不断发展，把所需的众多外围电路全部装入单片机内，即系统的单片化是目前单片机发展趋势之一。例如，美国 Cygnal 公司的 C8051F020 8 位单片机，内部采用流水线结构，大部分指令的完成时间为 1 或 2 个时钟周期，峰值处理能力为 25MIPS。片上集成有 8 通道 A/D、两路 D/A、两路电压比较器、内置温度传感器、定时器、可编程数位交叉开关和 64 个通用 I/O 口、电源监测、看门狗、多种类型的串行接口（两个 UART、SPI）等。一片芯片就是一个"测控"系统。

（7）片内固化应用软件和系统软件　将一些应用软件和系统软件固化于片内 ROM 中，以便简化使用者对应用程序的编写工作，为用户的开发和使用提供方便，这是单片机一个重要的发展趋势。如 Intel 公司就在部分 MCS-51 单片机内部固化了 PL/M-51 语言,在 8052BH 中固化了 BASIC 解释程序,用户不仅可以使用汇编语言,还可以使用 BASIC 语言编程,增加了很多适合控制用的语句、命令以及运算符等。又如 RCA 公司在其生产的 68HCO5D2 的片内固化了键盘管理程序,在 CDP1804P 内固化了 PASCAL 语言。

事实证明,片内固化软件既能满足速度方面的要求,又能大大简化用户对程序的编写工作,受到越来越多用户的喜爱,成为单片机发展的一个必然趋势。

1.2　单片机的应用

目前,单片机已经渗透到各个领域,例如,导弹的导航装置,飞机上各种仪表的控制,计算机的网络通信与数据传输,工业自动化过程的实时控制和数据处理,广泛使用的各种智能 IC 卡以及程控玩具、电子宠物等,这些都离不开单片机。更不用说自动控制领域的机器人、智能仪表、医疗器械以及各种智能机械了。

单片机广泛应用于仪器仪表、家用电器、医用设备、航空航天、专用设备的智能化管理及程控等领域,大致可分如下几个范畴。

(1) 在智能仪器仪表上的应用。单片机具有体积小、功耗低、控制功能强、扩展灵活、微型化和使用方便等优点,广泛应用于仪器仪表中,结合不同类型的传感器,可实现诸如电压、功率、频率、湿度、温度、流量、速度、厚度、角度、长度、硬度、元素、压力等物理量的测量。采用单片机控制,使得仪器仪表数字化、智能化、微型化,且功能比起采用电子或数字电路更加强大。例如精密的测量设备(功率计,示波器,各种分析仪)。

(2) 在工业控制中的应用。用单片机可以构成形式多样的控制系统、数据采集系统。例如工厂流水线的智能化管理芯片、电梯智能化控制、各种报警系统,与计算机联网构成二级控制系统等。

(3) 在家用电器中的应用。可以这样说,现在的家用电器基本上都采用了单片机控制,从电饭煲、洗衣机、电冰箱、空调机、音响视频器材、再到电子称量设备,五花八门,无所不在。

(4) 在计算机网络和通信领域中的应用。现代的单片机普遍具备通信接口,可以很方便地与计算机进行数据通信,为在计算机网络和通信设备间的应用提供了极好的物质条件,现在的通信设备基本上都实现了单片机智能控制,从小型程控交换机、楼宇自动通信呼叫系统、列车无线通信,再到日常工作中随处可见的移动电话、无线电对讲机等。

(5) 单片机在医用设备领域中的应用。单片机在医用设备中的用途也相当广泛,例如医用呼吸机,各种分析仪,监护仪,超声诊断设备及病床呼叫系统等。

(6) 在各种大型电器中的模块化应用。某些专用单片机设计用于实现特定功能,从而在各种电路中进行模块化应用,而不要求使用人员了解其内部结构。如音乐集成单片机,看似简单的功能,微缩在纯电子芯片中(有别于磁带机的原理),就需要复杂的类似于计算机的原理。如音乐信号以数字的形式存于内存中(类似于 ROM),由微控制器读出,转化为模拟音乐电信号(类似于声卡)。在大型电路中,这种模块化应用极大地缩小了体积,简化了电路,降低了损坏、错误率,也方便于更换。

(7) 单片机在汽车设备领域中的应用。单片机在汽车电子中的应用非常广泛,例如汽车中的发动机控制器,基于 CAN 总线的汽车发动机智能电子控制器,GPS 导航系统,ABS 防抱死系统,制动系统等。

此外,单片机在工商、金融、科研、教育、国防航空航天等领域都有着十分广泛的用途。

1.3　MCS-51 系列与 AT89 系列单片机

MCS-51 系列单片机和 AT89 系列单片机是当前最常用的单片机。AT89C51 是 ATMEL 公司生产的 MCS-51 兼容单片机,采用 CMOS 工艺生产,有 4KB 的 Flash ROM 空间,用户可以很方便地进行程序的擦写操作。MCS-51 是 Intel 公司开发的 8 位单片机系列,典型的产品有 8031 和 8051。

MCS-51 系列单片机的主要产品如表 1-1 所列。

表 1-1　MCS-51 系列单片机的主要产品

型　　号	制 造 技 术	片内 ROM	片内 RAM
8051AH	HMOS	ROM（4KB）	128 字节
8031AH	AHMOS	无	128 字节
8751H	HMOS	EPROM（4KB）	128 字节
AT89C51/AT89S51	CHMOS	FlashROM（4KB）	128 字节
80C31	CHMOS	无	128 字节
8051	HMOS	ROM（8KB）	128 字节
8031	HMOS	无	128 字节

1.3.1　MCS-51 系列单片机

　　MCS-51 是指由美国 Intel 公司生产的一系列单片机的总称，这一系列单片机包括了若干品种，如 8031，8051，8751，8032，8052，8752 等，其中 8051 是最早最典型的产品，该系列其他单片机都是在 8051 的基础上进行功能的增、减改变而来的，所以人们习惯于用 8051 来称呼 MCS-51 系列单片机，而 8031 是前些年在我国最流行的单片机，所以很多场合会看到 8031 的名称。市面上，所有兼容 MCS-51 的单片机都叫 51 兼容芯片，都可以用 C51 语言编程。

　　其中 AT89S51 单片机是一种新型的在线可编程的单片机，内部有 4K 字节、Flash 内存，它使得单片机产品的软件可在线升级，也使得单片机的学习开发、程序的下载较过去方便许多。

1.3.2　AT89 系列单片机

　　AT89C51 提供以下标准功能：4K 字节 Flash 闪速内存，128 字节内部 RAM，32 个 I/O 口，两个 16 位定时/计数器，一个 5 向量两级中断结构，一个全双工串行通信口，片内振荡器及时钟电路。同时，AT89C51 可降至 0Hz 的静态逻辑操作，并支持两种软件可选的节电工作模式。空闲方式停止 CPU 的工作，但允许 RAM、定时/计数器、串行通信口及中断系统继续工作。掉电方式保存 RAM 中的内容，但振荡器停止工作并禁止其他所有部件工作直到下一个硬件复位。AT89 系列实物图如图 1-1 所示。

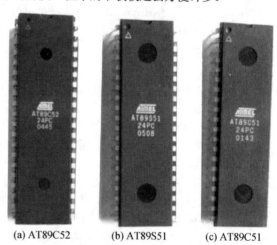

(a) AT89C52　　(b) AT89S51　　(c) AT89C51

图 1-1　AT89 系列实物图

1.4　计算机运算基础

　　冯·诺依曼提出了"程序存储"和"二进制运算"的思想，并构建了计算机的经典结构。冯·诺依曼体制的要点之一就是在计算机中所有的数据和指令都用二进制代码表示，这是因为二进制数具有运算简单、便于物理实现、节省设备等优点。而人们最常用、最熟悉的是十进制数，所以不同进制数之间相互转换就成为必须熟练掌握的知识。

1.4.1　数制

　　数制也称计数制，是指用一组固定的符号和统一的规则来表示数值的方法。按进位的原则进行计数的方法，称为进位计数制。比如，在十进制计数制中，是按照"逢十进一"的原则进行计数的。

　　常用的进位制有二进制、八进制、十进制和十六进制。

数制三要素：数位、基数、位权

基数概念：一个计数制包含的数字符号的个数称为该数制的基数。例如，十进制的基数是 10。

权（位值）概念：某进制中由位置决定的值叫位值或权。

位权展开概念：某进制数的值都可以表示为各位数码本身的值与其权的乘积之和。

（1）二进制 按"逢二进一"的原则进行计数，称为二进制数，即每位上计满 2 时向高位进 1。

基数：2

数码：0、1

位权：设 n 为整数位元的个数，m 为小数位的个数，则从左至右的各位的位权分别是：

$$2^{n-1}、2^{n-2}、\cdots\cdots 2^1、2^0、2^{-1}、2^{-2}、\cdots\cdots、2^{-m}$$

表示方法（11001100）$_2$ 或者 11001100B。

在计算机内部无论是指令还是数据，存储、运算、处理和传输采用的都是二进制。

（2）八进制 按"逢八进一"的原则进行计数，称为八进制数，即每位上计满 8 时向高位进 1。

基数：8

数码：0、1、2、3、4、5、6、7

位权：设 n 为整数位元的个数，m 为小数位的个数，则从左至右的各位的位权分别是：

$$8^{n-1}、8^{n-2}、\cdots\cdots 8^1、8^0、8^{-1}、8^{-2}、\cdots\cdots、8^{-m}$$

表示方法（1357）$_8$ 或者 1357O。

（3）十进制 按"逢十进一"的原则进行计数，称为十进制数，即每位上计满 10 时向高位进 1。

基数：10

数码：0、1、2、3、4、5、6、7、8、9

位权：设 n 为整数位元的个数，m 为小数位的个数，则从左至右的各位的位权分别是：

$$10^{n-1}、10^{n-2}、\cdots\cdots 10^1、10^0、10^{-1}、10^{-2}、\cdots\cdots、10^{-m}$$

表示方法（1357）$_{10}$ 或者 1357D。

（4）十六进制 按"逢十六进一"的原则进行计数，称为十六进制数，即每位上计满 16 时向高位进 1。

基数：16

数码：0、1、2、3、4、5、6、7、8、9、A、B、C、D、E、F

位权：设 n 为整数位元的个数，m 为小数位的个数，则从左至右的各位的位权分别是：

$$16^{n-1}、16^{n-2}、\cdots\cdots 16^1、16^0、16^{-1}、16^{-2}、\cdots\cdots、16^{-m}$$

表示方法（396B）$_{10}$ 或者 396BH。

在计算机内部，数都是用二进制表示的，二进制与八进制、十六进制之间很容易转换，因此需要掌握十进制与二进制、八进制及十六进制之间的转换，其对应关系见表 1-2。

表 1-2 几种常见进制的对应关系

十进制	二进制	八进制	十六进制	十进制	二进制	八进制	十六进制
0	0	0	0	9	1001	11	9
1	1	1	1	10	1010	12	A
2	10	2	2	11	1011	13	B
3	11	3	3	12	1100	14	C
4	100	4	4	13	1101	15	D
5	101	5	5	14	1110	16	E
6	110	6	6	15	1111	17	F
7	111	7	7	16	10000	20	10
8	1000	10	8				

1.4.2 数制间的转换

将数由一种数制转换成另一种数制称为数制间的转换。

（1）十进制数转换成非十进制数

① 整数转换　十进制整数化为非十进制整数采用"余数法"，即除基数取余数。把十进制整数逐次用任意十进制数的基数去除，一直到商是 0 为止，然后将所得到的余数由下而上排列即可。

【例 1-1】　将十进制数 135 转换为二进制数、八进制数和十六进制数。

解：a．十进制数 135 转换为二进制数：

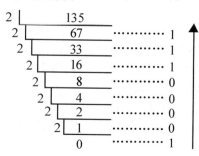

即（135）$_{10}$＝（10000111）$_2$

b．十进制数 135 转换为八进制数：

$$
\begin{array}{r|l}
8 & 135 \\
8 & 16 \quad \cdots\cdots 7 \\
8 & 2 \quad \cdots\cdots 0 \\
& 0 \quad \cdots\cdots 2
\end{array}
$$

即（135）$_{10}$＝（207）$_8$

c．十进制数 135 转换为十六进制数：

$$
\begin{array}{r|l}
16 & 135 \\
16 & 8 \quad \cdots\cdots 7 \\
& 0 \quad \cdots\cdots 8
\end{array}
$$

即（135）$_{10}$＝（87）$_{16}$

② 小数转换　十进制小数转换成非十进制小数采用"进位法"，即乘基数取整数。把十进制小数不断地用其他进制的基数去乘，直到小数的当前值等于 0 或满足所要求的精度为止，最后所得到的积的整数部分由上而下排列即为所求。

【例 1-2】　将十进制数 0.25 转换为二进制、八进制和十六进制。

解：a．十进制数 0.25 转换为二进制数：

$$
\begin{array}{r}
0.25 \\
\times \quad 2 \\
\hline
0.5 \quad \cdots\cdots 0 \\
\times \quad 2 \\
\hline
1 \quad \cdots\cdots 1 \quad （取完整数部分之后余 0）
\end{array}
$$

即（0.25）$_{10}$＝（0.01）$_2$

b．十进制数 0.25 转换为八进制数：

$$
\begin{array}{r}
0.25 \\
\times \quad 8 \\
\hline
2 \quad \cdots\cdots 2 \quad （取完整数部分之后余 0）
\end{array}
$$

即（0.25）$_{10}$＝（0.2）$_8$

c．十进制数 0.25 转换为十六进制数：

$$
\begin{array}{r}
0.25 \\
\times \quad 16 \\
\hline
4 \quad \cdots\cdots\cdots\cdots 4
\end{array}
$$

（取完整数部分之后余 0）

即（0.25）$_{10}$=（0.4）$_{16}$

（2）非十进制数转换成十进制数　非十进制数转换成十进制数采用"位权法"，即把各非十进制数按位权展开，然后求和。

【例 1-3】

a．将二进制数 11010011 转换为十进制数。

解：（11010011）$_2$=$1 \times 2^7 + 1 \times 2^6 + 0 \times 2^5 + 1 \times 2^4 + 0 \times 2^3 + 0 \times 2^2 + 1 \times 2^1 + 1 \times 2^0$=211

b．将八进制数 716 转换为十进制数。

解：（716）$_8$=$7 \times 8^2 + 1 \times 8^1 + 6 \times 8^0$=462

c．将十六进制数 D4 转换为十进制数。

解：（D4）$_{16}$=$13 \times 16^1 + 4 \times 16^0$=212

（3）二、八、十进制数之间转换

① 二进制数与八进制数之间的转换转换方法

a．把二进制数转换为八进制数时，按"三位并一位"的方法进行。以小数点为界，将整数部分从右向左每三位一组，最高位不足三位时，添 0 补足三位；小数部分从左向右，每三位一组，最低有效位不足三位时，添 0 补足三位。然后，将各组的三位二进制数按权展开后相加，得到一位八进制数。

【例 1-4】　将二进制数 10110101 转换为八进制数。

解：把（10110101）$_2$写成下面的形式：

$$
\begin{array}{ccc}
\underline{010} & \underline{110} & \underline{101} \\
2 & 6 & 5
\end{array}
$$

即（10110101）$_2$=（265）$_8$

b．将八进制数转换成二进制数时，采用"一位拆三位"的方法进行。即把八进制数每位上的数用相应的三位二进制数表示。

【例 1-5】　将八进制数 652 转换为二进制数。

解：把（652）$_8$写成下面的形式：

$$
\begin{array}{ccc}
\underline{6} & \underline{5} & \underline{2} \\
110 & 101 & 010
\end{array}
$$

即（652）$_8$=（110101010）$_2$

② 二进制数与十六进制数之间的转换转换方法

a．把二进制数转换为十六进制数时，按"四位并一位"的方法进行。以小数点为界，将整数部分从右向左每四位一组，最高位不足四位时，添 0 补足四位；小数部分从左向右，每四位一组，最低有效位不足四位时，添 0 补足四位。然后，将各组的四位二进制数按权展开后相加，得到一位十六进制数。

【例 1-6】　将二进制数 10110101 转换为十六进制数。

解：把（10110101）$_2$写成下面的形式：

$$
\begin{array}{cc}
\underline{1011} & \underline{0101} \\
B & 5
\end{array}
$$

即（10110101）$_2$=（B5）$_{16}$

b．将十六进制数转换成二进制数时，采用"一位拆四位"的方法进行。即把十六进制数每位上的数用相应的四位二进制数表示。

【例 1-7】 将十六进制数 9C 转换为二进制数。

解：把（9C）$_{16}$ 写成下面的形式：

$$\underline{9} \qquad \underline{C}$$
$$1001 \qquad 1100$$

即（9C）$_{16}$=（10011100）$_2$

1.4.3 二进制数的计算

（1）算术运算 二进制四则运算和十进制四则运算原理相同，所不同的是十进制有十个数码，"满十进一"，二进制只有两个数码 0 和 1，"满二进一"。二进制运算口诀则更为简单。

① 加法 二进制加法，在同一数字上只有四种情况：

$0+0=0$，$0+1=1$，$1+0=1$，$1+1=10$。

只要按从低位到高位依次运算，"满二进一"，就能很容易地完成加法运算。

【例 1-8】 二进制加法

a. $10110+1101$；

b. $1110+101011$。

解 加法算式和十进制加法一样，把右边第一位对齐，依次相应数位对齐，每个数位满二向上一位进一。

$$
\begin{array}{r}
\text{a.} \quad 10110 \\
+) \quad 1101 \\
\hline
100011
\end{array}
\qquad
\begin{array}{r}
\text{b.} \quad 1110 \\
+) \quad 101011 \\
\hline
111001
\end{array}
$$

$10110+1101=100011 \quad 1110+101011=111001$

通过计算不难验证，二进制加法也满足"交换律"，如 $101+1101=1101+101=10010$。

多个数相加，先把前两个数相加，再把所得结果依次与下一个加数相加。

【例 1-9】 二进制加法

a. $101+1101+1110$；

b. $101+（1101+1110）$。

解

a. $101+1101+1110$　　b. $101+（1101+1110）$

　　$=10010+1110$　　　　　　$=101+11011$

　　$=100000$；　　　　　　　　$=100000$

从例【1-9】②的计算结果可以看出二进制加法也满足"结合律"。

② 减法 二进制减法也和十进制减法类似，先把数位对齐，同一数位不够减时，从高一位借位，"借一当二"。

【例 1-10】 二进制减法

a. $11010-11110$；

b. $10001-1011$。

解

a. $110101-11110=10111$；

b. $10001-1011=110$。

$$
\begin{array}{r}
\text{a.} \quad 110101 \\
-) \quad 11110 \\
\hline
10111
\end{array}
\qquad
\begin{array}{r}
\text{b.} \quad 10001 \\
-) \quad 1011 \\
\hline
110
\end{array}
$$

【例1-11】 二进制加减混合运算

a．110101 + 1101−11111；

b．101101−11011 + 11011。

解

a．110101 + 1101−11111

= 1000010−11111

= 100011

b．101101−11011 + 11011

= 10011 + 11011

= 101101。

③ 乘法　二进制只有两个数码0和1，乘法口诀只有以下几条：

$$0 \times 0 = 0, \quad 0 \times 1 = 0, \quad 1 \times 0 = 0, \quad 1 \times 1 = 1$$

概括成口诀：零零得零，一零得零，一一得一。

二进制乘法算式和十进制写法也一样。

【例1-12】 二进制乘法

a．1001 × 101；

b．11001 × 1010。

解　a．1011 × 101 = 110111；　b．11001 × 1010 = 11111010。

```
                        11001
        1011          ×) 1010
      ×)  101         ———————
      ———————          00000
        1011          11001
       1011          00000
      ———————        11001
      110111        ———————
                    11111010
```

④ 除法　除法是乘法的逆运算，二进制除法和十进制除法也一样，而且更简单，每一位商数不是0，就是1。

【例1-13】 二进制除法

a．10100010÷1001；

b．10010011÷111。

解　a.　　　　　　　　　　　　　　b.

```
         10010                      10101
   1001√10100010              111√10010011
        1001                       111
       ——————                     ——————
        1001                      1000
        1001                       111
       ——————                    ——————
          0                         0
```

10100010÷1001 = 10010；　　　10010011÷111 = 10101。

（2）逻辑运算　逻辑变量之间的运算称为逻辑运算。二进制数1和0在逻辑上可以代表"真"与"假"、"是"与"否"、"有"与"无"。这种具有逻辑属性的变量就称为逻辑变量。

计算机的逻辑运算与算术运算的主要区别是：逻辑运算是按位进行的，位与位之间不像加减运算那样有进位或借位的联系。

逻辑运算主要包括三种基本运算：逻辑加法（又称"或"运算）、逻辑乘法（又称"与"运算）和逻辑否定（又称"非"运算）。此外，"异或"运算也很有用。

① 逻辑加法（"或"运算）　逻辑加法通常用符号"+"或"∨"来表示。逻辑加法运算规则如下：

$$0+0=0, \quad 0\vee0=0$$
$$0+1=1, \quad 0\vee1=1$$
$$1+0=1, \quad 1\vee0=1$$
$$1+1=1, \quad 1\vee1=1$$

从上式可见，逻辑加法有"或"的意义。也就是说，在给定的逻辑变量中，A 或 B 只要有一个为 1，其逻辑加的结果为 1；两者都为 1 则逻辑加为 1。

② 逻辑乘法（"与"运算）　逻辑乘法通常用符号"×"或"∧"或"•"来表示。逻辑乘法运算规则如下：

$$0\times0=0, \quad 0\wedge0=0, \quad 0\cdot0=0$$
$$0\times1=0, \quad 0\wedge1=0, \quad 0\cdot1=0$$
$$1\times0=0, \quad 1\wedge0=0, \quad 1\cdot0=0$$
$$1\times1=1, \quad 1\wedge1=1, \quad 1\cdot1=1$$

不难看出，逻辑乘法有"与"的意义。它表示只当参与运算的逻辑变量都同时取值为 1 时，其逻辑乘积才等于 1。

③ 逻辑否定（"非"运算）　逻辑非运算又称逻辑否运算。其运算规则为：

$$0=1, \quad 非 0 等于 1$$
$$1=0, \quad 非 1 等于 0$$

④ 异或逻辑运算（半加运算）　异或运算通常用符号"⊕"表示，其运算规则为：

$$0\oplus0=0; \quad 0 同 0 异或，结果为 0$$
$$0\oplus1=1; \quad 0 同 1 异或，结果为 1$$
$$1\oplus0=1; \quad 1 同 0 异或，结果为 1$$
$$1\oplus1=0; \quad 1 同 1 异或，结果为 0$$

即两个逻辑变量相异，输出才为 1。

1.4.4　单片机中数的表示

一个数在计算机中的表示称为机器数，这个数学上的数的本身称为机器数的真值。机器数受 CPU 字长的限制，是有一定范围的，超出了此范围就会产生"溢出"。

（1）无符号数与有符号数　计算机中的数通常有两种：无符号数和有符号数。两种数在计算机中的表示是不一样的。无符号数由于不带符号，表示时比较简单，可以直接用它对应的二进制形式表示。如，假设机器字长为 8 位，则 216 表示为 11011000B。

有符号数带有正负号。由于计算机只能识别二进制数，不能识别正负号，因此计算机中只能将正负号用二进制数表示。通常，在计算机中表示有符号数时，会在数的前面加一位，作为符号位。正数表示为 0，负数表示为 1，其余的位用来表示数的大小。这种连同一个符号位在一起作为一个数，称为机器数，它的数值称为机器数的真值。机器数的表示如图 1-2 所示。

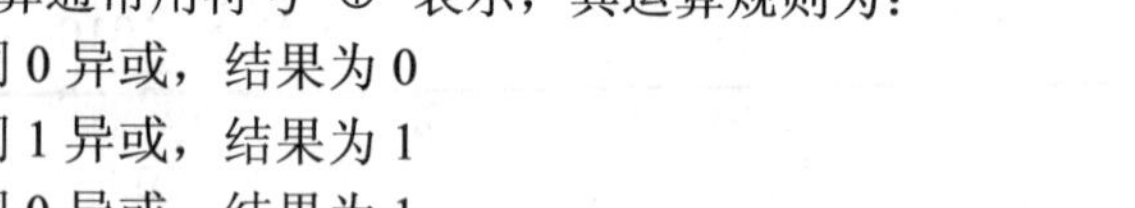

为了运算方便，机器数在计算机中有三种表示法：原码、反码和补码。

图 1-2　机器数的表示

① 原码　一个二进制数的原码包含符号和数值两部分，它的最高位是符号位，符号位按"正 0 负 1"判别，其余位表示它的绝对值。这种表示有符号数的方法即为原码表示法。对于一个 n 位的二进制数，其原码表示范围为 $-(2^{n-1}-1)\sim+(2^{n-1}-1)$。

用原码表示时，对于 -0 和 +0 的编码不一样。假设机器字长为 8 位，-0 的原码为 10000000B，

+0 的原码为 00000000B。

【例 1-14】 写出+68 和−68 的原码。

解：[+68]原 = 01000100B

[−68]原 = 11000100B

② 反码 一个二进制数反码的求法如下：

a. 正数的反码与原码相同；

b. 负数的反码为其原码保持符号位不变，数值位各位取反的结果。

对于 0，假设机器字长为 8 位，−0 的反码为 11111111B，+0 的反码为 00000000B。

【例 1-15】 写出+68 和−68 的反码。

解：[+68]反=01000100B

[−68]反=10111011B

③ 补码 一个二进制数补码的求法如下：

a. 正数的补码与原码相同；

b. 负数的补码为其原码保持符号位不变，数值位各位取反后加 1 即其反码加 1 的结果。

【例 1-16】 写出+68 和−68 的补码。

解：[+68]补=01000100B

[−68]补=10111100B

④ 溢出问题 两个带符号数进行加减运算时，若运算结果超出了机器所允许表示的范围，得出错误的结果，这种情况成为溢出。如 8 位字长的计算机所能表示的有符号数的范围为−128～+127，若运算结果超出此范围，就会发生溢出。

判断的方法：如果两正数相加结果为负，或者两负数相加结果为正，就是产生了溢出。

具体的运算过程就是：两个符号位为 0 的数相加，结果的符号位是 1；或者两个符号位为 1 的数相加，结果的符号位是 0，就可判断产生溢出了。

【例 1-17】 判断下列运算的溢出情况。

a. 93+78

解：[+93]补=01011101B   [+78]补=01001110B

$$\begin{array}{r} 01011101B \\ + \ 01001110B \\ \hline 10101011B \end{array}$$

有溢出发生。

b. −52+19

解：[−52]补=10110100B   [+19]补=00010011B

$$\begin{array}{r} 10110100B \\ + \ 00010011B \\ \hline 11000111B \end{array}$$

无溢出发生。

（2）BCD 码 计算机内部对信息是按二进制方式进行处理的，而人们生活中最习惯的是十进制数，为了处理方便，在计算机中，对于十进制数也提供了相应的编码方式。

BCD 码（Binary-Coded Decimal）亦称为二进制代码十进制数或二-十进制代码。它是用 4 位二进制数来表示 1 位十进制数中的 0～9 这 10 个数码。

BCD 码可分为有权码和无权码两类：有权 BCD 码有 8421 码、2421 码、5421 码，其中 8421 码是最常用的；无权 BCD 码有余 3 码、格雷码等。

8421 BCD 码是最基本和最常用的 BCD 码，它和四位自然二进制代码相似，各位的权值为 8、4、2、1，故称为有权 BCD 码。和四位自然二进制代码不同的是，它只选用了四位二进制代码中前 10 组代码，即用 0000～1001 分别代表它所对应的十进制数，余下的六组代码不用。见表 1-3。

表 1-3　0～9 所对应的 8421 BCD 码

十 进 制 数	BCD 码	十 进 制 数	BCD 码
0	0000B	5	0101B
1	0001B	6	0110B
2	0010B	7	0111B
3	0011B	8	1000B
4	0100B	9	1001B

（3）ASCII 码　在计算机信息处理中，除数值数据外，还涉及大量的字符数据，如字母、符号等，它们也必须按照特定的规则用二进制来编码。由美国国家标准局（ANSI）制定的 ASCII 码（American Standard Code for Information Interchange，美国标准信息交换码）是目前计算机中用得最广泛的字符集及其编码，它已被国际标准化组织（ISO）定为国际标准，称为 ISO 646 标准。

在计算机的存储单元中，一个 ASCII 码值占一个字节（8 个二进制位），其最高位（b7）用作奇偶校验位。所谓奇偶校验，是指在代码传送过程中用来检验是否出现错误的一种方法，一般分奇校验和偶校验两种。奇校验规定：正确的代码一个字节中 1 的个数必须是奇数，若非奇数，则在最高位 b7 添 1；偶校验规定：正确的代码一个字节中 1 的个数必须是偶数，若非偶数，则在最高位 b7 添 1。一个 ASCII 码由 8 位二进制数码组成的。其中，用于表达字符的二进制代码有 7 个，剩余一个用于检测错误，或空闲不用。见表 1-4。

表 1-4　常用字符的 ASCII 码

字 符	ASCII 码	字 符	ASCII 码	字 符	ASCII 码	字 符	ASCII 码
0	30H	A	41H	a	61H	SP（空格）	20H
1	31H	B	42H	b	62H	CR（回车）	0DH
2	32H	C	43H	c	63H	LF（换行）	0AH
…		…		…		BEL（响铃）	07H
9	39H	Z	5AH	z	7AH	BS（退格）	08H

1.5　计算机主要技术指标术语

（1）位（bit）　位是计算机中所能表示和处理数据的最小、最基本单位。计算机中的数据都是以 0 和 1 来表示的二进制数，其中一个 0 或者一个 1 称之为 1 位。

（2）字节（Byte）　字节是计算机信息技术用于计量存储容量和传输容量的一种计量单位，一个字节等于 8 位二进制数，即 1Byte = 8bit。一个英文字母的编码可以用一个字节存储，而一个汉字的编码至少需要两个字节来存储。

（3）字（Word）　在计算机中，一串数码作为一个整体来处理或运算的，称为一个计算机字，简称字。字是计算机内部进行数据处理的基本单位。字通常分为若干个字节（每个字节一般是 8 位）。在内存中，通常每个单元存储一个字，因此每个字都是可以寻址的。字的长度用位数来表示。

（4）字长　在同一时间中 CPU 并行处理二进制数的位数称为字长。字长通常等于数据总线的位数和通用寄存器的位数。字长与计算机的功能和用途有很大的关系，是计算机的一个重要技术指标。字长直接反映了一台计算机的计算精度，计算机的字长越长，计算机的精度就越高，处理能力也就越强。

随着计算机技术的发展，计算机处理的信息容量越来越大，于是人们采用了更大的单位，如：KB（1KB = 1024B = 2^{10}B）、MB（1MB = 1024KB = 2^{20}B）、GB（1GB = 1024MB = 2^{30}B）以及 TB（1TB = 1024GB = 2^{40}B）等。

（5）运算速度　运算速度是衡量计算机性能的一项重要指标。通常所说的计算机运算速度（平均运算速度），是指每秒钟所能执行的指令条数，一般用"百万条指令/秒"来描述。微机一般采用主频来描述运算速度。主频越高，运算速度就越快。

（6）指令　指令是规定计算机进行某种操作的命令。它是计算机自动执行的依据。计算机只能直接识别 0 和 1 数字组合的编码，这就是指令的机器码。

（7）指令系统　指令系统是计算机硬件的语言系统，也叫机器语言，它是软件和硬件的主要接口，从系统结构的角度看，它是系统程序员看到的计算机的主要属性。因此指令系统表征了计算机的基本功能，也决定了指令的格式和机器的结构。

（8）程序　程序（program）是为实现特定目标或解决特定问题而用计算机语言编写的命令序列的集合。为实现预期目的而进行操作的一系列语句和指令。一般分为系统程序和应用程序两大类。

（9）时钟频率（主频）　时钟频率是指 CPU 在单位时间（秒）内发出的脉冲数。它在很大程度上决定了计算机的运算速度。时钟频率越快，计算机的运算速度也越快。主频的单位是兆赫兹（MHz）。

本 章 小 结

将运算器、控制器及各种寄存器集成在一块集成电路芯片上，组成中央处理器（CPU）或微处理器。微处理器配上内存、输入/输出接口便构成了微型计算机。单片机是把微处理器、内存（RAM 和 ROM）、输入/输出接口电路及定时/计数器等集成在一起的集成电路芯片。

单片机的主要特点：集成度高、控制功能强、可靠性高、低功耗、外部总线丰富、功能扩展性强、体积小、性价比高，极适合于智能仪器仪表和工业测控系统。

在计算机中常用的数制有二进制、八进制和十六进制。不同数制之间的转换都有一定的规则，应熟练掌握十进制与这些进制之间的转换方法。

有符号二进制数有 3 种表示方法，原码、反码和补码。在计算机中，有符号数一般用补码表示，无论是加法还是减法都可以采用加法运算，而且是连同符号位一起进行的，运算的结果仍为补码。

计算机中常用的二进制编码有 BCD 码和 ASCII 码。BCD 码的加、减法运算与十进制运算规则相同，但是必须对运算结果进行修正。ASCII 码是国际通用的标准编码，采用 7 位二进制编码，分为图形字符和控制字符两类，共 128 个字符。

思考题及习题

一、简答题

1. 什么叫单片机？

2. 单片机的发展主要经历了哪些阶段？

3. 单片机有哪些应用领域？

4. 什么是原码、反码和补码？

5. 什么是 BCD 码和 ASCII 码？

二、计算题

1. 将下列数转换为二进制和十六进制数。

（1）215D　　　　　（2）5.625D

2. 将下列十六进制数转换为二进制和十进制数。

（1）A2H　　　　　（2）19.DH

3. 写出下列各十进制数的原码、反码和补码。

（1）+38D　　　　　（2）-69D

第2章　单片机内部结构和工作原理

AT89C51是一个低电压、高性能的CMOS 8位单片机，带有4K字节的可反复擦写的程序内存（EEPROM）和128字节的存取数据存储器（RAM），能够与MCS-51系列的单片机兼容。本章主要介绍单片机在硬件方面的知识和使用。

2.1　内部结构和引脚说明

2.1.1　内部结构

单片机是计算机的一个分支，从原理和结构上看，单片机和计算机之间没有很大的差别，但单片机内部集成了很多功能电路，图2-1为89C51单片机结构框图。

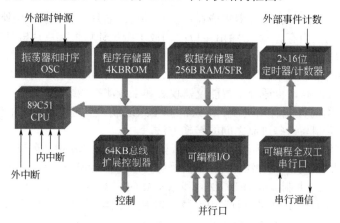

图2-1　AT89C51单片机结构框图

89C51单片机芯片内部主要包括如下功能部件：
① 一个8位微处理器（CPU），频率范围1.2～12MHz；
② 256B数据存储器（RAM）；
③ 4KB程序内存（Flash ROM）；
④ 1个片内振荡器和时钟产生电路（石英晶体与微调电容需外接，最高允许振荡频率为12MHz）；
⑤ 4个8位并行I/O接口（共32位I/O口P0～P3，每个口皆可输入和输出，其中P3口还可用于串行输入/输出、定时/计数器、外部事件计数输入，中断输入）；
⑥ 2个16位定时/计数器；
⑦ 5个中断源的中断控制系统（2个外中断，2个定时/计数器中断，1个串行口中断）；
⑧ 1个全双工的串行I/O接口；
⑨ 64KB扩展总线控制电路。

2.1.2　引脚说明

AT89C51芯片是标准的40引脚双列直插式（DIP封装）集成电路芯片，引脚排列如图2-2所示。
（1）引脚介绍
① 电源引脚（GND，VCC）

GND（20 脚）：电源地电平。

VCC（40 脚）：+5V 电源端。

② 时钟电路引脚（XTAL1，XTAL2）

XTAL1（19 脚）：振荡器反向放大器输入端。当外接晶体时，接晶体和微调电容的一端；当采用外部时钟时，此脚作为驱动端，接外部时钟。

XTAL2（18 脚）：振荡器反向放大器输出端。当外接晶体时，接晶体和微调电容的一端；当采用外部时钟时，此脚悬空。

③ 控制信号引脚（RST，ALE/$\overline{PROG}$、$\overline{PSEN}$ 和 $\overline{EA}$/VPP）

RST（9 脚）：复位信号，高电平有效。

ALE/$\overline{PROG}$（30 脚）：地址锁存允许/编程脉冲输入端。ALE：当访问外部内存时，ALE 的输出用于锁存地址的低 8 位，即将 P0 口数据和地址分开。即使不访问外部内存，ALE 端仍以振荡频率的 1/6 周期性地输出正脉冲信号，这可作为输出脉冲或定时信号。ALE 端的负载能力为 8 个 LS 型 TTL 输入。$\overline{PROG}$：对片内 Flash ROM 编程写入时的编程脉冲输入端。

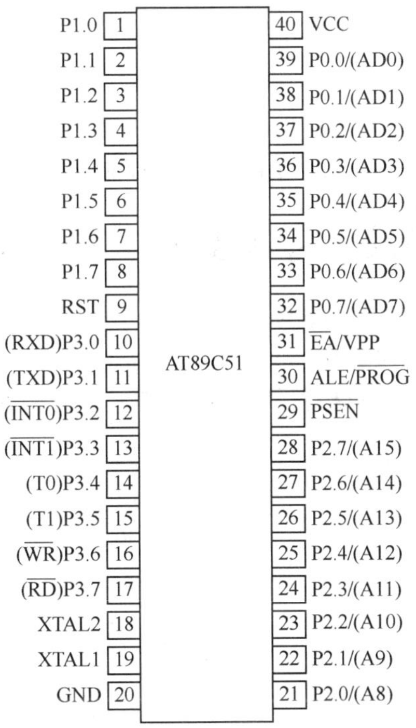

$\overline{PSEN}$（29 脚）：外部程序内存"读"信号。当访问

图 2-2 AT89C51 引脚图

外部程序内存时，此脚定时输出负脉冲作为读片外程序内存的选通信号，通常接 EPROM 的 $\overline{OE}$ 端。$\overline{PSEN}$ 端在每个机器周期（12 个振荡周期）中两次有效，但当访问外部 RAM 时，两次 $\overline{PSEN}$ 负脉冲信号不出现。$\overline{PSEN}$ 端可以驱动 8 个 LS 型 TTL。

$\overline{EA}$/VPP（31 脚）：内外程序内存选择/编程电源输入端。EA=1，CPU 访问片内 Flash ROM，并执行其指令。当 PC>0FFFH 时（4KB），自动转向片外 ROM。EA=0，不论片内是否有内存，只执行片外 ROM 的指令。VPP：用于在对 89C51 的片内 Flash ROM 编程时，施加（12～21V）高压的输入端。

④ I/O 引脚（P0～P3）

P0（P0.0～P0.7 32～39 脚）：是漏极开路的 8 位准双向 I/O 端口，有两种功能。

◇ 通用 I/O 接口：无片外内存时，P0 口可作通用 I/O 接口使用。

◇ 地址/数据口：在访问外部内存时，用作地址总线的低 8 位和数据总线。

P1（P1.0～P1.7 1～8 脚）：仅用作 I/O 口。

P2（P2.0～P2.7 21～28 脚）：带内部上拉电阻的 8 位准双向 I/O 接口，有两种功能。

◇ 通用 I/O 接口：无片外内存时，P2 可作通用 I/O 接口使用。

◇ 地址口：在访问外部内存时，用作地址总线的高 8 位。

P3（P3.0～P3.7 10～17 脚）：双功能口。

◇ 第一功能：用作通用 I/O 接口。

◇ 第二功能：用于串行口、中断源输入、计数器、片外 RAM 选通。

（2）引脚的第二功能

由于工艺及标准化等原因，芯片的引脚数目是有限的，但单片机为实现其功能所需要的信号数目却远远超过此数，因此，必须采用"兼职"的方法来解决需要与有限的矛盾。如下为 P3.0～P3.7 引脚的第二功能：

P3.0 RXD：串行口输入

P3.1 TXD：串行口输出

P3.2 $\overline{INT0}$：外部中断 0 输入

P3.3　$\overline{\text{INT1}}$：外部中断 1 输入

P3.4　T0：定时/计数器 0 的计数脉冲输入

P3.5　T1：定时/计数器 1 的计数脉冲输入

P3.6　$\overline{\text{WR}}$：片外 RAM 写信号

P3.7　$\overline{\text{RD}}$：片外 RAM 读信号

2.2　存储空间配置和功能

　　AT89C51 单片机内存包括两类：程序内存和数据存储器。AT89C51 单片机内存结构采用哈佛型结构，即将程序内存（ROM）和数据存储器（RAM）分开，它们有各自独立的存储空间、寻址机构和寻址方式。其典型结构如图 2-3 所示。

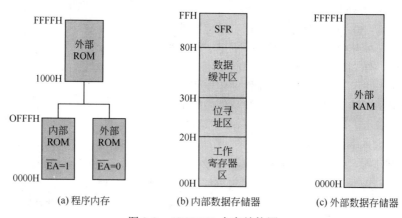

(a) 程序内存　　　　(b) 内部数据存储器　　　(c) 外部数据存储器

图 2-3　AT89C51 内存结构图

　　程序内存用来存放用户程序和常用的表格、常数，采用只读存储器（ROM）作为程序内存。数据存储器用来存放程序运行中的数据、中间计算结果等，采用随机访问内存（RAM）作为数据储存器。从物理地址上看，单片机有 4 个储存器空间，即片内程序内存、片内数据储存器、片外程序内存和片外数据储存器。从用户使用的角度即逻辑上看，单片机有 3 个储存器地址空间：片内统一编址的 64KB 程序内存地址空间；256B 的内部数据储存器地址空间；64KB 的外部数据储存器地址空间。如图 2-3 所示。

2.2.1　程序内存

　　AT89C51 程序内存有片内和片外之分。片内有 4KB 字节的 Flash 程序内存，地址范围为 0000H～0FFFH。当不够使用时，可以扩展片外程序内存，因程序计数器 PC 和程序地址指针 DPTR 都是 16 位，片外程序内存扩展的最大空间是 64KB，地址范围为 0000H～FFFFH。

　　单片机的程序内存中有两个具有特殊功能的区域：一个区域是 0000H～0002H，单片机复位后，程序计数器（PC）中的初始值为 0000H，也就是说程序从 0000H 单元开始执行。另一个区域是 0003H～002AH，这 40 个单元平均分成 5 个组，每组 8 个存储单元，每组的首单元地址作为相应中断服务程序的入口地址，如图 2-4 所示。

　　CPU 回应中断后，会自动跳转到各中断区的首地址去执行中断服务程序。在中断地址区中理应存放中断服

图 2-4　ROM 中几个特殊单元

务程序，但通常情况下，8 个单元一般难以存储一个完整的中断服务程序。因此在中断地址区中存放一条无条件跳转指令，以便中断响应后，通过执行无条件跳转指令再跳转到中断服务程序的实际存放区域。

由此可见，用户的程序不可能以 0000H 单元开始连续存放，一般用户程序从 002BH 单元以后存放，而从 0000H 单元开始存放一条无条件转移指令，转移到用户程序所在存储区域的第一个单元的地址（首地址），开始执行程序。

2.2.2 片内数据存储器

AT89C51 数据存储器也有片内和片外之分。片内 RAM 有 256 个字节，地址范围为 00H~FFH。按功能又可分为两部分：低 128 字节（地址为 00H~7FH）为一般 RAM 区，高 128 字节（地址为 80H~FFH）为特殊功能寄存器（SFR）区，两部分的地址空间是连续的。片外 RAM 可扩展 64KB 存储空间，地址范围为 0000H~FFFFH，但两者的地址空间是分开的，各自独立的，结构分配如图 2-5（a）所示。

（1）片内一般 RAM 区　片内 RAM 低 128 字节又可按其用途划分为通用寄存器区、位寻址区和用户 RAM 区，如图 2-5（b）所示。

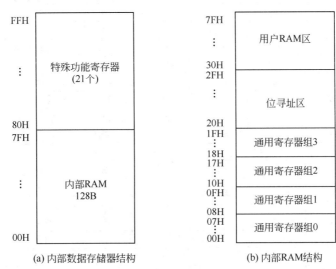

(a) 内部数据存储器结构　　　　　　(b) 内部RAM结构

图 2-5　89C51 内部数据存储器示意图

① 通用寄存器区　00H~1FH 这 32 个单元为通用寄存器区，分为四个通用寄存器组，每组有八个单元，地址由小到大分别用代号 R0~R7 表示，如表 2-1 所示。

表 2-1　通用寄存器的名称与单元地址对应表

寄存器组＼寄存器符号	R0	R1	R2	R3	R4	R5	R6	R7
组 0	00H	01H	02H	03H	04H	05H	06H	07H
组 1	08H	09H	0AH	0BH	0CH	0DH	0EH	0FH
组 2	10H	11H	12H	13H	14H	15H	16H	17H
组 3	18H	19H	1AH	1BH	1CH	1DH	1EH	1FH

从表 2-1 可以看出，每个通用寄存器组都包含相同的通用寄存器 R0~R7，它们只是地址不同，所以这 4 个通用寄存器组是不能同时使用的，可以使用程序状态字寄存器（PSW）中的 RS1 和 RS0 位来选择当前使用的通用寄存器组，见表 2-2。在单片机的初始状态下，当前使用的通用寄存器组为通用寄存器组 0。

表2-2　RS1、RS0 与通用寄存器组的对应关系

RS1	RS0	通用寄存器组	地 址 范 围
0	0	组0	00H～07H
0	1	组1	08H～0FH
1	0	组2	10H～17H
1	1	组3	18H～1FH

RS1 和 RS0 是由软件设置的，被选中的通用寄存器组即为当前寄存器组，其他组只能用于数据存储器，而不能作为通用寄存器使用。

② 位寻址区　20H～2FH 这 16 个单元为位寻址区。位寻址区位于工作寄存器区之上，它有双重寻址功能，既可以按位寻址操作，也可以像普通 RAM 单元那样按字节寻址操作，128 个位的地址范围是 00H～7FH，如表 2-3 所示。

表2-3　位寻址区对应表

单 元 地 址	位 地 址							
	D7	D6	D5	D4	D3	D2	D1	D0
2FH	7FH	7EH	7DH	7CH	7BH	7AH	79H	78H
2EH	77H	76H	75H	74H	73H	72H	71H	70H
2DH	6FH	6EH	6DH	6CH	6BH	6AH	69H	68H
2CH	67H	66H	65H	64H	63H	62H	61H	60H
2BH	5FH	5EH	5DH	5CH	5BH	5AH	59H	58H
2AH	57H	56H	55H	54H	53H	52H	51H	50H
29H	4FH	4EH	4DH	4CH	4BH	4AH	49H	48H
28H	47H	46H	45H	44H	43H	42H	41H	40H
27H	3FH	3EH	3DH	3CH	3BH	3AH	39H	38H
26H	37H	36H	35H	34H	33H	32H	31H	30H
25H	2FH	2EH	2DH	2CH	2BH	2AH	29H	28H
24H	27H	26H	25H	24H	23H	22H	21H	20H
23H	1FH	1EH	1DH	1CH	1BH	1AH	19H	18H
22H	17H	16H	15H	14H	13H	12H	11H	10H
21H	0FH	0EH	0DH	0CH	0BH	0AH	09H	08H
20H	07H	06H	05H	04H	03H	02H	01H	00H

③ 用户 RAM 区　30H～7FH 这 80 个单元为用户 RAM 区。用于存放用户数据，对这个区域的使用，不做任何规定和限制，一般的堆栈设置在此区域。

④ 堆栈区　堆栈是用户 RAM 中的特殊群体，用来暂时存放诸如子程序端口地址、中断端口地址以及其他需要保护的数据。

（2）专用寄存器区　AT89C51 片内 RAM 的 80H～FFH 区间，集合了一些特殊用途的寄存器，一般称之为特殊功能寄存器（SFR）。AT89C51 单片机共有 21 个 SFR，它们离散地分布在 80H～FFH 地址范围内。字节地址能被 8 整除的（即十六进制的地址码尾数为 0 或 8）单元是具有位地址的寄存器。在 SFR 地址空间中，有效的位地址共有 83 个，如表 2-4 所示。

表2-4　特殊功能寄存器地址表

寄存器符号	位地址/位定义								字节地址
	D7	D6	D5	D4	D3	D2	D1	D0	
B	F7H	F6H	F5H	F4H	F3H	F2H	F1H	F0H	F0H

· 18 ·

寄存器符号	位地址/位定义								字节地址
	D7	D6	D5	D4	D3	D2	D1	D0	
ACC	E7H	E6H	E5H	E4H	E3H	E2H	E1H	E0H	E0H
PSW	D7H	D6H	D5H	D4H	D3H	D2H	D1H	D0H	D0H
	CY	AC	F1	RS1	RS0	OV	F0	P	
IP	BFH	BEH	BDH	BCH	BBH	BAH	B9H	B8H	B8H
	/	/	/	PS	PT1	PX1	PT0	PX0	
P3	B7H	B6H	B5H	B4H	B3H	B2H	B1H	B0H	B0H
	P3.7	P3.6	P3.5	P3.4	P3.3	P3.2	P3.1	P3.0	
IE	AFH	AEH	ADH	ACH	ABH	AAH	A9H	A8H	A8H
	EA	/	/	ES	ET1	EX1	ET0	EX0	
P2	A7H	A6H	A5H	A4H	A3H	A2H	A1H	A0H	A0H
	P2.7	P2.6	P2.5	P2.4	P2.3	P2.2	P2.1	P2.0	
SBUF									(99H)
SCON	9FH	9EH	9DH	9CH	9BH	9AH	99H	98H	98H
	SM0	SM1	SM2	REN	TB8	RB8	TI	RI	
P1	97H	96H	95H	94H	93H	92H	91H	90H	90H
	P1.7	P1.6	P1.5	P1.4	P1.3	P1.2	P1.1	P1.0	
TH1									(8DH)
TH0									(8CH)
TL1									(8BH)
TL0									(8AH)
TMOD	GATE	C/$\overline{\text{T}}$	M1	M0	GATE	C/$\overline{\text{T}}$	M1	M0	(89H)
TCON	8FH	8EH	8DH	8CH	8BH	8AH	89H	88H	88H
	TF1	TR1	TF0	TR0	IE1	IT1	IE0	IT0	
PCON	SMOD	/	/	/	GF1	GF0	PD	IDL	(87H)
DPH									(83H)
DPL									(82H)
SP									(81H)
P0	87H	86H	85H	84H	83H	82H	81H	80H	80H
	P0.7	P0.6	P0.5	P0.4	P0.3	P0.2	P0.1	P0.0	

特殊功能寄存器（SFR）的每一位的定义和作用与单片机各部件直接相关。这里先简要介绍，详细使用在后续相应章节中进行说明。

① 程序计数器（Program Counter，PC）。PC 是一个 16 位的计数器，其内容为将要执行的指令地址，寻址范围达 64KB。PC 有自动加 1 功能，从而实现程序的顺序执行。PC 没有地址，是不可寻址的，因此用户无法对它进行读写。但是可以通过转移、调用、返回等指令改变其内容，以实现程序的转移。

② 与运算器相关的寄存器（3 个）

a. 累加器 ACC，8 位。它是 89C51 单片机中最繁忙的寄存器，用于向 ALU 提供操作数，许多运算的结果也存放在累加器中。

b. 寄存器 B，8 位。主要用于乘除法运算，也可以作为 RAM 的一个单元使用。

c．程序状态字寄存器 PSW，8 位。其各位含义如下。

⇾ CY：进位、借位标志，有进位、借位时 CY=1，否则 CY=0。

⇾ AC：辅助进位、借位标志（高半字节与低半字节间的进位或借位）。

⇾ F1：用户标志位，由用户自己定义。

⇾ RS1、RS0：当前工作寄存器组选择位。

⇾ OV：溢出标志位，有溢出时 OV=1，否则 OV=0。

⇾ P：奇偶标志位，存于 ACC 中的运算结果有奇数个 1 时 P=1，否则 P=0。

③ 指针类寄存器（2 个）

a．堆栈指针 SP，8 位。它总是指向栈顶。89C51 单片机的堆栈常设在 30H～7FH 这一段 RAM 中。堆栈操作遵循"先进后出"的原则，入栈操作时，SP 先加 1，数据再压入 SP 指向的单元。出栈操作时，先将 SP 指向的单元的数据弹出，然后 SP 再减 1，这时 SP 指向的单元是新的栈顶。由此可见，89C51 单片机的堆栈区是向地址增大的方向生成的。

b．数据指针 DPTR，16 位。用来存放 16 位的地址。它由两个 8 位的寄存器 DPH 和 DPL 组成。通过 DPTR 利用间接寻址或变址寻址方式可对片外的 64KB 范围的 RAM 或 ROM 数据进行操作。

④ 与接口相关的寄存器（7 个）

a．并行 I/O 接口 P0、P1、P2、P3，均为 8 位。通过对这 4 个寄存器的读和写，可以实现数据从相应接口的输入/输出。

b．串行接口数据缓冲器 SBUF。

c．串行接口控制寄存器 SCON。

d．串行通信波特率倍增寄存器 PCON（一些位还与电源控制相关，所以又称为电源控制寄存器）。

⑤ 与中断相关的寄存器（2 个）

a．中断允许控制寄存器 IE。

b．中断优先级控制寄存器 IP。

⑥ 与定时/计数器相关的寄存器（6 个）

a．定时/计数器 T0 的两个 8 位计数初值寄存器 TH0、TL0，它们可以构成 16 位的计数器，TH0 存放高 8 位，TL0 存放低 8 位。

b．定时/计数器 T1 的两个 8 位计数初值寄存器 TH1、TL1，它们可以构成 16 位的计数器，TH1 存放高 8 位，TL1 存放低 8 位。

c．定时/计数器的工作方式寄存器 TMOD。

d．定时/计数器的控制寄存器 TCON。

2.3 I/O 接口结构及工作原理

AT89C51 单片机有 4 个 8 位的并行 I/O 接口 P0、P1、P2 和 P3。各接口均由接口锁存器、输入缓冲器和输出驱动器等构成。各接口除了可以作为字节输入/输出外，它们的每一条接口线也可以单独地用作位输入/输出线。各接口编址于特殊功能寄存器中，既有字节地址又有位地址。对接口锁存器进行读写，就可以实现接口的输入/输出操作。虽然各接口的功能不同，且结构也存在一些差异，但每个接口的位结构是相同的。

2.3.1 P0 口

由图 2-6 可见，P0 引脚由锁存器、输入缓冲器、切换开关、一个与非门、一个与门及场效应管驱动电路构成。再看图的右边，标号为 P0.×引脚的图示，也就是说 P0.×引脚可以是 P0.0 到 P0.7 的任何一位，即在 P0 有 8 个与上图相同的电路组成。

（1）P0 作为 I/O 接口使用时的工作原理　P0 口作为 I/O 引脚使用时，多路开关的控制信号为 0（低电平），多路开关的控制信号同时与与门的一个输入端是相接的，与门的逻辑特点是"全

1 出 1，有 0 出 0"那么控制信号是 0 的话，是 0，V_1 管就截止，在多路控制开关的控制信号是 0（低电平）时，多路开关是与锁存器的 $\overline{Q}$ 端相接的（即 P0 口作为 I/O 口线使用）。

P0 口用作 I/O 口线，其由数据总线向引脚输出（即输出状态 Out put）的工作过程为：当写锁存器信号 CP 有效，数据总线的信号→锁存器的输入端 D→锁存器的反向输出 $\overline{Q}$ 端→多路开关→V_2 管的栅极→V_2 的漏极到输出端 P0.×。前面已经讲了，当多路开关的控制信号为低电平 0 时，

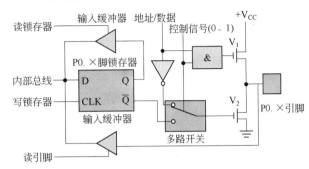

图 2-6   P0 口工作原理图

这时与门输出的也是一个 0（低电平），与门的输出与门输出为低电平，V_1 管是截止的，所以作为输出口时，P0 是漏极开路输出，类似于 OC 门，当驱动上接电流负载时，需要外接上拉电阻。

① 读引脚   读芯片引脚上的数据，读引脚数时，读引脚缓冲器打开（即三态缓冲器的控制端要有效），通过内部数据总线输入，如图 2-7 箭头所示。

② 读锁存器   通过打开读锁存器三态缓冲器读取锁存器输出端 Q 的状态，如图 2-8 箭头所示。

在输入状态下，从锁存器和从引脚上

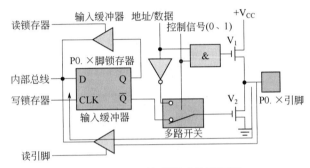

图 2-7   P0 口读引脚时的流程图

读来的信号一般是一致的，但也有例外。例如，当从内部总线输出低电平后，锁存器 Q = 0，$\overline{Q}$ = 1，场效应管 V_2 开通，引脚呈低电平状态。此时无论端口在线外接的信号是低电平还是高电平，从引脚读入单片机的信号都是低电平，因而不能正确地读入端口引脚上的信号。又如，当从内部总线输出高电平后，锁存器 Q = 1，$\overline{Q}$ = 0，场效应管 V_2 截止。如外接引脚信号为低电平，从引脚上读入的信号就与从锁存器读入的信号不同。为此，89C51 单片机在对引脚 P0～P3 的输入操作上，有如下约定：凡属于读-修改-写方式的指令，从锁存器读入信号，其他指令则从端口引脚在线读入信号。

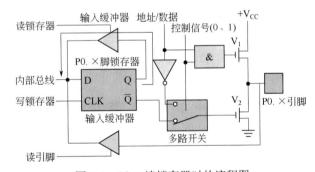

图 2-8   P0 口读锁存器时的流程图

读-修改-写指令的特点是，从端口输入（读）信号，在单片机内加以运算（修改）后，再输出（写）到该引脚上。这样安排的原因在于读-修改-写指令需要得到端口原输出的状态，修改后再输出，读锁存器而不是读引脚，可以避免因外部电路的原因而使原引脚的状态被读错。

（2）作为地址/数据复用口使用时的工作原理   在访问外部内存时 P0 口作为地址/数据复用口使用。这时多路开关"控制"信号为"1"，"与门"解锁，"与门"输出信号电平由"地址/数据"线信号决定；多路开关与反相器的输出端相连，地址信号经"地址/数据"线→反相器→V_2 场效应管栅极→V_2 漏极输出。

例如：控制信号为 1，地址信号为"0"时，与门输出低电平，V_1 管截止；反相器输出高电平，V_2 管导通，输出引脚的地址信号为低电平。如图 2-9 所示。

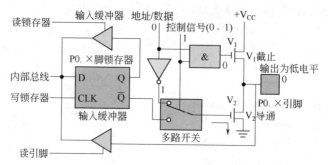

图 2-9　P0 口作为地址线，控制信号为 1、地址信号为 0 时的工作流程图

反之，控制信号为"1"、地址信号为"1"，"与门"输出为高电平，V_1 管导通；反相器输出低电平，V_2 管截止，输出引脚的地址信号为高电平。如图 2-10 所示。

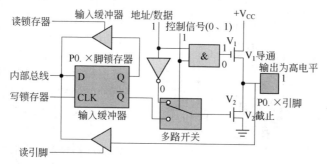

图 2-10　P0 口作为地址线，控制信号为 1、地址信号为 1 时的工作流程图

可见，在输出"地址/数据"信息时，V_1、V_2 管是交替导通的，负载能力很强，可以直接与外设内存相连，无须增加总线驱动器。

P0 口又作为数据总线使用。在访问外部程序内存时，P0 口输出低 8 位地址信息后，将变为数据总线，以便读指令码（输入）。

在取指令期间，"控制"信号为"0"，V_1 管截止，多路开关也跟着转向锁存器反相输出端 $\overline{Q}$；CPU 自动将 0FFH（11111111，即向 D 锁存器写入一个高电平"1"）写入 P0 口锁存器，使 V_2 管截止，在读引脚信号控制下，通过读引脚三态缓冲器电路将指令码读到内部总线。如图 2-11 所示。

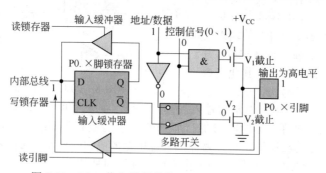

图 2-11　P0 口作为数据总线，取址期间工作流程图

如果该指令是输出数据，如 MOVX　@DPTR，A（将累加器的内容通过 P0 口数据总线传送到外部 RAM 中），则多路开关"控制"信号为"1"，"与门"解锁，与输出地址信号的工作流程类似，数据由"地址/数据"线→反相器→V_2 场效应管栅极→V_2 漏极输出。

如果该指令是输入数据（读外部数据存储器或程序内存），如 MOVX A，@DPTR（将外部

RAM 某一存储单元内容通过 P0 口数据总线输入到累加器 A 中），则输入的数据仍通过读引脚三态缓冲器到内部总线，其过程类似于图 2-11 中的读取指令码流程图。

通过以上的分析可以看出，当 P0 作为地址/数据总线使用时，在读指令码或输入数据前，CPU 自动向 P0 口锁存器写入 0FFH，破坏了 P0 口原来的状态。因此，不能再作为通用的 I/O 引脚。以后在系统设计时务必注意，即程序中不能再含有以 P0 口作为操作数（包含源操作数和目的操作数）的指令。

2.3.2　P1 口

P1 口的结构最简单，用途也单一，仅作为数据输入/输出端口使用。输出的信息有锁存，输入有读引脚和读锁存器之分。P1 端口的 1 位结构见图 2-12 所示。

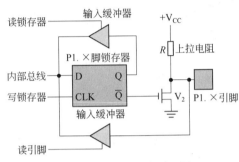

图 2-12　P1 口工作原理图

由图 2-12 可见，P1 引脚与 P0 引脚的主要差别在于，P1 引脚用内部上拉电阻 R 代替了 P0 引脚的场效应管 V_1，并且输出的信息仅来自内部总线。由内部总线输出的数据经锁存器反相和场效应管反相后，锁存在 P1.×引脚上，所以，P1 脚是具有输出锁存的静态口。

由图 2-12 可见，要正确地从引脚上读入外部信息，必须先使场效应管关断，以便由外部输入的信息确定引脚的状态。为此，在作引脚读入前，必须先对该引脚写入 1。具有这种操作特点的输入/输出引脚，称为准双向 I/O 口。8051 单片机的 P1、P2、P3 都是准双向口。P0 端口由于输出有三态功能，输入前，端口线已处于高阻态，无需先写入 1 后再做读操作。

P1 口的结构相对简单，前面我们已详细的分析了 P0 口，只要大家认真分析了 P0 口的工作原理，P1 口大家就都有能力去分析。

单片机复位后，各个引脚已自动地被写入了 1，此时，可直接作输入操作。如果在应用引脚的过程中，已向 P1～P3 引脚线输出过 0，则再要输入时，必须先写 1 后再读引脚，才能得到正确的信息。

2.3.3　P2 口

P2 端口的 1 位结构如图 2-13 所示。

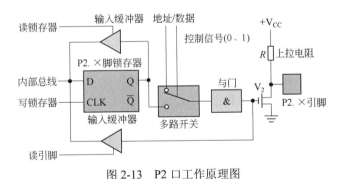

图 2-13　P2 口工作原理图

由图 2-13 可见，P2 引脚在片内既有上拉电阻，又有多路开关 MUX，所以 P2 端口在功能上兼有 P0 引脚和 P1 引脚的特点。这主要表现在输出功能上，当多路开关向下接通时，从内部总线输出的 1 位数据经反相器和场效应管反相后，输出在 P2.×引脚上；当多路开关向上时，输出的 1 位地址信号也经反相器和场效应管反相后，输出在 P2.×引脚上。

在输入功能方面，P2 端口与 P0 引脚相同，有读引脚和读锁存器之分，并且 P2 引脚也是准双向口。

可见，P2 引脚的主要特点包括：

① 不能输出静态的数据；

② 自身输出外部程序内存的高 8 位地址；

③ 执行 MOVX 指令时，还输出外部 RAM 的高位地址，故称 P2 端口为动态地址端口。

（1）作为 I/O 脚使用时的工作过程　当没有外部程序内存或虽然有外部数据存储器，但容量不大于 256B，即不需要高 8 位地址时（在这种情况下，不能通过数据地址寄存器 DPTR 读写外部数据存储器），P2 口可以 I/O 口使用。这时，"控制"信号为"0"，多路开关转向锁存器同相输出端 Q，输出信号经内部总线→锁存器同相输出端 Q→反相器→V_2 管栅极→V_2 管漏极输出。

由于 V_2 漏极带有上拉电阻，可以提供一定的上拉电流，负载能力约为 8 个 TTL 与非门，作为输出口前，同样需要向锁存器写入"1"，使反相器输出低电平，V_2 管截止，即引脚悬空时为高电平，防止引脚被钳位在低电平。读引脚有效后，输入信息经读引脚三态缓冲器电路到内部数据总线。

（2）作为地址总线使用时的工作过程　P2 口作为地址总线时，"控制"信号为"1"，多路开关接向地址线（即向上接通），地址信息经反相器→V_2 管栅极→漏极输出。由于 P2 口输出高 8 位地址，与 P0 口不同，无须分时使用，因此 P2 口上的地址信息（程序内存上的 A15～A8）在数据地址寄存器高 8 位 DPH 保存时间长，无须锁存。

2.3.4　P3 口

P3 口是一个多功能口，它除了可以作为 I/O 口外，还具有第二功能，P3 端口的 1 位结构如图 2-14 所示。

由图 2-14 可见，P3 端口和 P1 端口的结构相似，区别仅在于 P3 引脚的各端口线有两种功能选择。当处于第一功能时，第二输出功能线为 1，此时，内部总线信号经锁存器和场效应管输入/输出，其作用与 P1 引脚作用相同，也是静态准双向 I/O 端口。当处于第二功能时，锁存器输出 1，通过第二输出功能线输出特定的内含信号。在输入方面，可以通过缓冲器读入引脚信号，还可以通过替代输入功能读入片内的特定第二功能信号。由于输出信号锁存并且双重功能，故 P3 端口为静态双功能端口。

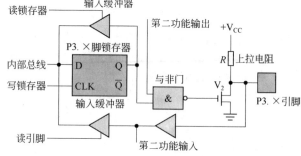

图 2-14　P3 口工作原理图

P3 口的特殊功能（即第二功能）。使 P3 端口各线处于第二功能的条件是：

① 串行 I/O 处于运行状态（RXD，TXD）；

② 打开了外部中断（INT0，INT1）；

③ 定时器/计数器处于外部计数状态（T0，T1）；

④ 执行读写外部 RAM 的指令（RD，WR）。

在应用中，如不设定 P3 引脚各位的第二功能（WR，RD 信号的产生不用设置），则 P3 引脚线自动处于第一功能状态，也就是静态 I/O 端口的工作状态。在更多的场合是根据应用的需要，把几条引脚线设置为第二功能，而另外几条引脚线处于第一功能运行状态。在这种情况下，不宜对 P3 端口作字节操作，需采用位操作的形式。

2.3.5　并行接口的负载能力

P0、P1、P2、P3 接口的输入和输出电平与 CMOS 电平和 TTL 电平均兼容。

P0 接口的每一位接口线可以驱动 8 个 LSTTL 负载。在作为通用 I/O 接口时，由于输出驱动电路是开漏方式，由集电极开路（OC 门）电路或漏极开路电路驱动时需外接上拉电阻；当作为地址/数据总线使用时，接口线输出不是开漏的，无需外接上拉电阻。

P1、P2、P3 接口的每一位能驱动 4 个 LSTTL 负载。它们的输出驱动电路设有内部上拉电阻，所以可以方便地由集电极开路（OC 门）电路或漏极开路电路驱动，而无需外接上拉电阻。

由于单片机接口线仅能提供几毫安培的电流。当作为输出驱动一般的晶体管的基极时，应在接口与晶体管的基极之间串接限流电阻。

2.4　时钟电路与时序

单片机的工作过程是：取一条指令、译码、进行微操作、再取一条指令、译码、进行微操作，这样自动地、一步一步地由微操作依序完成相应指令规定的功能。时钟电路用于产生单片机工作时所必须的控制信号。AT89C51 单片机的内部电路正是在时钟信号的控制下，严格按时序执行指令进行工作。时钟电路用于产生供单片机各部分同步工作的时钟信号，而时序则是指微操作的时间次序。

单片机的时钟信号用来提供单片机内部各种操作的时间基准，时钟电路用来产生单片机工作所需要的时钟信号。

常用的时钟电路有两种方式：内部时钟方式和外部时钟方式。

（1）内部时钟方式　单片机内有一个用于构成振荡器的高增益反相放大器，反相放大器的输入端为芯片引脚 XTAL1，输出端为引脚 XTAL2。如图 2-15（a）所示。

（2）外部时钟方式　外部时钟方式是把已有的时钟信号引入到单片机内，如图 2-15（b）所示。

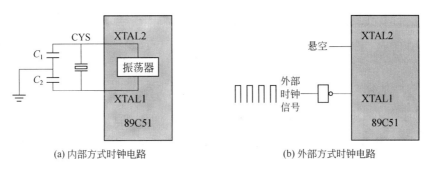

(a) 内部方式时钟电路　　　　　　　　　　(b) 外部方式时钟电路

图 2-15　AT89C51 单片机时钟电路

（3）CPU 时序　单片机时序就是 CPU 在执行指令过程中，由 CPU 控制器发出的一系列控制信号的时间顺序。CPU 实质上就是一个复杂的时序电路，单片机执行指令就是在时序电路的控制下一步一步进行的。

在执行指令时，CPU 首先到程序内存取出指令码，然后对指令码译码，并由时序电路产生一系列控制信号去完成指令的执行。

时序是由定时单位来说明的。常用的时序定时单位有：时钟周期、状态周期、机器周期和指令周期。单片机内部时间单位示意图见图 2-16。

① 时钟周期　时钟周期就是振荡周期，是单片机内振荡电路 OSC 产生一个振荡脉冲信号所用的时间。定义为时钟脉冲频率的倒数，是时序中最基本、最小的时间单位。时钟周期也被叫做拍节或节拍，用 P 表示。

时钟脉冲是计算机的基本工作脉冲，控制着计算机的工作节奏，使计算机的每一步都统一到它的步调上来。

② 状态周期　两个振荡周期为一个状态周期，由振荡脉冲二分频后得到，用 S 表示。两个振荡周期作为两个节拍分别称为节拍 P1 和节拍 P2，在状态周期的前半周期 P1 有效时，通常完成算数逻辑操作；在后半周期 P2 有效时，一般进行内部寄存器之间的传输。

③ 机器周期 机器周期是指 CPU 完成一个规定操作所用的时间。对于 51 系列单片机，1 个机器周期=12 个时钟周期。规定一个机器周期的宽度为 6 个状态，并依次表示为 S1～S6，每个状态又分为 P1 和 P2 两拍。所以，一个机器周期共有 12 个振荡脉冲周期，可以表示为 S1P1，S1P2，S2P1，S2P2，……，S6P2。当振荡脉冲频率为 12MHz 时，一个机器周期为 1μs；当振荡脉冲频率为 6MHz 时，一个机器周期为 2μs。

④ 指令周期 指令周期是时序中最大的时间单位，定义为 CPU 执行一条指令所用的时间。不同的指令所包含的机器周期不相同，51 系列单片机的指令周期根据指令的不同可以包含 1～4 个机器周期。包含一个机器周期的指令称为单周期指令，包含两个机器周期的指令称为双周期指令等。

51 系列单片机通常分为单周期指令、双周期指令和四周期指令三种。四周期指令只有乘法和除法两条，其余均为单周期和双周期指令。

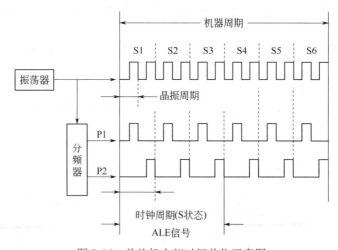

图 2-16 单片机内部时间单位示意图

（4）指令时序 51 系列单片机指令系统中，按它们的长度可分为单字节指令、双字节指令和三字节组指令。执行这些指令需要的时间是不同的，也就是它们所需的机器周期是不同的，有下面几种形式：

- 单字节指令单机器周期；
- 单字节指令双机器周期；
- 双字节指令单机器周期；
- 双字节指令双机器周期；
- 三字节指令双机器周期；
- 单字节指令四机器周期（如单字节的乘除法指令）。

图 2-17 是 51 系列单片机的指令时序图。

① 单字节单周期指令 单字节单周期指令只进行一次读指令操作，当第二个 ALE 信号有效时，PC 并不加 1，那么读出的还是原指令，属于一次无效的读操作。

② 双字节单周期指令 这类指令两次的 ALE 信号都是有效的，只是第一个 ALE 信号有效时读的是操作码，第二个 ALE 信号有效时读的是操作数。

③ 单字节双周期指令 两个机器周期需进行四次读指令操作，但只有一次读操作是有效的，后三次的读操作均为无效操作。

单字节双周期指令有一种特殊的情况，像 MOVX 这类指令，执行这类指令时，先在 ROM 中读取指令，然后对外部数据存储器进行读或写操作，第一个机器周期的第一次读指令的操作码为有效，而第二次读指令操作则为无效的。在第二个指令周期时，则访问外部数据存储器，这时，ALE 信号对其操作无影响，即不会再有读指令操作动作。

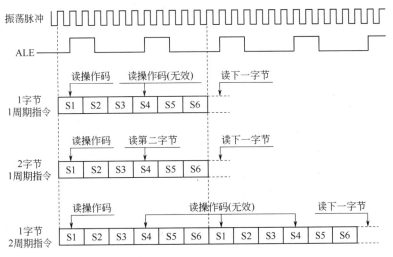

图 2-17 51 系列单片机的指令时序图

2.5 复位和低功耗工作方式

2.5.1 复位操作

复位是指将单片机系统置成特定初始状态的操作。一般在出现下述三种情况时要进行复位操作。

① 刚通电时——进入初始状态。

② 重新启动时——回到初始状态。

③ 程序故障时——回到初始状态。

单片机复位后，内部各专用寄存器复位状态如表 2-5 所示。

表 2-5 内部各专用寄存器复位状态

寄 存 器	复 位 状 态	寄 存 器	复 位 状 态
PC	0000H	TMOD	00H
ACC	00H	TCON	00H
B	00H	TH0	00H
PSW	00H	TL0	00H
SP	07H	TH1	00H
DPTR	0000H	TL1	00H
P0～P3	0FFH	SCON	00H
IP	×××00000B	PCON	0××00000B
IE	0××00000B	SBUF	不定

注：×表示无关位。

① 复位后 PC 值为 0000H，表明复位后程序从 0000H 开始执行。

② A=00H，累加器被清零。

③ PSW=00H，表明当前工作寄存器为第 0 组工作寄存器。

④ SP=07H，表明堆栈底部在 07H。一般需要重新设置 SP 值。

⑤ P0～P3 口值为 0FFH。P0～P3 口用作输入口时，必须先写入 "1"。单片机在复位后，已使 P0～P3 口每一端线为 "1"，为这些端线用作输入口做好准备。

⑥ IP=×××00000B，表明各个中断源均处于低优先级。

⑦ IE=0××00000B，表明各个中断源均处于关断状态。

2.5.2 复位电路

单片机复位是使 CPU 和系统中的其他功能部件恢复为初始状态，就像计算机的重启，并从这个状态开始工作。要实现复位操作，必须使 RST 引脚至少保持两个机器周期的高电平。CPU 在第二个机器周期内执行内部复位操作，以后每一个机器周期重复一次，直至 RST 端电平变低。复位期间不产生 ALE 及 $\overline{PSEN}$ 信号，即 ALE=1 和 $\overline{PSEN}$ =1。这表明单片机复位期间不会有任何取址操作。当 RST 引脚返回低电平以后，CPU 从 0000H 地址开始执行程序。

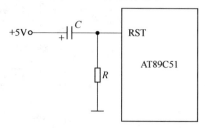

图 2-18　上电自动复位电路图

复位电路通常采用上电自动复位和按钮复位两种方式。最简单的是上电自动复位电路，如图 2-18 所示。按键手动复位，有电平方式和脉冲方式两种，如图 2-19、图 2-20 所示。

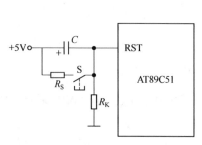

图 2-19　电平方式电路图

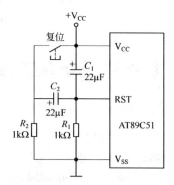

图 2-20　脉冲方式电路图

在实际系统设计中，若有外部扩展的 I/O 接口电路也需初始复位，如果它们的复位端和 AT89C51 单片机的复位端相连，复位电路中的 R、C 参数要受到影响，这时复位电路中的 R、C 参数要统一考虑，以保证可靠复位。

如果 AT89C51 单片机与外围 I/O 接口电路的复位电路和复位时间不完全一致，会使单片机初始化程序不能正常运行。

一般来说，单片机的复位速度比外围 I/O 接口电路快些。为保证系统可靠复位，在初始化程序中应安排一定的复位延迟时间。

2.5.3 低功耗工作方式

节电方式是一种能降低单片机功耗的工作方式，只有 CHMOS 型器件才有这种工作方式。CHMOS 型单片机是一种低功耗器件，正常工作时消耗 11～20mA 电流，空闲状态时为 1.7～5mA 电流，掉电方式为 5～50μA。

89C51 有两种低功耗方式，即待机方式和掉电保护方式。待机方式和掉电保护方式都是由电源控制寄存器（PCON）来控制的。电源控制寄存器 PCON 各位定义如下。

SMOD	—	—	—	GF1	GF0	PD	IDL

注：SMOD 为串行口波特率倍率控制位元，在串行通讯时使用；

　　GF1、GF0 为通用标志位 1、0，其状态可由用户通过指令改变；

　　PD 为掉电控制位，PD = 1，则进入掉电方式；

　　IDL 为空闲控制位，IDL = 1，则进入待机方式。

若 PD 和 IDL 同时为 1，则先启动掉电方式。待机方式和掉电保护方式的片内控制电路如

图 2-21 所示。

（1）待机方式

① 执行指令：MOV PCON, #01H ；IDL←1

使 PCON 寄存器 IDL 位置 1，IDL 端变为低电平，与门 M2 无输出，则 89C51 进入待机方式。由图 2-21 中可看出这时振荡器仍然运行，并向中断逻辑、串行口和定时器/计数器电路提供时钟，中断功能继续存在。

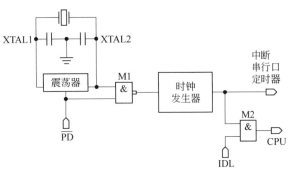

图 2-21 待机方式和掉电保护方式的片内控制电路图

向 CPU 提供时钟的电路被阻断，因此 CPU 停止工作，CPU 现场（如 SP、PC、PSW、ACC）以及 RAM 和 SFR 中其他寄存器内容均维持不变，ALE 和 PSEN 变为高电平。

② CHMOS 型器件可以采用两种方式退出空闲状态 中断方式：在待机方式下，若产生一个外部中断请求信号，在单片机响应中断的同时，片内硬件电路自动使 PCON.0 位（IDL 位）清 '0'，与门 M2 重新打开，于是单片机退出待机方式而进入正常工作方式。

在中断服务程序中安排一条 RETI 指令，就可以使单片恢复正常工作，CPU 从启动空闲状态方式指令的下一条指令开始继续执行程序。

硬件复位：在 89C51 的 RST 引脚上送一个脉宽大于 24 个时钟周期的脉冲，PCON 中的 IDL 被硬件自动清零，与门 M2 重新打开，CPU 便可继续执行进入空闲方式前的用户程序，

（2）掉电保护方式

① PCON 寄存器的 PD 位控制单片微机进入掉电保护方式。即 89C51 执行指令：MOV PCON, #02H; PD←1。

当 89C51 检测到电源故障时，除进行信息保护外，执行上述指令把 PCON.1 位置 "1"，使之进入掉电保护方式。此时 PD 端变为低电平，与门 M1 关闭，时钟发生器停振，片内所有部件停止工作，但只有片内 RAM 单元和特殊功能寄存器中的内容被保护，ALE 和 PSEN 输出逻辑低电平。

在掉电期间，V_{CC} 电源可以降为 2V（可由干电池供电），但必须等待 V_{CC} 恢复+5V 电压并经过一段时间后，才能允许 89C51 退出掉电方式。

② 只能依靠复位退出掉电保护方式，就是给 RST 引脚上外加一个足够宽的复位正脉冲。

89C51 备用电源由 V_{CC} 端引入。当 V_{CC} 恢复正常后，只要硬件复位信号维持 10ms，就能使单片机退出掉电保护。单片机先恢复 SFR 在掉电前的状态，CPU 则从进入待机方式的下一条指令开始重新执行程序。

本 章 小 结

通过分析典型单片机的应用电路，展示了 89C51 单片机的内部逻辑结构，并详细介绍了主要引脚的功能。详细介绍了 AT89C51 三个不同存储空间配置及地址范围，介绍了不同存储空间的单元分布情况及各自功能特点。结合图片介绍了 AT89C51 单片机四个 I/O 口的结构及功能特点，同时还详细阐述了时钟电路与时序以及复位和低功耗工作方式的相关内容。

思考题及习题

一、选择题

1. 访问外部内存或其他接口芯片时，作数据线和低 8 位地址线的是（   ）。

A．P0 口   B．P1 口   C．P2 口   D．P3 口

2. 当 PSW 中 RS1 和 RS0 分别为 0 和 1 时，系统先用的工作寄存器组为（　　）。

A．0 组 　　　B．1 组 　　　C．2 组 　　　D．3 组

3. 89C51 单片机中，唯一一个用户可以使用的 16 位寄存器是（　　）。

A．PSW 　　　B．ACC 　　　C．PC 　　　D．DPTR

4. 上电复位后，SP 的值为（　　）。

A．00H 　　　B．0000H 　　　C．01H 　　　D．07H

5. 上电复位后，PC 的值为（　　）。

A．00H 　　　B．0000H 　　　C．01H 　　　D．07H

二、简答题

1. 简述 89C51 单片机的中断入口地址。

2. 简述单片机的时序。

3. 如果单片机的晶振频率为 4MHz，执行一条乘法指令需要多长时间？

4. 程序状态字 PSW 是一个几位的专用寄存器？它各位的含义是什么？

5. AT89C51 的工作寄存器可分为几组？各自物理地址是多少？

第3章 单片机的C51基础知识

本章以 51 单片机为背景，结合标准 C 的相关知识，介绍 51 单片机的 C 语言——C51 的特点、C51 程序结构特点、C51 的标识符和关键字、数据类型、数据的存储类型和存储模式、指针与函数的定义与使用，并简单介绍 C 语言与汇编语言的混合编程。要求重点掌握 C51 数据的存储类型和存储模式、C51 对 SFR、可寻址位、存储器和 I/O 口的定义和访问。学习本章之后，读者将对程序设计以及 C51 语言有一个初步的认识。

3.1 C51 概述

3.1.1 单片机支持的高级语言

单片机应用系统是由硬件和软件组成的。为了提高软件的开发效率，许多软件公司致力于单片机高级语言的开发研究，许多型号的单片机内部 ROM 已经达到 64KB 甚至更大，且具备在系统编程（ISP, In System Programmable）功能，进一步推动了高级语言在单片机应用系统开发中的应用。

51 系列单片机支持三种高级语言：PL/M、BASIC 和 C。PL/M 是一种结构化的语言，很像 PASCAL，PL/M 编译器好像汇编器一样产生紧凑的机器代码，可以说是高级汇编语言，但它不支持复杂的算术运算，无丰富库函数支持，学习 PL/M 无异于学习一种新的语言。BASIC 语言适用于简单编程而对编程效率、运行速度要求不高的场合，51 系列单片机内固化有 BASIC 语言解释器。

C 语言是美国国家标准协会（ANSI）制定的编程语言标准，1987 年 ANSI 公布 87 ANSI C，即标准 C 语言。C 语言作为一种非常方便的语言而得到广泛支持，很多硬件开发（如各种单片机、DSP、ARM 等）都用 C 语言编程。C 语言程序本身不依赖于机器硬件系统，基本上不做修改或仅作简单修改就可将程序从不同的单片机中移植过来直接使用。C 语言提供了很多数学函数并支持浮点运算，开发效率高，故可缩短开发时间，增加程序可读性和可维护性。

3.1.2 C51 语言编程

单片机的 C 语言编程称为 C51 编程。C51 语言是在 ANSI C 的基础上针对 51 单片机的硬件特点进行的扩展，并向 51 单片机上移植，经过多年努力，C51 语言已经成为公认的高效、简洁而又贴近 51 单片机硬件的实用高级编程语言。

用 C 语言编写的应用程序必须经专门 C 语言编译器编译生成可以在单片机上运行的可执行文件。支持 51 系列单片机的 C 语言编译器有很多种。如 Tasking Crossview51、Keil/ Franklin C51（一般称为 Keil C51）、IAR EW8051 等。其中最为常见的单片机编译器为 Keil C51。

Keil C51 是德国 Keil software 公司开发的用于 51 系列单片机的 C51 语言开发软件。Keil C51 在兼容 ANSI C 的基础上，又增加很多与 51 单片机硬件相关的编译特性，使得开发 51 系列单片机程序更为方便和快捷，程序代码运行速度快，所需存储器空间小，完全可以和汇编语言相媲美。它支持众多的 MCS-51 架构的芯片，同时集编辑、编译、仿真等功能于一体，具有强大的软件调试功能，是众多的单片机应用开发软件中最优秀的软件之一。

Keil 公司已推出 V7.0 以上版本的 C51 编译器，并将其完全集成到功能强大的集成开发环境（IDE）μVision3 中，该环境下集成了文件编辑处理、编译链接、项目（Project）管理、窗口、工具引用和仿真软件模拟器以及 Monitor51 硬件目标调试器等多种功能。Keil μVision3 内部集成了源程序编辑器，并允许用户在编辑源文件时就可设置程序调试断点，便于在程序调试过程中快速检查和修改程序。此外，Keil μVision3 还支持软件模拟、仿真（Simulator）和用户目标板调试（Monitor51）两种工作方式。在软件模拟仿真模式下不需任何 51 单片机及其外围硬件即可完成用户程序仿真调试。Keil μVision3 的详细介绍和使用方法见第 4 章。

与汇编语言编程相比，应用 C51 编程具有以下优点。

（1）C51 编译器管理内部寄存器和存储器的分配。编程时，无需考虑不同存储器的寻址和数据类型等细节问题。

（2）程序有规范的结构，可分成不同的函数，这种方式具有良好的模块化结构，使已编辑好的程序容易移植。

（3）有丰富的子程序库可直接引用，具有较强的数据处理能力，从而大大减少用户编程的工作量。

（4）C 语言和汇编语言可以交叉使用。汇编语言程序代码短、运行速度快、但复杂运算编程耗时。用汇编语言编写与硬件有关的部分程序，用 C 语言编写与硬件无关的运算部分程序，充分发挥两种语言的长处，提高开发效率。

C51 的基本语法与标准 C 相同，但对标准 C 进行了扩展。单片机 C 编译器之所以与 ANSI C 有所不同，主要是由于它们所针对的硬件系统有其各自不同的特点。C51 的特点和功能主要是 51 单片机自身特点决定的。

C51 与标准 C 的主要区别如下。

（1）头文件　51 单片机有不同的厂家和系列，不同单片机的主要区别在于内部资源。为了实现内部资源功能，只需将相应的功能寄存器的头文件加载在程序中，就可实现指定的功能。因此，C51 系列头文件集中体现了各系列芯片的不同功能。

（2）数据类型　由于 51 系列器件包含了位操作空间和丰富的位操作指令，因此 C51 在 ANSI C 的基础上扩展了 4 种数据类型，以便能够灵活地进行操作。

（3）数据存储类型　通用计算机采用的是程序和数据统一寻址的冯·诺依曼结构，而 51 系列单片机采用哈佛结构，有程序存储器和数据存储器，数据存储器又分片内和片外数据存储器，片内数据存储器还分直接寻址和间接寻址区，因此 C51 专门定义了与以上存储器相对应的数据存储类型，包括 code、data、idata、xdata 以及根据 51 系列特点而设定的 pdata 类型。

（4）中断处理　标准 C 语言没有处理中断的定义，而 C51 为了处理单片机的中断，专门定义了 interrupt 关键字。

（5）数据运算操作和程序控制　从数据运算操作和程序控制语句以及函数的使用上来讲，C51 与标准 C 几乎没有什么明显的差别。只是由于单片机系统的资源有限，它的编译系统不允许太多的程序嵌套。同时由于 51 系列单片机是 8 位机，所以扩展 16 位字符 Unicode 不被 C51 支持。ANSI C 所具备的递归特性也不被 C51 支持，所以在 C51 中如果要使用递归特性，必须用 REETRANT 关键字声明。

（6）库函数：标准 ANSI C 部分库函数不适合单片机，因此被排除在外，如字符屏幕和图形函数。也有一些库函数在 C51 中继续使用，但这些库函数是厂家针对硬件特点相应开发的，与 ANSI C 的构成和用法有很大区别，如 printf 和 scanf。在 ANSI C 中，这两个函数通常用作屏幕打印和接收字符，而在 C51 中，主要用于串口数据的发送和接收。

3.1.3　C51 程序结构

同标准 C 一样，C51 的程序是由函数组成。C 语言的函数以"{"开始，以"}"结束。其中必须有一个主函数 main()。程序的执行从主函数 main()开始，调用其他函数后返回主函数 main()，最后在主函数中结束整个程序，而不管函数的排列顺序如何。

C51 程序的组成结构示意如下：

```
全局变量说明          /*可被各函数引用*/
main( )               /*主函数*/
{
```

```
    局部变量说明       /*只在本函数引用*/
    执行语句(包括函数调用语句);
                                }
fun1(形式参数表)      /*函数1*/
形式参数说明
{
    局部变量说明
    执行语句(包括调用其他函数语句)
                                }
    ...
funn(形式参数表)      /*函数 n*/
形式参数说明
{
    局部变量说明
    执行语句
```

3.2　C51 的关键字与数据类型

3.2.1　C51 的标识符和关键字

标识符用来标识源程序中某个对象的名字，这些对象可以是语句、数据类型、函数、变量、数组等。标识符区分大小写，第一个字符必须是字母或下划线。

C51 中有些库函数的标识符是以下划线开头的，所以一般不要以下划线开头命名标识符。C51 编译器规定标识符最长可达 255 个字符，但只有前面 32 个字符在编译时有效，因此在编写源程序时标识符的长度不要超过 32 个字符，这对于一般应用程序来说已经足够了。

关键字是编程语言保留的特殊标识符，有时又称为保留字，它们具有固定名称和含义，在 C 语言的程序编写中不允许标识符与关键字相同。与其他计算机语言相比，C 语言的关键字较少，ANSI C 标准一共规定了 32 个关键字，如表 3-1 所示。

表 3-1　ANSI C 的关键字

关 键 字	用 途	说 明
auto	存储种类说明	用以说明局部变量，缺省值为此
break	程序语句	退出最内层循环体
case	程序语句	switch 语句中的选择项
char	数据类型说明	单字节整型数或字符型数据
const	存储类型说明	在程序执行过程中不可更改的常量值
continue	程序语句	转向下一次循环
default	程序语句	switch 语句中的失败选择项
do	程序语句	构成 do…while 循环结构
double	数据类型说明	双精度浮点数
else	程序语句	构成 if…else 选择结构
enum	数据类型说明	枚举
extern	存储类型说明	在其他程序模块中说明了的全局变量
float	数据类型说明	单精度浮点数
for	程序语句	构成 for 循环结构
goto	程序语句	构成 goto 转移结构

关 键 字	用 途	说 明
if	程序语句	构成 if…else 选择结构
int	数据类型说明	基本整型数
long	数据类型说明	长整型数
register	存储类型说明	使用 CPU 内部寄存的变量
return	程序语句	函数返回
short	数据类型说明	短整型数
signed	数据类型说明	有符号数，二进制数据的最高位为符号位
sizeof	运算符	计算表达式或数据类型的字节数
static	存储类型说明	静态变量
struct	数据类型说明	结构类型数据
switch	程序语句	构成 switch 选择结构
typedef	数据类型说明	重新进行数据类型定义
union	数据类型说明	联合类型数据
unsigned	数据类型说明	无符号数据
void	数据类型说明	无类型数据
volatile	数据类型说明	该变量在程序执行中可被隐含地改变
while	程序语句	构成 while 和 do…while 循环结构

　　Keil C51 编译器除了支持 ANSI C 标准的 32 个关键字外，还根据 51 单片机的特点扩展了相关的关键字，如表 3-2 所示。在 Keil C51 开发环境的文本编辑器中编写 C 程序，系统可以把保留字以不同颜色显示，默认颜色为蓝色。

表 3-2　C51 的扩展关键字

关 键 字	用 途	说 明
_at_	地址定位	为变量定义存储空间绝对地址
alien	函数特性说明	声明与 PL/M51 兼容的函数
bdata	存储器类型说明	可位寻址的内部 RAM
bit	位标量声明	声明一个位标量或位类型的函数
code	存储器类型说明	程序存储器空间
compact	存储器模式	使用外部分页 RAM 的存储模式
data	存储器类型说明	直接寻址的 8051 内部数据存储器
idata	存储器类型说明	间接寻址的 8051 内部数据存储器
interrupt	中断函数声明	定义一个中断函数
large	存储器模式	使用外部 RAM 的存储模式
pdata	存储器类型说明	"分页"寻址的 8051 外部数据存储器
priority	多任务优先声明	RTX51 的任务优先级
reentrant	再入函数声明	定义一个再入函数
sbit	位变量声明	声明一个可位寻址变量
sfr	特殊功能寄存器声明	声明一个特殊功能寄存器（8 位）
sfr16	特殊功能寄存器声明	声明一个 16 位的特殊功能寄存器
small	存储器模式	内部 RAM 的存储模式
task	任务声明	定义实时多任务函数
using	寄存器组定义	定义 8051 的工作寄存器组
xdata	存储器类型说明	8051 外部数据存储器

3.2.2 C51 的数据类型

C51 的基本数据类型如表 3-3 所示。

表 3-3 C51 编译器支持的基本数据类型

类　　型	数 据 类 型	长　　度	取 值 范 围
位型	bit	1bit	0 或 1
字符型	signed char	1Byte	−128~+127
	unsigned char	1Byte	0~255
整形	signed int	2Byte	−32768~+32767
	unsigned int	2Byte	0~65535
	signed long	4Byte	−2147483648~+2147483647
	unsigned long	4Byte	0~4294967295
实型	float	4Byte	1.176×10^{-38}~3.40×10^{38}
指针型	data/idata/ pdata	1Byte	1 字节地址
	code/xdata	2Byte	2 字节地址
	通用指针	3Byte	其中 1 字节为储存器类型编码，2、3 字节为地址偏移量
访问 SFR 的数据类型	sbit	1bit	0 或 1
	sfr	1Byte	0~255
	sfr16	2Byte	0~65535

C51 编译器支持 ANSI C 所有的基本数据类型。C51 编译器除了能支持 ANSI C 的基本数据类型，还能支持 ANSI C 的组合型数据类型，如数组类型、指针类型、结构类型、联合类型等数据类型。

根据 51 单片机的存储空间结构，C51 在标准 C 的基础上，扩展了 4 种数据类型：bit、sfr、sfr16 和 sbit。

（1）位变量 bit　用 bit 可以定义位变量，但不能定义位指针和位数组。用 bit 定义的位变量的值可以是 1（true），也可以是 0（false）。位变量必须定位在 51 单片机片内 RAM 的位寻址空间中。

Borland C 和 Visual C/C++中也有位（变量）数据类型（Boolean 型）。但是，在计算机（x86系列等）的系统中没有专用的位变量存储区域，位变量是存放在一个字节的存储单元中。而 51单片机的 CPU 内部支持 128bit 的可位寻址存储区间（字节地址为 20H-2FH），当程序设计者在程序中使用了位变量，并且使用的位变量数量小于 128 个时，C51 编译器自动将这些变量存放在 51单片机的可位寻址存储区间，每个变量占用 1 位存储空间，一个字节可以存放 8 个位变量。

位变量的一般语法格式如下：

```
bit  位变量名;
```
例如：
```
bit  a0 ;                  /* 把 a0 定义为位变量 */
bit  a1 ;                  /* 把 a1 定义为位变量 */
```
函数可包含类型为"bit"的参数，也可以将其作为返回值。例如：
```
bit  func(bit b0, bit b1)    /* 变量 b0,b1 作为函数的参数 */
{
    return (b1);           /* 变量 b1 作为函数的返回值 */
}
```

注意：使用（#pragma disable）或包含明确的寄存器组切换（using n）的函数不能返回位值，否则编辑器将会给出一个错误信息。

（2）特殊功能寄存器 sfr　这种数据类型在 C51 编译器中等同于 unsigned char 数据类型，占用一个内存单元，用于定义和访问 51 单片机的特殊功能寄存器（特殊功能寄存器定义在片内 RAM

区的高 128 个字节中）。

使用 sfr 定义特殊功能寄存器的格式如下：

sfr 寄存器名=寄存器地址;

其中寄存器名必须大写。

如：

sfr SCON=0x98;   /*串行通信控制寄存器 地址 98H*/
sfr TMOD=0x89;   /*定时器模式控制寄存器地址 89H*/
sfr ACC=0xe0;   /*A 累加器地址 E0H*/
sfr P1=0x90;   /*P1 端口地址 90H*/

定义以后，程序中就可以直接引用寄存器，对其进行相关的操作。

（3）特殊功能寄存器 sfr16 sfr16 数据类型占用两个内存单元。sfr16 和 sfr 一样用于操作特殊功能寄存器。所不同的是它定义的是 16 位的特殊功能寄存器（如定时计数器 T0、T1，数据指针寄存器 DPTR）。

例如：

sfr16 DPTR=0x82; /*数据指针寄存器 DPTR，其低 8 位字节地址为 82H*/

（4）可寻址位 sbit sbit 可以访问芯片内部的 RAM 中的可寻址位和特殊功能寄存器中的可寻址位。

用 sbit 定义特殊功能寄存器的可寻址位有三种方法。

① sbit 位变量名=位地址

将位的绝对地址赋给位变量，位地址必须位于 0x80H～0xFF。如：

sbit   CY=0xD7;

② sbit 位变量名=特殊功能寄存器名^位位置

当可寻址位位于特殊功能寄存器中时，可采用这种方法。如：

sfr   PSW=0xd0;   /*定义 PSW 寄存器地址为 0xd0*/
sbit   PSW ^2 = 0xd2 ;   /*定义 OV 位为 PSW.2*/

这里位是运算符 "^" 相当于汇编中的 " · "，其后的最大取值依赖于该位所在的变量的类型，如定义为 char 最大值只能为 7。

③ sbit 位变量名=字节地址^位位置

这种情况下，字节地址必须在 0x80H～0xFF。

例如：sbit   CY=0XD0^7;

sbit 也可以访问 51 单片机内可位寻址区间（bdata 存储器类型，字节地址为 20H～2FH）范围的可寻址位。

例如：

int   bdata bi;   /*在位寻址区定义了一个整型变量*/
sbit bi_bit0=bi^0;   /*位变量 bi_bit0 访问 bi 第 0 位*/

注意：

① 不要把 bit 与 sbit 混淆。bit 用来定义普通的位变量，值只能是二进制的 0 或 1。而 sbit 定义的是特殊功能寄存器的可寻址位，其值是可进行位寻址的特殊功能寄存器的位绝对地址。

② 还要给大家提到的是，C51 编译器建有头文件 reg51.h、reg52.h，在这些头文件中对 51 或 52 系列单片机所有的特殊功能寄存器的进行了 sfr 定义，对特殊功能寄存器的有位名称的可寻址位进行了 sbit 定义。因此，在编写程序时，只要用包含语句

#include <reg51.h>

或

#include <reg52.h>

就可以直接引用特殊功能寄存器名，或直接引用位变量。

③ 定义变量类型应考虑如下问题。程序运行时该变量可能的取值范围，是否有负值，绝对值有多大，以及相应需要的存储空间大小。在够用的情况下，尽量选择 1 个字节的 char 型，特别是 unsiged char。对于 51 系列这样的定点机而言，浮点类型变量将明显增加运算时间和程序长度。如果可以的话，尽量使用灵活巧妙的算法来避免浮点变量的引入。

在实际编程过程中，为了方便，常常使用简化形式定义数据类型。其方法是在源程序开头使用#define 语句自定义简化的类型标识符。例如：

```
#define uchar unsigned char
#define uint unsigned int
```

这样，在编程中，就可以用 uchar 代替 unsigned char，用 uint 代替 unsigned int 来定义变量。

3.3　C51 的存储种类和存储模式

C51 编译器通过将变量、常量定义成不同存储类型的方法将它们定义在单片机的不同存储区中。

同 ANSI C 一样，C51 规定变量必须先定义后使用。C51 对变量进行定义的格式如下：

［存储种类］数据类型［存储器类型］变量名表；

其中，存储种类和存储类型是可选项。

3.3.1　变量的存储种类

按变量的有效作用范围可以将其划分为局部变量和全局变量；还可以按变量的存储方式为其划分存储种类。

在 C 语言中变量有四种存储种类，即自动（auto）、外部（extern）、静态（static）和寄存器（register）。

这四种存储种类与全局变量和局部变量之间的关系如图 3-1 所示。

（1）自动变量（auto）　定义一个变量时，在变量名前面加上存储种类说明符 "auto"，即将该变量定义为自动变量。自动变量是 C 语言中使用最为广泛的一类变量，定义变量时，如果省略存储种类，则该变量默认为自动变量。

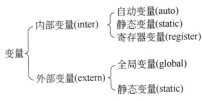

图 3-1　存储种类与变量间的关系

自动变量的作用范围在定义它的函数体或复合语句内部，只有在定义它的函数内被调用，或是定义它的复合语句被执行时，编译器才为其分配内存空间，开始其生存期。当函数调用结束返回，或复合语句执行结束时，自动变量所占用的内存空间就被释放，变量的值当然也就不复存在，其生存期结束。自动变量始终是相对于函数或复合语句的局部变量。

（2）外部变量（extern）　使用存储种类说明符 "extern" 定义的变量称为外部变量。

按照缺省规则，凡是在所有函数之前，在函数外部定义的变量都是外部变量，定义时可以不写 extern 说明符。但是，在一个函数体内说明一个已在该函数体外或别的程序模块文件中定义过的外部变量时，则必须要使用 extern 说明符。

一个外部变量被定义之后，它就被分配了固定的内存空间。外部变量的生存期为程序的整个执行时间，即在程序的执行期间外部变量可被随意使用，当一条复合语句执行完毕或是从某一个函数返回时，外部变量的存储空间并不被释放，其值也仍然保留。因此，外部变量属于全局变量。

C 语言允许将大型程序分解为若干个独立的程序模块文件，各个模块可分别进行编译，然后再将它们连接在一起。在这种情况下，如果某个变量需要在所有程序模块文件中使用，只要在一个程序模块文件中将该变量定义成全局变量，而在其他程序模块文件中用 extern 说明该变量是已被定义过的外部变量就可以了。

另外，由于函数是可以相互调用的，因此函数都具有外部存储种类的属性。定义函数时如果

冠以关键字 extern 即将其明确定义为一个外部函数。例如

```
extern int func (char a, b)。
```

如果在定义函数时省略关键字 extern，则隐含为外部函数。如果要调用一个在本程序模块文件以外的其他模块文件所定义的函数，则必须要用关键字 extern 说明被调用函数是一个外部函数。对于具有外部函数相互调用的多模块程序，可用 C51 编译器分别对各个模块文件进行编译，最后由 Keil μVision3 的 L51 连接定位器将它们连接成为一个完整的程序。

（3）静态变量（static）　使用存储种类说明符"static"定义的变量称为静态变量。静态变量分为局部静态变量和全局静态变量。

局部静态变量不像自动变量那样只有当函数调用它时才存在，局部静态变量始终都是存在的，但只能在定义它的函数内部进行访问，退出函数之后，变量的值仍然保持，但不能进行访问。

全局静态变量，它是在函数外部被定义的，作用范围从它的定义点开始，一直到程序结束。当一个 C 语言程序由若干个模块文件组成时，全局静态变量始终存在，但它只能在被定义的模块文件中访问，其数据值可为该文件内的所有函数共享。退出该文件后，虽然变量的值仍然保持着，但不能被其他模块文件访问。

局部静态变量是一种在两次函数调用之间仍能保持其值的局部变量。有些程序需要在多次调用之间仍然保持变量的值，使用自动变量无法实现这一点，使用全局变量有时又会带来意外的副作用，这时就可采用局部静态变量。

（4）寄存器变量（register）　为了提高程序的执行效率，C 语言允许将一些使用频率最高的那些变量定义为能够直接使用硬件寄存器的寄存器变量。

定义一个变量时在变量名前冠以存储种类符号"register"，即将该变量定义成为寄存器变量。

寄存器变量可以被认为是自动变量的一种，它的有效作用范围也与自动变量相同。

C51 编译器能够识别程序中使用频率最高的变量，在可能的情况下，即使程序中并未将该变量定义为寄存器变量，编译器也会自动将其作为寄存器变量处理。因此，用户无须专门声明寄存器变量。

3.3.2　数据的存储器类型

C51 是面向 51 单片机及硬件控制系统的开发语言，它定义的任何变量必须以一定的存储类型的方式定位在 51 的某一存储区中，否则便没有意义。因此在定义变量类型时，还必须定义它的存储器类型，C51 编译器支持的数据存储器类型见表 3-4。

表 3-4　C51 编译器支持的数据存储器类型

存储器类型	描　　述
data	直接寻址的片内数据存储区，位于片内 RAM 的低 128 字节
bdata	片内 RAM 可位寻址区间（字节地址为 20H～2FH）
idata	间接寻址内部数据存储区，包括全部内部地址空间（256 字节）
pdata	外部数据存储区的分页寻址，每页为 256 字节
xdata	外部数据存储区（64KB）
code	程序存储区（64KB）

（1）片内数据存储器　片内 RAM 可分为 3 个区域：

data：片内直接寻址区，位于片内 RAM 的低 128 字节。对 data 区的寻址是最快的，所以应该把使用频率高的变量放在 data 区，data 区除了包含变量外，还包含了堆栈和寄存器组区间。

bdata：片内位寻址区，位于片内 RAM 位寻址区 20H～2FH。当在 data 区的可位寻址区定义了变量，这个变量就可进行位寻址。这对状态寄存器来说十分有用，因为它可以单独使用变量的每一位，而不一定要用位变量名引用位变量。C51 编译器不允许在 bdata 区中定义 float 和 double 类型的变量，如果想对浮点数的每位寻址，可通过包含 float 和 long 的联合定义实现。例如：

```
typedef union{ nusigned long lvalue; float fvalue;}bit_float;
bit_float bdata myfloat;
sbit float_ld=myfloat.lvalue^31;
```
idata：片内间接寻址区，片内 RAM 所有地址单元（00H～FFH）。idata 区也可以存放使用比较频繁的变量，使用寄存器作为指针进行寻址。在寄存器中设置 8 位地址进行间接寻址，与外部存储器寻址比较，它的指令执行周期和代码长度都比较短。

（2）外部数据存储器　外部 RAM 包括两个区域：

pdata：外部数据存储器分页寻址区，一页为 256 字节。

xdata：外部数据存储器 RAM 的 64KB 空间。

（3）程序存储器　code 区即程序代码区，空间大小为 64KB。所以代码区的数据是不可改变的，代码区不可重写。一般代码区中可存放数据表，跳转向量和状态表，例如：

```
unsigned int code unit_id[2]={0x1234,0x89ab};
unsigned char code uchar_data[16]={0x00,0x01,
0x02, 0x03, 0x04, 0x05, 0x06, 0x07,0x08, 0x09, 0x10,
0x11, 0x12, 0x13, 0x14, 0x15};
```

定义数据的存储器类型通常遵循如下原则：

只要条件满足，尽量选择内部直接寻址的存储类型 data，然后选择 idata 即内部间接寻址。对于那些经常使用的变量要使用内部寻址。在内部数据存储器数量有限或不能满足要求的情况下才使用外部数据存储器。选择外部数据存储器可先选择 pdata 类型，最后选用 xdata 类型。

3.3.3　数据的存储模式

如果在变量定义时省略了存储器类型标识符，C51 编译器会选择默认的存储器类型。默认的存储器类型由存储模式指令决定。

如表 3-5 所示，C51 有三种存储器模式：Small、Compact 和 Large。

表 3-5　C51 的存储器模式

存储器模式	描　述
Small	参数及局部变量放入可直接寻址的内部数据存储区（128 Byte，默认存储器类型是 DATA）
Compact	参数及局部变量放入分页外部数据存储区（最大 256Byte，默认存储类型是 PDATA）
Large	参数及局部变量直接放入外部数据存储器（最大 64KB，默认存储类型为 XDATA）

（1）小（Small）模式　所有变量都默认在单片机的内部数据存储器中，这和用 data 定义变量起到相同的作用。在 Small 存储模式下，未说明存储器类型时，变量默认被定位在 data 区。

（2）紧凑（Compact）模式　此模式中，所有变量都默认在外部数据存储器的一页中，这和用 pdata 定义变量起到相同的作用。

（3）大（Large）模式　在大模式下，所有的变量都默认在外部存储器中（xdata）。

在编写单片机源程序时，建议把存储模式设定为 Small，再在程序中把 xdata、pdata 和 idata 等类型变量进行专门声明。

假设单片机的 C 语言源程序为 test.C，在 Keil C51 中使程序中的变量类型和参数传递区限定在外部数据存储区，我们采用以下方法来设置。

方法 1：在程序的第一句加预处理命令

```
#pragma compact。
```

方法 2：用 C51 对 PROR.C 进行编译时，在 Keil C51 的命令窗口中，输入编译控制命令：

```
C51 test.C  COMPACT。
```

方法 3：如图 3-2 所示，在 Keil C51 中选择目标选项中的项目选项栏，在该选项栏下对存储模式进行设置。

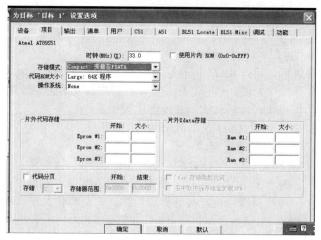

图 3-2　存储模式的设置

3.4　C51 的表达式和程序结构

3.4.1　C51 的运算符和表达式

C51 的运算符和表达式如表 3-6 所示，与 ANSI C 完全兼容。

表 3-6　C51 的运算符和表达式

优　先　级	操　作　符	说　　明	结　合　方　向
1	(), [], →, .	圆括号，下标运算符，指向结构体成员运算符，结构体成员运算符	自左向右
2	!, ~, ++, --, -, (type), *, &, sizeof	逻辑非运算符，按位取反运算符，自增运算符，自减运算符，负号运算符，类型转换运算符，指针运算符，地址与运算符，长度运算符	自右向左
3	*, /, %	乘法运算符，除法运算符，取余运算符	自左向右
4	+, −	加法运算符，减法运算符	自左向右
5	<<, >>	左移运算符，右移运算符	自左向右
6	<=, >=	关系运算符	自左向右
7	==, !=	等于运算符，不等于运算符	自左向右
8	&	按位与运算符	自左向右
9	^	按位异或运算符	自左向右
10	|	按位或运算符	自左向右
11	&&	逻辑与运算符	自左向右
12	||	逻辑或运算符	自左向右
13	?,:	条件运算符	自右向左
14	=, +=, -=, *=, /= %=　>>=　<<=　&=　^=　|=	赋值运算符	自右向左
15	,	逗号运算符	自左向右

【例 3-1】　利用条件表达式判断两个数的大小，根据判断结果在单片机 P0 口输出整个运算符的结果。

解：在 keil c51 中新建工程 ex31，编写如下程序代码，编译并生成 ex31.hex 文件。

```
//例题 3-1: 利用 P0 口显示条件表达式的值
#include <reg51.h>          //头文件包含
void main(void)
```

```
{
    P0 = (10>5)?10:5;          //将条件运算符的运算结果送到 P0 口
    while(1)
    {
    }
}
```

在 proteus 中新建仿真文件 ex31.dsn，将 ex31.hex 文件载入 AT89C51 中。

启动仿真，运行结果如图 3-3 所示。可以看出，由于条件运算符中的表达式 1 中 10>5 结果为真，则整个条件运算符的运算结果是 10，与程序运行结果一致。

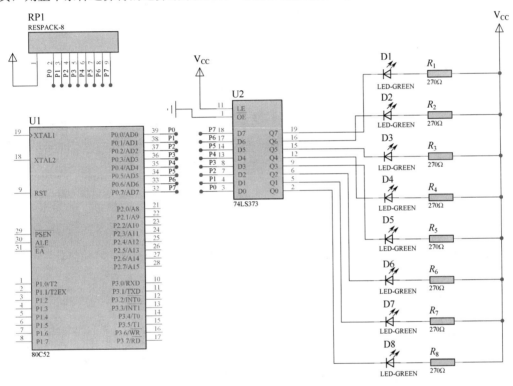

图 3-3　例 3-1 仿真运行结果

3.4.2　C51 的程序结构

C 程序的结构如图 3-4 所示。

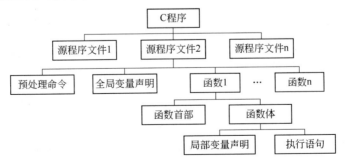

图 3-4　C 程序的结构

从程序流程的角度来看，程序分为三种基本结构，即顺序结构、分支结构、循环结构。这三

种基本结构可以构造任何复杂的逻辑关系。C 语言提供了九种控制语句来实现这些程序结构:

① 条件判断语句: if 语句、switch 语句。

② 循环执行语句: do while 语句、while 语句、for 语句。

③ 转向语句: break 语句、goto 语句、continue 语句、return 语句。

【例 3-2】 使用 for 循环语句计算从 1 加到 10 的结果,并将结果送到单片机 P0 口显示。

在 keil c51 中新建工程 ex32,编写如下程序代码,编译并生成 ex32.hex 文件

```c
//例 3-2:利用 FOR 语句求一组数据的和,并将结果送到 P0 口显示
#include <reg51.h>              //包含头文件
void main(void)
{
  unsigned char num,sum;        //定义两个变量,

  sum = 0;                      //变量赋初值
  for(num = 0;num < 11;num++)   //求 num 从 0 加到 10 的结果
  {
    sum = sum + num;            //求和结果送到存储求和值的变量中
  }
  P0 = sum;                     //最终结果送 P0 口显示
  while(1)                      //程序在此无限循环
  {
  }
}
```

在 proteus 中新建仿真文件 ex32.dsn,将 ex32.hex 文件载入 AT89C51,启动仿真,运行效果如图 3-5 所示。

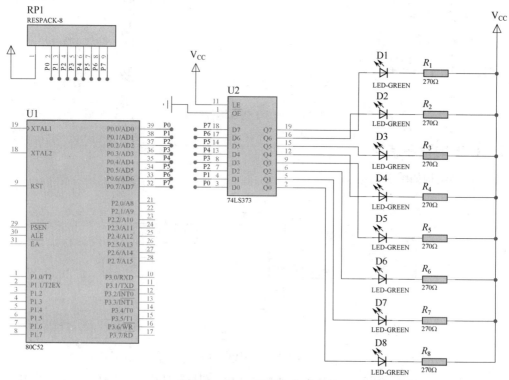

图 3-5 例 4-2 仿真运行结果

3.4.3 C51 的数据输入/输出

ANSI C 的标准函数库中提供了名为"stdio.h"的 I/O 函数库，定义了相应的输入和输出函数。当对输入和输出函数使用时，须先用预处理命令"#include ＜stdio.h＞"将该函数库包含到文件中。stdio.h 中定义的输入和输出函数包括字符数据的输入/输出函数（putchar 函数、getchar 函数）和格式输入与输出函数（printf 函数、scanf 函数）。

在 C51 中，也通过 stdio.h 定义输入和输出函数，但在 C51 的 stdio.h 中定义的 I/O 函数都是通过串行接口实现。

【例3-3】 在 51 单片机中使用格式输入输出函数的例子。

```
//例3-3: 输入两个数求和，并将结果送到串口输出显示
#include ＜reg51.h＞                    //包含特殊功能寄存器库
#include ＜stdio.h＞                    //包含I/O函数库
#define SYSTEM_CLK 12000000
void main(void)                        //主函数
{
    int  x,y;                          //定义整型变量x和y
    //串口初始化
    int baud=2400;
    SCON  = 0x50;
    TMOD |= 0x20;
    TH1 = 256 - SYSTEM_CLK / baud / 384;
    TR1 = 1;
    TI = 1;

    printf("input  x,y:\n");           //输出提示信息
    scanf("%d,%d",&x,&y);              //输入x和y的值
    printf("\n");                      //输出换行
    printf("%d+%d=%d",x,y,x+y);        //按十进制形式输出
    printf("\n");                      //输出换行
    printf("%xH+%xH=%XH",x,y,x+y);     //按十六进制形式输出
    while(1);                          //结束
}
```

在 proteus 中新建仿真文件 ex33.dsn，将 ex33.hex 文件载入 AT89C51，启动仿真。源程序中的串口初始化的相关设置见后面章节中关于串口的相关内容。

3.5 C51 的函数

3.5.1 C51 函数概述

在复杂的应用系统中，把大块程序分割成一些相对独立而且便于维护和阅读的小块程序是一种比较好的策略。把相关的语句组织在一起，并给它们注明相应的名称，使用这种方法把程序分块，这种形式的组合就形成了函数。

（1）函数的定义与调用 函数的一般形式为：

返回值类型标识符   函数名(参数列表)

{

　　　　函数体语句

　　　 }

　　　类型标识符规定了函数中 return 语句返回值的类型，它可以是任何有效类型。参数表是用逗号分隔的变量表，各变量由变量类型和变量名组成。当函数被调用时，变量根据该类型接收变量的值。一个函数可以没有参数，这时参数表为空，为空时可以使用 void 来说明。但即使没有参数，括号仍然是必需的。函数的定义又可分为无参函数定义和有参函数定义。

　　　C 语言中的每一个函数都是一个独立的代码块。构成一个函数整体的代码对程序的其他部分是隐蔽的，除非它使用了全局变量，它既不能影响程序的其他部分，也不受程序的其他部分的影响。换句话说，由于两个函数有不同的作用域，定义在一个函数内的代码和数据不能与定义在另一个函数内的代码或数据相互作用。

　　　在函数内部定义的变量称为局部变量。局部变量随着函数的运行而生成，随着函数的退出而消失，因此局部变量不能在两次函数调用之间保持其值。只有一个例外，就是用存储类型符 static 说明时，才能使编译程序在存储管理方面像对待全局变量那样对待它，但其作用域仍然被限制在该函数的内部。

　　　C 语言采用函数之间的参数传递方式，从而大大提高了函数的通用性与灵活性。在定义函数时，函数名后面括号中的变量名称为"形式参数"，简称形参。在函数调用时，主函数里面出现的调用函数名后面括号中的表达式称为"实际参数"，简称实参。

　　　在 C 语言的函数调用中，实际参数与形式参数之间的数据传递是单向进行的。只能由实际参数传递给形式参数，而不能由形式参数传递给实际参数。实际参数与形式参数的类型必须一致，否则会发生数据类型不匹配的错误。

　　　在 C 语言程序中执行 return 语句有两个重要的作用。其一，它使得包含它的那个函数立即退出，也就是使程序返回到调用语句的地方继续执行；其二，它可以用来为函数返回一个值给调用程序。

　　　除了那些返回值类型为 void 的函数外，其他所有函数都返回一个值，这个值是由返回语句指定的。返回值可以是任何合法的数据类型，但返回值的数据类型必须与函数声明中的返回值类型匹配。如果没有返回语句，编译器会产生警告和错误。这意味着，只要函数没有被说明为 void，它就可以作为操作数用在任何有效的 C 语言表达式中。

　　　把例 3-3 中串口初始化相关的语句定义一个专门的串口初始化函数 uart_init（unsigned int baud），则其程序变为：

```
#include  <reg51.h>              //包含特殊功能寄存器库
#include  <stdio.h>             //包含I/O函数库
#define SYSTEM_CLK 12000000
void uart_init(unsigned int baud)
{
    SCON  = 0x50;
    TMOD |= 0x20;
    TH1 = 256 - SYSTEM_CLK / baud / 384;
    TR1 = 1;
    TI = 1;
}
void main(void)                  //主函数
{
    int  x,y;                    //定义整型变量x和y
    uart_init(2400);
```

```
    printf("input  x,y:\n");              //输出提示信息
    scanf("%d,%d",&x,&y);                  //输入 x 和 y 的值
    printf("\n");                          //输出换行
    printf("%d+%d=%d",x,y,x+y);            //按十进制形式输出
    printf("\n");                          //输出换行
    printf("%xH+%xH=%XH",x,y,x+y);         //按十六进制形式输出
    while(1);                              //结束
}
```

（2）C51 函数的递归调用 函数的递归调用是指当一个函数正被调用尚未返回时，又直接或间接调用函数本身。与 ANSI C 不同，C51 的函数一般是不能递归调用的，这主要是因为 51 单片机的 RAM 空间非常有限，而递归调用一般需要非常大的堆栈，并且在运行时才能最终确定具体需要多少堆栈。所以，在 51 单片机上编程尽量避免递归，甚至可以禁止用递归。

如非用递归调用不可，那么递归所需存储空间大小必须在 51 单片机资源允许的范围内，而且要严格检查递归条件，函数递归调用的例子如下：

【例 3-4】 递归求数的阶乘 n!。

```
#include  <reg51.h>                       //包含特殊功能寄存器库
#include  <stdio.h>                       //包含 I/O 函数库
#define SYSTEM_CLK 12000000
void uart_init(unsigned int baud)
{
    SCON  = 0x50;
    TMOD |= 0x20;
    TH1 = 256 - SYSTEM_CLK / baud / 384;
    TR1 = 1;
    TI = 1;
}
int  fac(int  n)  reentrant
{
 int result;

 if  (n==0)
    result=1;
 else
    result=n*fac(n-1);
 return(result);
}
main()
{
  int    fac_result;
  uart_init(2400);
  fac_result=fac(8);
  printf("The result is %u\n",fac_result);
  while(1);    //结束
}
```

程序仿真运行的结果如图 3-6 所示。

这里，我们用扩展关键字 reentrant 把函数定义为可重入函数。所谓可重入函数就是允许被递归调用的函数。

关于用 reentrant 声明重入函数，要注意以下几点。

① 用 reentrant 修饰的重入函数被调用时，实参表内不允许使用 bit 类型的参数。函数体内也不允许存在任何关于位变量的操作，更不能返回 bit 类型的值。

② 编译时，系统为重入函数在内部或外部存储器中建立一个模拟堆栈区，称为重入栈。重入函数的局部变量及参数被放在重入栈中，使重入函数可以实现递归调用。

图 3-6　例 3-4 仿真运行结果

③ 在参数的传递上，实际参数可以传递给间接调用的重入函数。无重入属性的间接调用函数不能包含调用参数，但是可以使用定义的全局变量来进行参数传递。

3.5.2　C51 的中断服务函数

由于标准 C 没有处理单片机中断的定义，为直接编写中断服务程序，C51 编译器对函数的定义进行了扩展，增加了一个扩展关键字 interrupt，使用该关键字可以将函数定义成中断服务函数。

中断服务函数的一般形式为：

函数类型　函数名（形式参数表）interrupt　n　[using　m]

关键字 interrupt 后面的 n 是中断号，n 的取值为 0～31，对应的中断情况如下：

0——外部中断 0

1——定时/计数器 T0

2——外部中断 1

3——定时/计数器 T1

4——串行口中断

5——定时/计数器 T2（52 系列）

其他值预留。

关键字 using 是可选的，用于指定本函数内部使用的工作寄存器组，其中 m 的取值为 0～3，表示寄存器组号。

加入 using　m 后，C51 在编译时自动地在函数的开始处和结束处加入以下指令：

```
{
  PUSH  PSW      ;标志寄存器入栈
  MOV   PSW, #与寄存器组号相关的常量
  … …
  POP   PSW      ;标志寄存器出栈
}
```

在定义一个函数时，如果不选用 using 选项，则由编译器选择一个寄存器区作为绝对寄存器区访问。

还要注意，带 using 属性的函数原则上不能返回 bit 类型的值，且关键字 using 和关键字 interrupt 都不允许用于外部函数，另外也都不允许有一个带运算符的表达式。

例如，外中断 1（$\overline{INT0}$）的中断服务函数书写如下：

void int1( ) interrupt 2 using 0//中断号 n=2，选择 0 区工作寄存器区

编写单片机中断程序时，还应注意以下问题。

① 中断函数没有返回值，如果定义了一个返回值，将会得到不正确的结果。因此建议在定义中断函数时，将其定义为 void 类型，以明确说明没有返回值。

② 中断函数不能进行参数传递，如果中断函数中包含任何参数声明都将导致编译出错。

③ 在任何情况下都不能直接调用中断函数，否则会产生编译错误。因为中断函数的返回是由指令 RETI 完成的。RETI 指令会影响单片机中的硬件中断系统内的不可寻址的中断优先级寄存器的状态。如果在没有实际的中断请求的情况下，直接调用中断函数，也就不会执行 RETI 指令，其操作结果有可能产生一个致命的错误。

④ 如果在中断函数中再调用其他函数，则被调用的 函数所使用的寄存器区必须与中断函数使用的寄存器区不同。

⑤ C51 编译器对中断函数编译时会自动在程序开始和结束处加上相应的内容，具体如下。在程序开始处对 ACC、B、DPH、DPL 和 PSW 入栈，结束时出栈。中断函数未加 using n 修饰符的，开始时还要将 R0~R1 入栈，结束时出栈。如中断函数加 using n 修饰符，则在开始将 PSW 入栈后还要修改 PSW 中的工作寄存器组选择位。因而在编写中断服务函数时可不必考虑这些问题，减轻了编写中断服务程序的烦琐程度，而把精力放在如何处理引发中断请求的事件上。

⑥ 中断函数最好写在文件的尾部，并且禁止使用 extern 存储类型说明，防止其他程序调用。

3.5.3　C51 的库函数

C51 的强大功能及其高效率的重要体现就在于其提供了丰富的可直接调用的库函数，包括 I/O 操作、内存分配、字符串操作、数据类型转换、数学计算等函数库。库函数包含标准的应用程序，每个函数都在相应的头文件（.h）中有原型声明。如果使用库函数，必须在源程序中用预编译指令定义与该函数相关的头文件（包含了该函数的原型声明）。

在前面已经提到了部分输入输出的库函数，这里介绍几类常用和重要的 C51 库函数。

（1）内部函数 intrins.h　这个库中提供的是一些用汇编语言编写的函数，这些函数主要有：

```
unsigned char _crol_(unsigned char val,unsigned char n);
unsigned int _irol_(unsigned int val,unsigned char n);
unsigned int _lrol_(unsigned long val,unsigned char n);
```

上面三个函数都将 val 左移 n 位，类似于"RLA"指令。_crol_、_irol_、_lrol_的 val 变量类型分别为无符号字符型、无符号整型和无符号长整型。

```
unsigned char _cror_(unsigned char val,unsigned char n);
unsigned int _iror_(unsigned int val,unsigned char n);
unsigned int _lror_( unsigned long val,unsigned char n);
```

上面三个函数都将 val 右移 n 位，类似于"RRA"指令。

移位函数的应用举例如下：

```
#inclucle <intrins.h>
void main( )
{
 unsigned int y;
y=0x00ff;
y=_irol_(y, 4);
}
```

程序运行后，得到结果为：

```
y=0x0ff0
```

```
void _nop_(void);
```

_nop_产生一个 NOP 指令，该函数可用作 C 程序的时间比较。C51 编译器在_nop_函数工作期间不产生函数调用，即在程序中直接执行了 NOP 指令，例如：

```
p0&=~0x80;
p0|=0x80;
_nop_;
_nop_;
_nop_;
_nop_;
p0&=~0x80;
```

这里使用_nop_函数在 p0.7 产生 4 个机器 周期宽度的正脉冲。

```
bit _testbit_(bit x);
```

_testbit_产生一个 JBC 指令，该函数测试一个位，当置位时返回 1，否则返回 0。_testbit_只能用于可直接寻址的位；在表达式中使用是不允许的，例如：

```
#include<intrins.h>
bit flag; char var; void main( )
{
    if(!_testbit_(flag))
    val--;
}
```

这里_testbit_的参数和函数值必须都是位变量。

（2）绝对地址访问函数 absacc.h 该文件定义提供了一组宏定义，用来对 51 单片机的存储空间进行绝对地址访问：

```
#define CBYTE((unsigned char *)0x50000L)
#define DBYTE((unsigned char *)0x40000L)
#define PBYTE((unsigned char *)0x30000L)
#define XBYTE((unsigned char *)0x20000L)
```

上述宏定义用来对单片机的地址空间以字节寻址的方式作绝对地址访问。CBYTE 寻址 CODE 区，DBYTE 寻址 DATA 区，PBYTE 寻址 XDATA 区（通过 MOVX @R0 命令），XBYTE 寻址 XDATA 区（通过 MOVX @DPTR 命令）。

```
#define CWORD((unsigned int *)0x50000L)
#define DWORD((unsigned int *)0x40000L)
#define PWORD((unsigned int *)0x30000L)
#define XWORD((unsigned int *)0x20000L)
```

上述宏定义用来对单片机的地址空间以字寻址（unsigned int 类型）的方式作绝对地址访问。CWORD 寻址 CODE 区，DWORD 寻址 DATA 区，PWORD 寻址 XDATA 区（通过 MOVX @R0 命令），XWORD 寻址 XDATA 区（通过 MOVX @DPTR 命令）。

（3）缓冲区处理函数 string.h

① 计算字符串 s 的长度

函数原型：`extern int strlen(char *s);`

说明：返回 s 的长度，不包括结束符 NULL。

举例：

```
#include <string.h>
main()
```

```
{
char *s="Golden Global View";
printf("%s has %d chars",s,strlen(s));
getchar();
return 0;
}
```

② 由 src 所指内存区域复制 count 个字节到 dest 所指内存区域

函数原型：extern void *memcpy(void *dest, void *src, unsigned int count)

说明：src 和 dest 所指内存区域不能重叠，函数返回指向 dest 的指针。

举例：

```
#include <string.h>
main()
{
char *s="Golden Global View";
char d[20];
memcpy(d,s,strlen(s));
d[strlen(s)]=0;
printf("%s",d);
getchar();
return 0;
}
```

③ 由 src 所指内存区域复制 count 个字节到 dest 所指内存区域

函数原型：extern void *memmove(void *dest, const void *src,unsigned int count);

说明：与 memcpy 工作方式相同，但 src 和 dest 所指内存区域可以重叠，但复制后 src 内容会被更改。函数返回指向 dest 的指针。

④ 比较内存区域 buf1 和 buf2 的前 count 个字节

函数原型：extern int memcmp(void *buf1, void *buf2, unsigned int count);

本 章 小 结

① 51 系列单片机支持 ASM 和 C 两种语言。

② 单片机的 C 语言编程称为 C51 编程。用 C 语言编写的应用程序必须经专门的 C 语言编译器编译生成可以在单片机上运行的可执行文件。支持 51 系列单片机的 C 语言编译器有很多种类，其中最常见的单片机编译器为 Keil C51。

③ C51 的程序是由函数组成。必须有一个主函数 main( )，程序的执行从主函数 main( ) 开始，调用其他函数后返回主函数 main( )，最后在主函数中结束整个程序，而不管函数的排列顺序。

④ C51 在定义变量类型时，必须定义它的存储器类型，C51 的变量有如下几种存储类型：data、bdata、idata、pdata、xdata 和 code。

⑤ 如果在变量定义时省略了存储器类型标识符，C51 编译器会选择默认的存储器类型。C51 有 Small、Compact 和 Large 三种存储器模式。

思考题及习题

1. C51 中一般指针变量占用多少个字节存储？
2. 使用宏来访问绝对地址时，一般需要包含的库文件是什么？
3. 简述 C51 对 MCS-51 系列单片机特殊功能寄存器的定义方法。
4. C51 的 data、bdata、idata 有什么区别？
5. C51 中的中断函数和一般函数有什么不同？

第4章 Keil C 开发工具和 Proteus 仿真软件

本章主要介绍支持 51 系列微控制器体系结构的 Keil 开发工具，适合每个阶段的开发人员，不管是专业的应用工程师，还是刚学习嵌入式软件开发的学生。产业标准的 Keil C 编译器、宏汇编器、调试器、实时内核、单板计算机和仿真器，支持所有的 51 系列微控制器，帮助用户如期完成项目进度。Proteus 软件具有其他 EDA 工具软件（例如 multisim）的功能。这些功能是：原理布图、PCB 自动或人工布线、SPICE 电路仿真。

4.1 Keil C51 开发工具的安装与使用

Keil C51 开发工具旨在解决嵌入式软件开发商面临的复杂问题。当开始一个新项目，只需简单地从设备数据库选择使用的设备，uVision IDE 将设置好所有的编译器、汇编器、链接器和存储器选项。包含大量的例程，帮助使用最流行的嵌入式 8051 设备。Keil μVision 调试器准确地模拟 8051 设备的片上外围设备（IC、CAN、UART、SPI、中断、I/O 端口、A/D 转换器、D/A 转换器和 PWM 模块）。模拟帮助了解硬件配置，避免在安装问题上浪费时间。此外，使用模拟器可以在没有目标设备的情况下编写和测试应用程序。当准备在目标硬件上测试软件应用时，可以使用 MON51、MON390、NONADI 或者 FlashMON51 目标监视器、ISD51 In-System 调试器、ULINK USB-JTAG 适配器在目标系统上下载并测试程序代码。

安装 Keil C51 集成开发软件，必须满足一定的硬件和软件要求，才能确保编译器以及其他程序功能正常，系统必须具有 Pentium、Pentium-Ⅱ 或兼容处理器的 PC；Windows 95、Windows 98、Windows NT4.0、Windows 2000、Windows XP；至少 16MRAM；至少 20MB 硬盘。

4.1.1 软件的安装

下面以 Keil C51 V7.10 版为例，介绍如何安装 Keil uVision3 集成开发环境。

将系统光盘放入光驱中（假设 E 盘），进入 E:\单片机开发工具\Keil_setup\目录，这时会看到 Setup.EXE 文件，双击该文件即可安装。这时会出现如图 4-1 所示的安装初始画面，稍后弹出一个安装向导对话框如图 4-2 所示，询问用户是安装评估版（Eval Version）还是完全版（Full Version），可以选 Full Version。

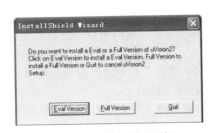

图 4-1　安装初始画面　　　　　　　　图 4-2　安装向导对话框

在此后弹出的几个对话框中选择 Next，这时会出现如图 4-3 所示的安装路径设置对话框，默认路径是 C:\Keil，当然用户点击 Browse 选择适合自己的安装目录，如 D:\Keil C51。

在接下来的询问确认对话框如图 4-4 中选择 Next 命令按钮加以确认即可继续安装。

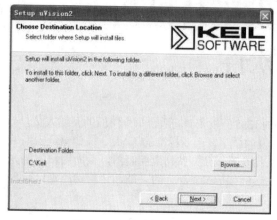

图 4-3　安装路径设置对话框

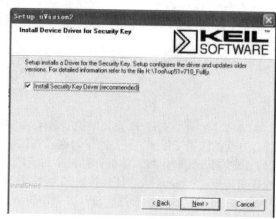

图 4-4　询问确认对话框

安装完毕后单击 Finish 加以确认，此时可以在桌面上看到 Keil uVision3 软件的快捷图标，双击它就可以进入 Keil C51 集成开发环境。

4.1.2　Keil C51 软件的使用

Keil C51 集成开发环境是以工程的方式来管理文件的，而不是单一文件的模式。所有的文件包括源程序（包括 C 程序、汇编程序）、头文件，甚至说明性的技术文档都可以放在工程项目文件里统一管理。在使用 Keil C51 前，应该习惯这种工程管理方式，对于刚刚使用 Keil C51 的用户来说，一般按照以下步骤来创建一个自己的 Keil C51 应用程序。

① 创建一个工程项目文件。

② 为工程选择目标器件（例如该开发般可以选择 SST 的 SST89E564RD）。

③ 为工程项目设置软硬件调试环境。

④ 创建源程序文件并输入程序代码。

⑤ 保存创建的源程序项目文件。

⑥ 把源程序文件添加到项目中。

下面以创建一个新的工程文件 hello.uV3 为例，详细介绍如何建立一个 Keil C51 的应用程序。

① 点击桌面 Keil C51 快捷图标即可进入如图 4-5 所示的集成开发环境，各种调试工具、命令菜单都集成在此开发环境中。

菜单栏为用户提供了各种操作菜单，比如编辑器操作、工程维护、开发工具选项设置、程序调试、窗体选择及操作、在线帮助。工具栏按钮可以快速执行 uVision3 命令。或许与您打开的 Keil C51 界面不一样，这是因为启动 uVision3 后，uVision3 总是打开用户前一次正确处理的工程。

② 点击菜单的 Project 选项，在弹出的下拉菜单中选择 New Project 命令，建立一个新的 uVision3 工程，这时可以看到如图 4-6 所示的项目文件保存对话框。在这里需要完成下列操作。

a．为工程取一个名称，工程名应便于记忆且不宜过长。

b．选择工程存放的路径，建议为每个工程单独建立一个目录，并且工程中需要的所有文件都放在这个目录下。

c．进入工程目录输入工程名 hello 后，单击保存返回。

③ 在工程建立完毕后，uVision3 会立即弹出如图 4-7 所示的器件选择窗口，器件选择的目

的是告诉 uVision3 最终使用芯片的型号，因为不同芯片型号的 51 芯片内部的资源是不一样的，uVision3 可以根据选择进行 SFR 予以定义。

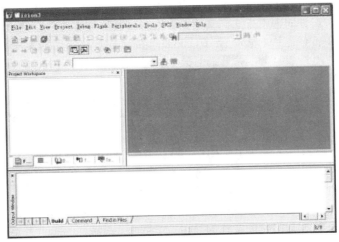

图 4-5　集成开发环境

图 4-6　项目文件保存对话框

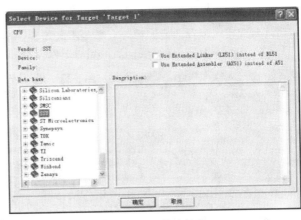

图 4-7　器件选择窗口

在图 4-7 可以看出，uVision3 支持所有的 CPU 器件的型号根据生产厂家形成器件组，用户可以根据需要选择相应的器件组并选择相应的器件型号，本产品的单片机型号为 STC 的 STC89C58RD+（可以选择为 SST 组的 SST89E564RD）。

另外，如果用户在选择完目标器件后想重新更改目标器件，可以点击菜单 Project 选项，在弹出的下拉菜单中选择 Select Device for Target "Target1" 命令，将出现如图 4-8 所示的对话窗口，然后点击 device 重新加以选择。由于不同厂家的许多型号性能相同或相近，因此如果用户的目标器件型号在 uVision3 中找不到，用户可以选择其他公司的相近产品。

④ 现在已经建立了一个空白的工程项目文件，并为工程选择好了目标器件，但是这个工程里没有任何程序文件。程序文件的

图 4-8　器件选择窗口

添加必须人工进行，如果程序文件在添加前还没有创立，用户还必须创建它。点击菜单的 File

选项，在下拉菜单中选择 New 命令，这时文件窗口会出现新文件窗口 Text1，如果多次执行 New 命令则会出现 Text2、Text3 等多个新文件窗口。

⑤ 现在 hello.uV3 项目中有了一个名字为 Text1 新文件框架，在这个源程序编译框内输入代码。在 uVision3 中，文件的编辑方法同其他的文本编辑器是一样的，用户可以执行输入、删除、选择、拷贝、粘贴等基本文字处理命令。uVision3 不完全支持汉字的输入和编辑，因此如果用户需要编辑汉字最好使用外部的文本编辑来编辑（如 edit.com 或 VC++）。uVision3 中有文件变化感知功能，提示外部编辑其改变了该文件，是否需要把 uVision3 中的该文件刷新，选择"是"命令按钮，然后就可以看到 uVision3 中文件的刷新。编辑完毕后保存到磁盘中。

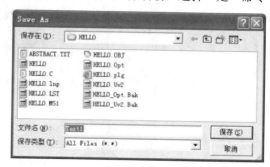

⑥ 输入完毕后点击菜单的 File 选项，在弹出的下拉菜单中选择"保存"命令存盘源程序文件，这时会弹出如图 4-9 所示的存盘源程序画面，在文件名栏内输入源程序的文件名，在此示范中把 Text1 保存成 hello.c。主要 Keil C51 支持汇编和 C 语言，且 uVision3 要根据后缀判断文件的类型，从而自动进行处理，因此存盘时应注意输入的文件名应带扩展名.ASM 或.C。源程序文件 hello.c

图 4-9　存盘源程序画面

是一个 C 语言程序，如果用户想建立的是一个汇编程序，则输入文件名称 hello.asm。保存完毕后请注意观察，保存前后源程序有哪些不同，关键字是否变成蓝颜色。

⑦ 需要特别提出的是，这个程序文件仅仅是建立了而已，hello.c 文件到现在为止，跟 hello.uV3 工程还没建立任何关系，此时用户应该把 hello.c 源程序添加到 hello.uV3 工程中，构成一个完整的工程项目，点击菜单 View->Project Window 将会弹出项目观察窗口，在项目观察窗口内，选中 Source Group1 后点击鼠标右键，在弹出的快捷菜单中选择 Add Files to Group "Source Group 1"（向工程中添加源程序文件）命令，此时会弹出如图 4-10 所示的添加源程序文件窗口，选择刚才编辑的源程序文件 hello.c，单击 Add 命令即可把源程序添加到项目中。

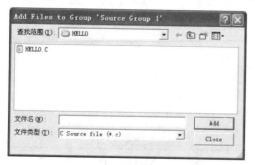

图 4-10　添加源程序文件窗口

4.1.3　程序文件的编译、连接与调试

（1）编译连接环境设置　uVision3 调试器可以测试用 C51 编译器和 A51 宏汇编器开发的应用程序，uVision3 调试器有两种工作模式，用户可以通过点击菜单 Project 选项，在弹出的下拉菜单中选择 Option for Target "Tatget 1" 命令为目标设置工具选项，这时会出现如图 4-11 所示的调试环境设置界面，选择 Debug 选项会出现如图 4-11 所示的工作模式选择窗口。

从图 4-11 可以看出，uVision3 的两种工作模式分别是：Use Simulator（软件模拟）和 Use（硬件仿真）。其中 Use Simulator 选项是将 uVision3 调试器设置成软件模拟仿真模式，在此模式下，不需要实际的目标硬件就可以模拟 80C51 微控制器的很多功能，在准

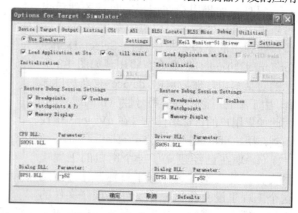

图 4-11　调试环境设置界面

备硬件之前就可以测试应用程序。Use 选项是高级 GDI 驱动，运用此功能可以把 Keil C51 嵌入到自己的系统中，从而实现在目标硬件上调试程序。选择软件模拟仿真，即在图 4-11 中 Debug 栏内选中 Use Simulator 选项，点击"确定"命令按钮加以确认，此时 uVision3 调试器即配置软件仿真。

（2）程序的编译和连接　经过以上的工作，到此就可以编译程序了。点击菜单 Project 选项，在弹出的下拉菜单中选择 Build Target 命令对源程序文件进行编译，此时会在"Output Windows"信息输出窗口输出一些相关的信息。由提示信息可知：第一行 Build Target 'Target1' 表示此时正对工程 1 进行编译操作，第二行 Compiling hello.c 表示此时正在编译 hello.c 源程序，第三行 lingking...表示此时正在连接工程项目文件，第四行 Creating hex file from 'hello' 说明已生成目标文件 hello.hex，而最后一行说明 hello.uV3 项目在编译过程中不存在错误和警告，编译连接成功。若在编译过程中出现错误，系统会给出错误所在的行和该错误提示信息，用户应根据这些提示信息，更正程序中的错误，重新编译直至完全正确为止，至此所需的目标代码 hello.hex 文件已经生成，用户可以使用相关的软件把该程序代码下载到试验仪的单片机中，复位系统后单片机将运行用户的程序。

4.2　Proteus 仿真软件的安装

Proteus 软件是英国 Labcenter electronics 公司出版的 EDA 工具软件。他不仅具有其他 EDA 工具软件的仿真功能，还能仿真单片机及外围器件。它是目前最好的仿真单片机及外围器件的工具。虽然目前国内推广刚起步，但已受到单片机爱好者、从事单片机教学的教师、致力于单片机开发应用的科技工作者的青睐。Proteus 是世界上著名的 EDA 工具（仿真软件），从原理图布图、代码调试到单片机与外围电路协同仿真，一键切换到 PCB 设计，真正实现了从概念到产品的完整设计。是目前世界上唯一将电路仿真软件、PCB 设计软件和虚拟模型仿真软件三合一的设计平台，其处理器模型支持 8051、HC11、PIC10/12/16/18/24/30/DsPIC33、AVR、ARM、8086 和 MSP430 等，2010 年即将增加 Cortex 和 DSP 系列处理器，并持续增加其他系列处理器模型。在编译方面，它也支持 IAR、Keil 和 MPLAB 等多种编译。

Proteus7.1 安装方法如下。

（1）双击 Proteus7.1 安装文件夹下面的安装文件图标，如图 4-12 所示。

（2）单击 NEXT 按钮，进入 Modify, repair, or remove the program 界面，即选择"安装程序，纠正恢复程序，删除程序"三个选项，选择 Modify，如图 4-13 所示。

图 4-12　安装图标

（3）单击 NEXT 按钮，进入产品许可证密匙选项，如图 4-14 所示。

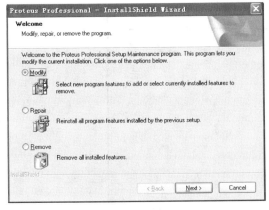

图 4-13　安装/修复/删除选项

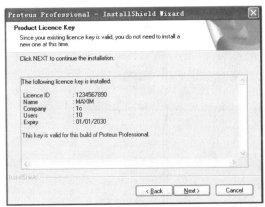

图 4-14　产品许可证密匙选项

（4）单击 NEXT 按钮，进入选择安装特征选项，如图 4-15 所示。

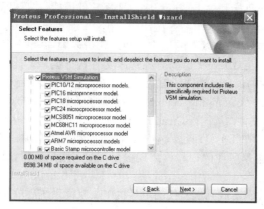

图 4-15　选择安装特征选项

（5）单击"Find All Key Files"按钮，电脑自己会找认证文件，找到后会出现在下图左边的空白处，如图 4-16 所示。

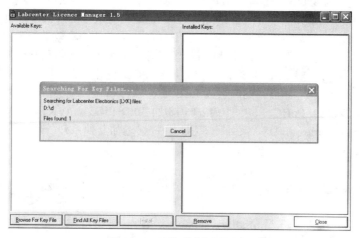

图 4-16　寻找所有钥匙选项

（6）选择 MAXIM，单击 Install 按钮，如发现图 4-17 右边空白处出现了和左边一样的文件就表示认证文件装好了，最后点 close 按钮退出，如图 4-17 所示。

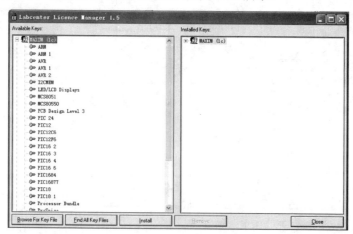

图 4-17　钥匙替换选项

（7）继续单击 NEXT 按钮，直到计算机将 Proteus 装到 C 盘中。默认安装是 C:\Program Files\Labcenter Electronics\Proteus 7 Professional

4.3 Proteus 仿真软件的使用

4.3.1 Proteus ISIS 工作界面

双击桌面上的 ISIS 6 Professional 图标或者单击屏幕左下方的"开始"→"程序"→"Proteus 6 Professional"→"ISIS 6 Professional"，出现如图 4-18 所示屏幕，表明进入 Proteus ISIS 集成环境。

Proteus ISIS 的工作界面是一种标准的 Windows 界面，如图 4-19 所示。包括标题栏、主菜单、标准工具栏、绘图工具栏、状态栏、对象选择按钮、预览对象方位控制按钮、仿真进程控制按钮、预览窗口、对象选择器窗口、图形编辑窗口。

绘图工具栏界面如图 4-20 所示。

图 4-18　启动时的屏幕

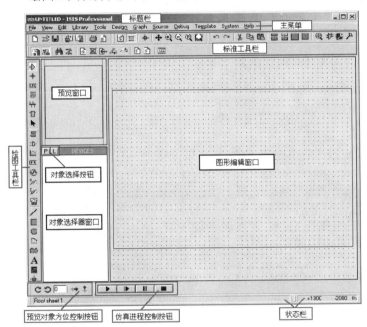

图 4-19　Proteus ISIS 的工作界面

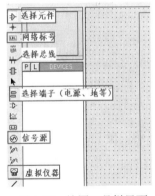

图 4-20　绘图工具栏界面

4.3.2 一个 KeilC 与 Proteus 相结合的仿真过程

（1）单片机电路设计　如图 4-21 所示。电路的核心是单片机 AT89C51。单片机的 P1 口八个引脚接 LED 显示器的段选码（a、b、c、d、e、f、g、dp）的引脚上，单片机的 P2 口六个引脚接 LED 显示器的位选码（1、2、3、4、5、6）的引脚上，电阻起限流作用，总线使电路图变得简洁。

（2）程序设计　实现 LED 显示器的选通并显示字符。

（3）电路图的绘制

① 将所需元器件加入到对象选择器窗口。单击对象选择器按钮 P，如图 4-22 所示。

弹出"Pick Devices"页面，在"Keywords"输入 AT89C51，系统在对象库中进行搜索查找，并将搜索结果显示在"Results"中，如图 4-23 所示。

在"Results"栏中的列表项中，双击"AT89C51"，则可将"AT89C51"添加至对象选择器窗口。

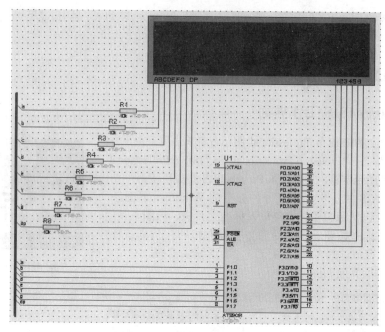

图 4-21　单片机电路设计

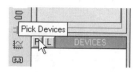

图 4-22　单击对象选择器按钮

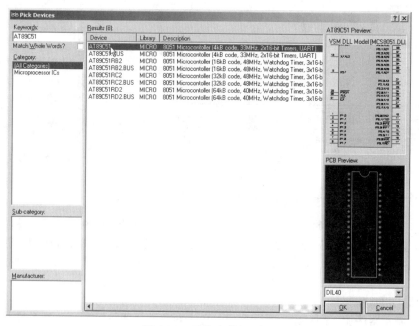

图 4-23　元件查找界面 1

　　然后在"Keywords"栏中重新输入 7SEG，如图 4-24 所示。双击"7SEG-MPX6-CA-BLUE"，则可将"7SEG-MPX6-CA-BLUE"（6 位共阳 7 段 LED 显示器）添加至对象选择器窗口。

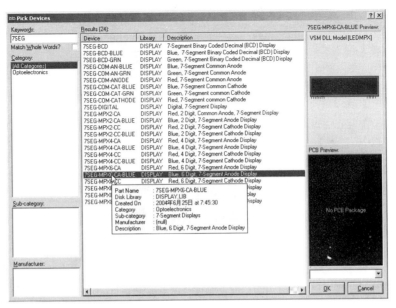

图 4-24　元件查找界面 2

　　最后，在"Keywords"栏中重新输入 RES，选中"Match Whole Words？"，如图 4-25 所示。在"Results"栏中获得与 RES 完全匹配的搜索结果。双击"RES"，则可将"RES"（电阻）添加至对象选择器窗口。单击"OK"按钮，结束对象选择。

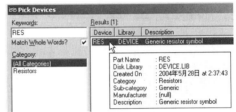

　　经过以上操作，在对象选择器窗口中，已有了 7SEG-MPX6-CA-BLUE、AT89C51、RES 三个元器件对象。若单击 AT89C51，在预览窗口中，见到 AT89C51 的实物图；若单击 RES 或 7SEG-MPX6-CA-BLUE，在预览窗口中，见到 RES 和 7SEG-MPX6-CA-BLUE

图 4-25　元件查找界面 3

的实物图，如图 4-26 所示。此时，我们已注意到在绘图工具栏中的元器件按钮 ➔ 处于选中状态。

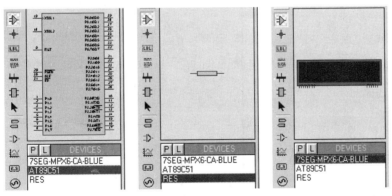

图 4-26　添加元件

　　② 放置元器件至图形编辑窗口　在对象选择器窗口中，选中 7SEG-MPX6-CA-BLUE，将鼠标置于图形编辑窗口该对象的欲放位置，单击鼠标左键，该对象被完成放置。同样，将 AT89C51 和 RES 放置到图形编辑窗口中。如图 4-27 所示。

　　若对象位置需要移动，将鼠标移到该对象上，单击鼠标右键，此时可看到，该对象的颜色已变至红色，表明该对象已被选中，按下鼠标左键，拖动鼠标，将对象移至新位置后，松开鼠标，完成移动操作。

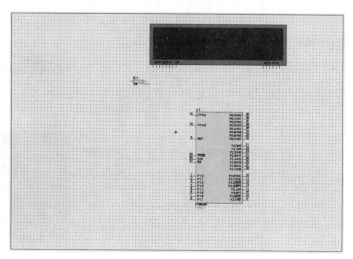

图 4-27　放置元件至图形编辑界面

　　由于电阻 R_1～R_8 的型号和电阻值均相同，因此可利用复制功能作图。将鼠标移到 R_1，单击鼠标右键，选中 R_1，在标准工具栏中，单击复制按钮 ▦，拖动鼠标，按下鼠标左键，将对象复制到新位置，如此反复，直到按下鼠标右键，结束复制。如图 4-28 所示。此时已经注意到，电阻名的标识，系统自动加以区分。

　　③ 放置总线至图形编辑窗口　单击绘图工具栏中的总线按钮 ▦，使之处于选中状态。将鼠标置于图形编辑窗口，单击鼠标左键，确定总线的起始位置；移动鼠标，屏幕出现粉红色细直线，找到总线的终止位置，单击鼠标左键，再单击鼠标右键，以表示确认并结束画总线操作。此后，粉红色细直线被蓝色的粗直线所替代，如图 4-29 所示。

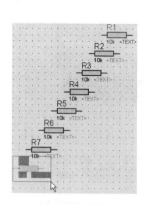

图 4-28　放置电阻至图形编辑界面

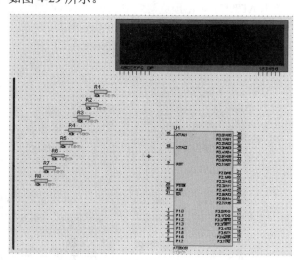

图 4-29　放置总线至图形编辑窗口

　　④ 元器件之间的连线　Proteus 的智能化可以在想要画线的时候进行自动检测。下面，来操作将电阻 R_1 的右端连接到 LED 显示器的 A 端。当鼠标的指针靠近 R_1 右端的连接点时，跟着鼠标的指针就会出现一个"×"号，表明找到了 R_1 的连接点，单击鼠标左键，移动鼠标（不用拖动鼠标），将鼠标的指针靠近 LED 显示器的 A 端的连接点时，跟着鼠标的指针就会出现一个"×"号，表明找到了 LED 显示器的连接点，同时屏幕上出现了粉红色的连接，单击鼠标左键，粉红色的连接线变成了深绿色，同时，线形由直线自动变成了 90°的折线，这是因为选中了线路自动路径功能。

Proteus 具有线路自动路径功能（简称 WAR），当选中两个连接点后，WAR 将选择一个合适的路径连线。WAR 可通过使用标准工具栏里的"WAR"命令按钮 ![] 来关闭或打开，也可以在菜单栏的"Tools"下找到这个图标。

同理，可以完成其他连线。在此过程的任何时刻，都可以按 ESC 键或者单击鼠标的右键来放弃画线。如图 4-30 所示。

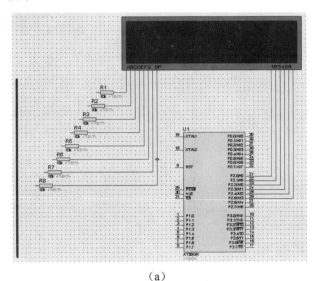

（a）

（b）

图 4-30　元件之间的连线

⑤ 元器件与总线的连线　画总线的时候为了和一般的导线区分，一般用画斜线来表示分支线。此时需要自己决定走线路径，只需在想要拐点处单击鼠标左键即可，如图 4-30 所示。

⑥ 给与总线连接的导线贴标签　单击绘图工具栏中的导线标签按钮 ![]，使之处于选中状态。将鼠标置于图形编辑窗口的欲标标签的导线上，跟着鼠标的指针就会出现一个"×"号，如图 4-31 所示。表明找到了可以标注的导线，单击鼠标左键，弹出编辑导线标签窗口，如图 4-31 所示。

图 4-31　给与总线连接的导线贴标签

在"string"栏中，输入标签名称（如 a），单击"OK"按钮，结束对该导线的标签标定。同理，可以标注其他导线的标签，如图 4-32 所示。注意，在标定导线标签的过程中，相互接通的导线必须标注相同的标签名。

至此，便完成了整个电路图的绘制，如图 4-33 所示。

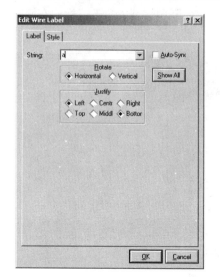

图 4-32　标注导线的标签

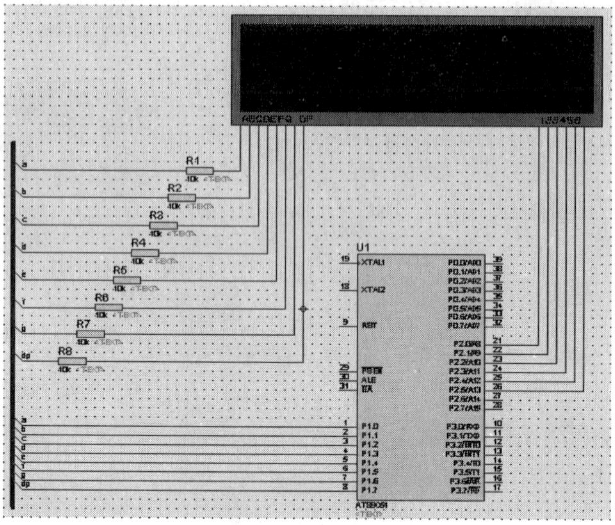

图 4-33　完整电路图

4.3.3　Keil C 与 Proteus 连接调试

（1）进入 Keil C μVision3 开发集成环境，创建一个新项目（Project），并为该项目选定合适的单片机 CPU 器件（如：Atmel 公司的 AT89C51）。并为该项目加入 Keil C 源程序。

源程序如下：

```
#define LEDS 6
#include "reg51.h"
//led灯选通信号
unsigned char code Select[]={0x01,0x02,0x04,0x08,0x10,0x20};
unsigned char code LED_CODES[]=
    {  0xc0,0xF9,0xA4,0xB0,0x99,//0-4
       0x92,0x82,0xF8,0x80,0x90,//5-9
       0x88,0x83,0xC6,0xA1,0x86,//A,b,C,d,E
       0x8E,0xFF,0x0C,0x89,0x7F,0xBF//F,空格,P,H,.,-  };
void main()
{
 char i=0;
 long int j;
 while(1)
 {
  P2=0;
  P1=LED_CODES[i];
  P2=Select[i];
  for(j=3000;j>0;j--);      //该 LED 模型靠脉冲点亮，第 i 位靠脉冲点亮后，会自
动熄来头。

                          //修改循环次数，改变点亮下一位之前的延时，可得到
```

不同的显示效果。

```
    i++;
    if(i>5) i=0;
    }
}
```

（2）单击"Project 菜单/Options for Target"选项，点击工具栏的"option for target"按钮 🔧，弹出窗口，点击"Debug"按钮，出现如图 4-34 所示页面。

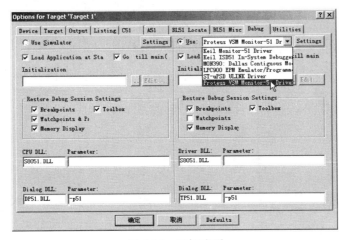

图 4-34　目标选项

在出现的对话框里右栏上部的下拉菜单里选中"Proteus VSM Monitor—51 Driver"。并且还要点击一下"Use"前面表明选中的小圆点。

再点击"Setting"按钮，设置通信接口，在"Host"后面添上"127.0.0.1"，如果使用的不是同一台电脑，则需要在这里添上另一台电脑的 IP 地址（另一台电脑也应安装 Proteus）。在"Port"后面添加"8000"。设置好的情形如图 4-35 所示，点击"OK"按钮即可。最后将工程编译，进入调试状态，并运行。

图 4-35　项目建立

（3）Proteus 的设置

进入 Proteus-ISIS，鼠标左键点击菜单"Debug"，选中"Use Romote Debuger Monitor"，如图 4-35 所示。此后，便可实现 Keil C 与 Proteus 连接调试。

（4）Keil C 与 Proteus 连接仿真调试

单击仿真运行开始按钮 ▶，能清楚地观察到每一个引脚的电频变化，红色代表高电频，蓝色代表低电频。在 LED 显示器上，循环显示 0、1、2、3、4、5。如图 4-36 所示。

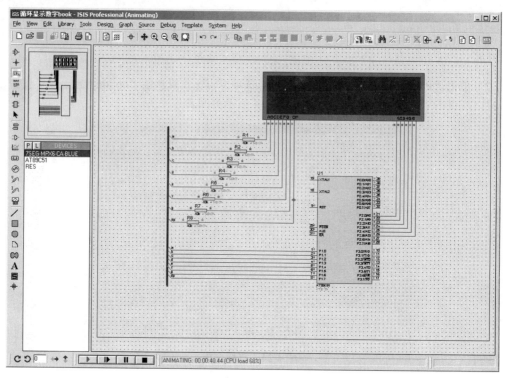

图 4-36　联机仿真

本 章 小 结

　　Keil C51 软件是众多单片机应用开发的优秀软件之一，它集编辑、编译、仿真于一体，支持汇编、PLM 语言和 C 语言的程序设计，界面友好，易学易用。

　　① 互动的电路仿真。用户可以实时仿真 RAM、ROM、键盘、电机、LED、LCD、AD/DA、部分 SPI 器件及部分 IIC 器件。

　　② 仿真处理器及其外围电路。可以仿真 51 系列、AVR、PIC、ARM 等常用主流单片机。还可以直接在基于原理图的虚拟原型上编程，再配合显示及输出，能看到运行后输入输出的效果。配合系统配置的虚拟逻辑分析仪、示波器等，Proteus 建立了完备的电子设计开发环境。

思考题及习题

1．简述在 Keil C51 环境中如何创建一个工程？
2．简述 Proteus 仿真软件的安装过程。
3．上机自行设计一个流水灯的 Proteus 仿真图。

第5章 单片机的中断系统

51 单片机的中断系统是 8 位机中功能较强的,可以提供 5 个中断源(52 系列是 6 个),具有两个中断优先级,可以实现两级中断嵌套。

5.1 中断的基本知识

5.1.1 中断源及中断结构

MCS-51 单片机的 5 个中断源分为两种类型:一类是外部中断源,包括 $\overline{INT0}$ 和 $\overline{INT1}$;另一类是内部中断源,包括两个定时器/计数器(T0 和 T1)的溢出中断和串行口的发送/接收中断。MCS-51 单片机中断系统结构图 5-1 所示。

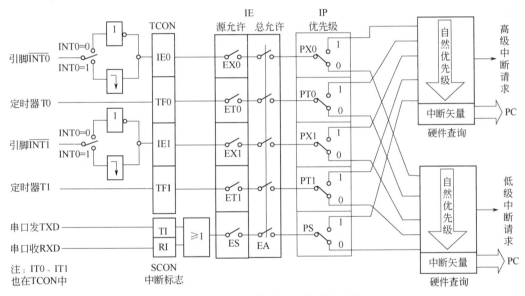

图 5-1 MCS-51 单片机中断系统结构

（1）外部中断 $\overline{INT0}$ 和 $\overline{INT1}$,它们的中断请求信号有效方式分为电平触发和脉冲触发两种。电平触发方式是低电平有效,脉冲触发方式为负跳变触发有效。

对于电平触发方式,只要检测到低电平信号即为有效申请。对于脉冲触发方式,则需要比较两次检测到的信号才能确定中断请求信号是否有效。中断请求信号高低电平的状态都应该至少维持一个机器周期,以确保电平变化能被单片机检测到。

（2）内部中断 除外部中断外,内部还有 TF0、TF1、TI/RI 分别为定时器/计数器溢出中断和串行口的发送/接收中断的中断源。

5.1.2 中断控制

MCS-51 单片机设置了 4 个专用寄存器用于中断控制,用户通过设置其状态来管理中断系统。
（1）定时器控制寄存器（TCON） TCON 的格式如图 5-2 所示。
在该寄存器中,TR1、TR0 用于定时器/计数器的启动控制,其余 6 位用于中断控制,其作用如下。

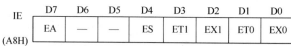

TCON	D7	D6	D5	D4	D3	D2	D1	D0
(88H)	TF1	TR1	TF0	TR0	IE1	IT1	IE0	IT0

图 5-2　TCON 的格式

① IT0 为外中断 0 请求信号方式控制位。IT0=1 为脉冲触发方式（负跳变有效），IT0=0 为电平触发方式（低电平有效）。

② IE0 为外部中断 0 请求标志位。当 CPU 检测到 $\overline{INT0}$（P3.2）端有中断请求信号时，由硬件置位，使 IE0=1 请求中断，中断响应后转向中断服务程序时，由硬件自动清零。

③ IT1 为外部中断 1 请求信号方式控制位，其作用同 IT0。

④ IE1 为外部中断 1 请求标志位，其作用同 IE0。

⑤ TF0（TF1）为定时器/计数器溢出标志位，此标志的作用将后面说明。

（2）串行口控制寄存器（SCON）　SCON 的格式如图 5-3 所示。

SCON	D7	D6	D5	D4	D3	D2	D1	D0
(98H)	SM0	SM1	SM2	REN	TB8	RB8	TI	RI

图 5-3　SCON 的格式

SCON 中的高 6 位用于串行口控制，低 2 位（RI、TI）用于中断控制，其作用如下。

① TI 为串行口发送中断请求标志位，发送完一帧串行数据后，由硬件置 1，其清零必须由软件完成。

② RI 为串行口接收中断请求标志位，接收完一帧串行数据后，由硬件置 1，其清零必须由软件完成。

在 MCS-51 单片机串行口中，以 TI 和 RI 的逻辑"或"作为一个内部中断源，二者之一置位就可以产生串行口中断请求，然后在中断服务程序中测试这两个标志位，以决定是发送中断还是接收中断。

（3）中断允许控制寄存器（IE）中断允许控制寄存器的格式如图 5-4 所示。

寄存器中用于控制中断的共 6 位，实现中断管理，其作用如下。

IE	D7	D6	D5	D4	D3	D2	D1	D0
(A8H)	EA	—	—	ES	ET1	EX1	ET0	EX0

图 5-4　中断允许控制寄存器的格式

EA 为中断允许总控制位。EA=1 时，CPU 开放中断；EA=0 时，CPU 屏蔽所有中断请求。

ES、ET1、EX1、ET0、EX0 为对应的串行口中断、定时器/计数器 1 中断、外部中断 1 中断、定时器/计数器 0 中断、外部中断 0 中断的中断允许位。对应位为 1 时，允许其中断，对应位为 0 时，禁止其中断。

MCS-51 单片机中断系统的管理是两级控制，由中断允许总控制 EA 和各中断源的控制位联合作用实现的，缺一不可。

MCS-51 单片机系统复位后，IE 各位均清零，即禁止所有中断。

（4）中断优先级控制寄存器（IP）　中断优先级控制寄存器的格式如图 5-5 所示。

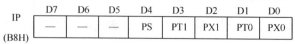

IP	D7	D6	D5	D4	D3	D2	D1	D0
(B8H)	—	—	—	PS	PT1	PX1	PT0	PX0

图 5-5　中断优先级控制寄存器的格式

MCS-51 单片机规定了两个中断优先级：高级中断和低级中断。用中断优先级寄存器（IP）的 5 位状态管理 5 个中断源的优先级别，即 PS、PT1、TX1、PT0、PX0 分别对应串行口中断、定时器/计数器 1 中断、外部中断 1 中断、定时器/计数器 0 中断、外部中断 0 中断。当相应位为 1 时，设置其为高级中断；相应位为 0 时，设置其为低级中断。

5.1.3　中断优先级结构

MCS-51 中断系统具有两级优先级（由 IP 寄存器把各中断源的优先级分为高优先级和低优先级），它们遵循下列两条基本原则。

① 为了实现中断嵌套，高优先级中断请求可以中断低优先级的中断服务，反之，则不允许。

② 同等优先级中断源之间不能中断对方的中断服务。为了实现上述两条原则，中断系统内部包含两个不可寻址的优先级状态触发器。其中一个用来指示某个高优先级的中断源正在得到服

务，并阻止所有其他中断的响应；另一个触发器则指出某低优先级的中断正得到服务，所有同级的中断都被阻止，但不阻止高优先级中断源。

当同时收到几个同一优先级的中断时，响应哪一个中断源取决于内部查询顺序。其优先级排列如图 5-6 所示。

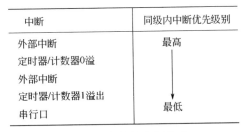

中断	同级内中断优先级别
外部中断	最高
定时器/计数器0溢	
外部中断	
定时器/计数器1溢出	
串行口	最低

图 5-6　中断优先级排列

5.1.4　中断服务程序入口地址

MCS-51 单片机 5 个中断源的中断服务程序入口地址如表 5-1 所示。

表 5-1　MCS-51 中断服务程序入口地址表

中　断　源	中断服务程序入口地址
外部中断 0	0003H
定时器/计数器 0 溢出	000BH
外部中断 1	0013H
定时器/计数器 1 溢出	001BH
串行口	0023H

5.1.5　中断请求的撤除

在中断请求被响应前，中断源发出的中断请求由 CPU 锁存在特殊功能寄存器 TCON 和 SCON 的相应中断标志位中。一旦某个中断请求得到响应，CPU 必须把它的响应标志位复位成 0 状态，否则 MCS-51 就会因中断未能得到及时撤除而重复响应同一中断请求，这是绝对不允许的。

MCS-51 单片机有 5 个中断源，但实际上只分属于 3 种中断类型。这 3 种类型是：外部中断、定时器溢出中断和串行口中断。对于这 3 种中断类型的中断请求，其撤除方法是不同的。

（1）定时器溢出中断请求的撤除　TF0 和 TF1 是定时器溢出中断标志位，它们因定时器溢出中断请求的输入而置位，因定时器溢出中断得到响应而自动复位成 0 状态。因此，定时器溢出中断源的中断请求是自动撤除的，用户根本不必专门为它们撤除。

（2）串行口中断请求的撤除　TI 和 RI 是串行口中断的标志位，中断系统不能自动将它们撤除，这是因为 MCS-51 进入串行口中断服务程序后常需要对它们进行检测，以测定串行口发生了接收中断还是发送中断。为了防止 CPU 再次响应这类中断，用户应在中断服务程序的适当位置处通过指令将它们撤除：

```
TI=0 ；  撤除发送中断
RI=0 ；  撤除接收中断
```

若采用字节指令，则也可采用如下指令：

```
SCON=0xfc ；撤除发送和接收中断
```

（3）外部中断的撤除　外部中断请求有两种触发方式：电平触发和负边沿触发。对于这两种不同的中断触发方式，MCS-51 撤除它们的中断请求的方法是不相同的。

在负边沿触发方式下，外部中断标志 IE0 和 IE1 是依靠 CPU 两次检测 $\overline{INT0}$ 或 $\overline{INT1}$ 上触发电平状态而设置的。因此，芯片设计者使 CPU 在响应中断时自动复位 IE0 或 IE1，就可撤除 $\overline{INT0}$ 或 $\overline{INT1}$ 上的中断请求，因为外部中断源在中断服务程序时是不可能再在 $\overline{INT0}$ 或 $\overline{INT1}$ 上产生负边沿，而使相应的中断标志 IE0 或 IE1 置位。

在电平触发方式下，外部中断标志 IE0 和 IE1 是依靠 CUP 检测 $\overline{INT0}$ 或 $\overline{INT1}$ 上低电平而置位的。尽管 CPU 响应中断时相应中断标志 IE0 或 IE1，能自动复位成 0 状态，但若外部中断源不能及时撤除它在 $\overline{INT0}$ 或 $\overline{INT1}$ 上的低电平，就会再次使已经变 0 的中断 IE0 或 IE1 置位，这是绝对不允许的。因此，电平触发型外部中断请求的撤除必须使 $\overline{INT0}$ 或 $\overline{INT1}$ 上的低电平随着其中断被 CPU 响应而变为高电平。一种可供采用的电平型外部中断的撤除电路如图 5-7 所示。

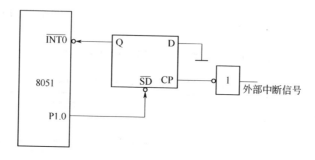

图 5-7　电平型外部中断的撤除电路

5.1.6　中断系统的初始化

MCS-51 中断系统功能，是可以通过上述特殊功能寄存器进行统一管理的，中断系统初始化是指对这些特殊功能的寄存器中各控制位进行赋值。

中断系统初始化步骤如下：

① 置位相应中断源的中断允许；

② 设定所有中断源的中断优先级；

③ 若为外部中断，则应规定低电平还是负边沿的中断触发方式。

例如，用 $\overline{INT0}$ 为低电平触发的中断系统初始化程序。

① 采用位操作指令

```
EA=1    ;
EX0=1   ;              开 INT0 中断
PX0=1   ;              令 INT0 为高优先级
IT0=1   ;              令 INT0 为电平触发
```

② 采用字节操作指令

```
IE=0×81    ;              开 INT0 中断
IP=0×01    ;              令 INT0 为高优先级
TCON=0×FF ;              令 INT0 电平触发
```

显然，采用位操作指令进行中断系统初始化是比较简单的。因为用户不必记住各控制位在寄存器中的位置，只需按各控制位名称来设置，而各控制位名称是比较容易记忆的。

5.2　中断的编程及应用实例

C51 语言编译器支持在 C 语言源程序中直接编写 51 单片机的中断服务函数程序，从而避免了采用汇编语言编写中断服务的烦琐程序。为了能在 C 语言源程序中直接编写中断服务函数，C51 语言编译器对函数的定义有所扩展，增加了一个扩展关键字 interrupt。关键字 interrupt 是函数定义时的一个选项，加上这个选项即可将函数定义成中断服务函数。

定义中断服务函数的一般形式为：

函数类型 函数名（形式参数表） interrupt *n* [using *m*]

interrupt 后面的 *n* 是中断号，*n* 的取值范围为 0～31。编译器从 8*n*+3 处产生中断向量，具体的中断号 *n* 和中断向量取决于不同的 51 单片机芯片。对于 MCS-51 单片机而言，外部中断 0 中断、定时器/计数器 0 溢出中断、外部中断 1 中断、定时器/计数器 1 溢出中断、串行口发送/接收中断对应的中断号分别为 0、1、2、3、4。using 后面的 *m* 是选择哪个工作寄存器区，分别为 0、1、2、3。

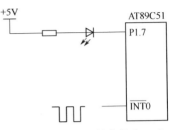

图 5-8　发光二极管交替亮、暗

【例 5-1】 外部中断。在本实例中，首先通过 P1.7 口点亮发光二极管，然后外部输入一脉冲串，则发光二极管亮、暗交替。电路如图 5-8 所示。

编写程序如下：

```
#include<reg51.h>
sbit P1_7=P1^7;
void interrupt0() interrupt 0 using 0        //定义定时器 0
{
    P1_7=!P1_7;
}
void main()
{
    EA=1;                                     //开中断
    IT0=1;                                    //外部中断 0 脉冲触发
    EX0=1;                                    //外部中断 0
    P1_7=0;
    do
    {}
    while(1);
}
```

【例 5-2】 如图 5-9 所示，8 只 LED 的阴极接至单片机 P0 口，两开关 S₀、S₁ 分别接至单片机引脚 P3.2（$\overline{INT0}$）和 P3.3（$\overline{INT1}$）。编写程序控制 LED 状态、按下 S₀ 后，如果 8 只 LED 为熄灭状态，则点亮，如果 8 只 LED 为点亮状态，则保持；按下 S₁ 后，不管 8 只 LED 是熄灭状态还是点亮状态，都变为闪烁状态。

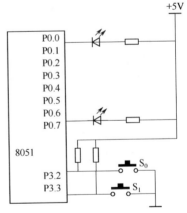

图 5-9　利用中断控制发光二极管

程序代码如下：

```
#include<reg51.h>
void delay(unsigned int d)                   //定义延时子函数
{
    while(--d>0);
}
void main()
{
    P0=0xff;                                  //熄灭 LED
```

```
        EA=1;                       //开总中断
        EX0=1;                      //开外中断 0
        EX1=1;                      //开外中断 1
        IT0=1;                      //外中断 0 脉冲触发方式
        IT1=1;                      //外中断 1 脉冲触发方式
        for(;;)                     //延时等待中断发生
        {;}
    }
    void INT0_ISR() interrupt 0     //外中断 0 中断服务函数
    {
        P0=0x00;
        PX0=0;
        PX1=1;
    }
    void INT1_ISR() interrupt 2     //外中断 1 中断服务函数
    {
        while(1)
        {
            delay(5000);
            P0=0x00;
            delay(5000);
            P0=0xff;
        }
    }
```

　　在本例中，外中断 0、外中断 1 均设为脉冲触发方式，且为满足功能要求。

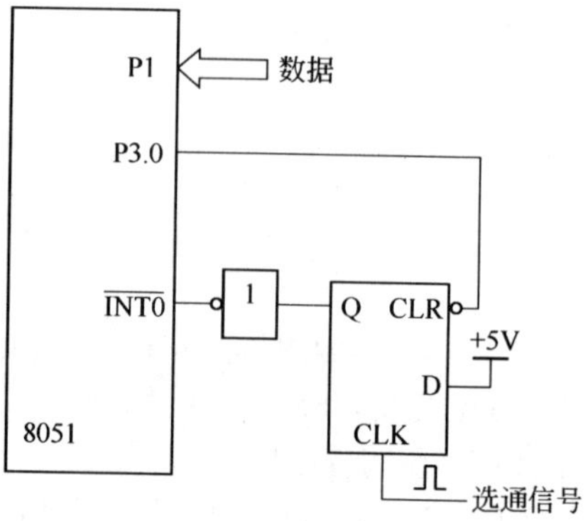

　　【例 5-3】 利用外中断控制外设的数据传送。如图 5-10 所示，外设数据经 P1 口输入单片机，每准备好一个数据，发出选通信号，使触发器输出 1 再经非门得 0 至 $\overline{INT0}$，向 CPU 发出中断请求，CPU 响应这个中断请求后，在中断处理程序中先撤除中断请求信号，（通过 P3.0=0，使 $\overline{INT0}$=1），再由 P1 口输入数据到单片机内部。

图 5-10　利用外中断控制数传送

　　程序代码如下：

```
    #include<reg51.h>
    unsigned char temp;             //定义临时变量，来存取送到 P1 口的数据
    sbit P3_0=P3^0;                 //定义位变量
    sbit P3_2=P3^2
    void main()
    {
        P3_2=1;                     //初始化外中断 0 引脚，其为高电平
        EA=1;                       //开总中断
        EX0=1;                      //开外中断 0
        IT0=1;                      //外中断脉冲触发方式
        for( ; ; )                  //延时等待中断发生
        { ; }
```

```
        }
    void INT0_ISR() interrupt 0   //外中断 0 中断服务函数
    {
        P3_0=0;                           //恢复外中断 0 引脚电平, 除中断请求信号
        P1=0xff;                          //初始化 P1
        temp=P1;                          //读取送至 P1 口的数据
        …
    }
```

　　MCS-51 单片机的外部中断源只有两个, 当需要扩展时, 可以采用例 5-4、例 5-5、例 5-6 的方法进行外部中断源的扩展。

　　【例 5-4】 利用定时器/计数器扩展外部中断。利用定时器/计数器扩展外部中断源, 是把定时器/计数器溢出中断做成外部中断, 即将定时器/计数器设置为计数模式, 然后把信号接到计数器相应的引脚上（T0 或 T1）。为了使每出现一个从高到低的脉冲时都产生一个中断, 可以把定时器设置为自动重装模式, 令重装值为 FFH。当计时器检测到从高到低的脉冲时, 定时器将溢出, 这时将产生一个中断请求。

　　程序代码如下:
```
    #include<reg52.h>
    void main(void)
    {   ...
        TMOD=0x66;                        //两个定时/计数器都设置成 8 位模式
        TH1=0xff;                         //设定重装值
        TH1=0xff;
        TH0=0xff;
        TL0=0xff;
        TCON=0x50;                        //开始计数
        IE=0x9f;                          //中断使能
        ...
    }
    /**********************************************
    定时器 0 中断服务程序
    **********************************************/
    void timer0_int(void) interrupt 1
    {   ...   }
    /**********************************************
    定时器 1 中断服务程序
    **********************************************/
    void timer1_int(void) interrupt 3
    {
        while(!TI)
        {   ...   }
    }
```

　　这种方法还是有一定的限制的。首先, 它只能是边沿触发, 所以当需要的是一个电平触发的中断时, 就要在中断中不断地对 T0 或 T1 进行采样, 直到它们变为高。其次, 检测到下降沿和产生终端之间一个指令周期的延时, 这是因为在检测到下降沿一个指令周期之后, 计数器才加 1。

　　如果使用的 8051 单片机有多个定时器, 而且有外部引脚, 可以用这种方法来扩充边沿触发

的外部中断。值得重申的一点是，当使用定时器作为外部中断时，它以前的功能将不能使用，除非用软件对它进行复位。

【例5-5】 利用外部中断和查询相结合的方法扩展外部中断。如果系统有多个外中断请求源，可以按照它们的轻重缓急进行排队，把其中最高级别的中断源直接连接到单片机外中断 0 输入引脚 $\overline{INT0}$，其余的外部中断请求可以利用逻辑器件通过"与"或者"或"的办法连接到单片机外中断 1 引脚 $\overline{INT1}$，同时还连接到输入/输出端口（如 P0 或 P1）的若干引脚，用来查询判断具体是哪一个中断请求源发生的中断事件。

如图 5-11 所示，利用单片机扩展 5 个外部中断源，中断的优先次序这 $S_0 \sim S_4$，其中 S_0 接到外中断 0 上，$S_1 \sim S_4$ 通过"与"门接到外中断 1 上；单片机的 P1.4～P1.7 接 4 个发光二极管用来作为输出指示；当有 $S_1 \sim S_4$ 其中一个外部中断发生时，相应的发光二极管 $VD_1 \sim VD_4$ 点亮；当 S_0 外部中断发生时，4 个发光二极管全亮。

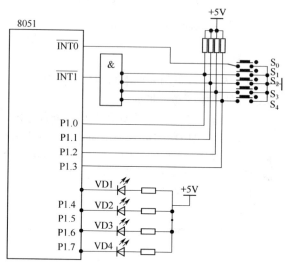

图 5-11　外部中断扩展电路

程序代码如下：

```c
#include<reg51.h>
sbit P1_0=P1^0;              //定义位变量
sbit P1_1=P1^1;
...
sbit P1_7=P1^7;
void main()
{
    P1=0xff;                 //熄灭 LED
    P3_2 = P3_3 = 1;
    EA=1;                    //开总中断
    EX0=1;                   //开外中断 0
    EX1=1;                   //开外中断 1
    IT0=1;                   //外中断 0 脉冲触发方式
    IT1=1;                   //外中断 1 脉冲触发方式
    PX0=1;                   //外中断 0 高优先级
    PX1=0;                   //外中断 1 低优先级
    for( ; ; )               //延时等待中断发生
    { ; }
}
void INT0_ISP() interrupt 0  //外中断 0 服务函数
{
    P3_2=1;
    P1=0x0f;                 //P1 口高 4 位置 0，点亮 4 个 LED
}
void INT1_ISR() interrupt 2  //外中断 1 服务函数
{
```

```
        P3_3=1;
        if(P1_0==0) {P1=P1&0xef;}          //点亮VD1
        ...
        if(P1_3==0) {P1=P1&0x7f;}          //点亮VD4


    }
```

【例5-6】 利用优先编码器扩展外部中断。从例5-5可以看出，利用"与"门、"或"门扩展外中断所占端口引脚较多。在实际应用中，还可以采用优先级解码芯片如74LS148，把多个中断源信号作为一个中断。如图5-12所示，在有8个中断源的情况下，经74LS148优先译码后，只占3个I/O引脚，即用3根引脚可分辨8个中断源，从而节省了I/O口资源。

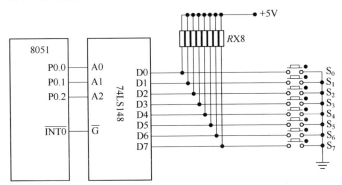

图 5-12　利用优先编码器扩展外部中断的电路

程序代码如下：

```
#include<reg51.h>
unsigned char status;          //定义一变量，用来读取P0口状态
void main()
{
    EA=1;                      //开总中断
    EX0=1;                     //开外中断0
    PX0=1;                     //外中断0高优先级
    for( ; ; )                 //延时等待中断发生
    { ; }
}
void INT0_ISR() interrupt 0   //外中断0中断服务函数
{
    status=P0&0x07;  //读取P0口低三位状态，不同的值对应不同的中断源
    switch(status)
    {
        case 0:
        {  ...                 //处理中断源0
            break;
        }
        ...
        case 7:
        {  ...                 //处理中断源7
            break;
```

```
            }
        }
    }
```

【例5-7】 中断嵌套。外部中断 $\overline{INT1}$ 触发后，启动计数器0。计数达到10次后停止计数，启动定时器1。由定时器1控制定时，由P1.7输出周期为200ms的方波信号，接收两次中断后关闭方波发生器，P1.7置低。

程序如下：

```
#include<reg52.h>
#define uchar unsigned char
uchar date a,b,c;
void interrupt0() interrupt 2 using 1    //定义外部中断1
{
    a++;
}
void timer0() interrupt 3 using 2       //定义计数器0
{
    TL0=0xff;
    b++;
}
void time1() interrupt 3 using 3        //定义计数器1
{
    TH1=0x06;
    c--;
}
sbit P1_7=P1^7;
void mian(void)
{
    P1_7=1;                             //初始化
    TCON=0x01;                          //外部中断为低电平触发方式
    TMOD=0x27;                          //启动定时器1和计数器0，工作方式2
    IE=0x8b;                            //开中断
    a=0;
    do{} while(a!=1);                   //等待外部中断
    P1_7=!P1_7;                         //取反
    TL0=0xff;                           //初值
    TH0=0x06;                           //初值
    b=0;
    TR0=0;                              //停止计数器0工作
    TR1=1;                              //启动定时器1
    do
    {
        c=0xc8;
        do{}while(c!=0);                //定时输出方波
        P1_7=!P1_7;
    }
```

```
        while(a!=3);                    //等待两次外部中断
        TR1=0;                          //关定时器 1
        P1_7=0;
        EA=0;                           //关总中断
        EX0=0;                          //禁止外部中断
    }
```

【例 5-8】 利用外部中断实现发光二极管的简单控制。本例将介绍一个中断使用的演示程序，通过这个程序，可以了解到各种中断的使用方法。

程序如下：

```
#include<reg52.h>
sbit led0=P1^0;                         //重定义 I/O 引脚名称
sbit led1=P1^1;
sbit led2=P1^2;
sbit led3=P1^3;
bit FINT0;                              //全局变量及位标志定义
bit FINT1;
bit FT0;
bit FT1;
bit FT2;
unsigned char T0_10ms;
unsigned char T0_50ms;
unsigned char T0_100ms;
void int_0();                           //固定函数声明
void int_1();
void timer_0();
void timer_1();
void serial_1();
void timer_2();
void initial();                         //用户函数声明 初始化

void main(void)
{
    initial();
    while(1)
    {
        if(FINT0)                       //中断 0 到，则进入该循环体
        {
            FINT0=0;
            led0=0;                     //INT0 中断时点亮
            led1=0;
            led2=0;
            led3=0;
        }

        if(FINT1)                       //中断 1 到，则进入该循环体
```

```
                {
                    FINT1=0;
                    led0=1;
                    led1=1;                        //INT1 中断时熄灭
                    led2=1;
                    led3=1;
                }

                if(FT0)
                {
                    FT0=0;
                    if(++T0_10ms>30)
                    {
                        T0_10ms=0;
                                                    //未在初始化里设置定时器
                    }
                }
            }
        }

        void initial()
        {
            EA=1;                          //CPU 所有中断开
            EX0=1;                         //INT0 中断开
            IT0=1;                         //INT0 低电平触发
            EX1=1;                         //INT1 中断开
            IT1=1;                         //INT1 低电平触发
            return;
        }

        void int_0() interrupt 0 using 0    //INT0 中断
        {   FINT0=1;    }
        void int_1() interrupt 2 using 1    //INT1 中断
        {   FINT1=1;    }
        void timer_0() interrupt 1 using 2  //定时器 0 中断
        {   FT1=1;  }
        void timer_1() interrupt 3 using 3  //定时器 1 中断
        {   FT1=1;  }
        void serial_1() interrupt 4         //串行口中断
        {       }
        void timer_2() interrupt 5          //定时器 2 中断
        {   FT2=1;  }
```

本 章 小 结

对 51 单片机中断系统进行 C51 语言编程时，应重点考虑与掌握下面的问题。

1．中断源

51 单片机具有 5 个中断源，分别是外部中断 0、定时器/计数器 T0 溢出中断、外部中断 1、定时器/计数器 T1 溢出中断、串行口的发送/接收中断。

2．与中断有关的寄存器

与中断有关的寄存器有 4 个

（1）定时器控制寄存器（TCON）

有关的位：IT0、IE0、IT1、IE1、TF0、TF1。

（2）串行口控制寄存器（SCON）

有关的位：RI、TI。

（3）中断允许控制寄存器（IE）

有关的位：EA、ES、ET1、EX1、ET0、EX0。

（4）中断优先级控制寄存器（IP）

有关的位：PS、PT1、PX1、PT0、PX0。

3．中断请求的撤除

（1）定时器溢出中断请求的撤除

定时器溢出中断源的中断请求是自动撤除的，用户不必专门为它们撤除。

（2）串行口中断请求的撤除

在中断服务程序的适当位置处通过指令将它们撤除：

CLR   TI ；   撤除发送中断

CLR   RI ：   撤除接收中断

（3）外部中断的撤除

在负边沿触发方式下，CPU 在响应中断时自动复位 IE0 或 IE1。

在电平触发方式下，要通过外部电路来撤除。

4．中断服务函数的一般形式

函数类型   函数名（形式参数表） interrupt   n   [using m]

interrupt 后面的 *n* 是中断号，51 单片机分别为 0、1、2、3、4。using 后面的 *m* 是选择哪个工作寄存器区，分别为 0、1、2、3。

思考题及习题

1．什么叫中断？设置中断有什么优点和功能？

2．80C51 有几个中断源？写出其名称。

3．涉及 80C51 单片机中断控制的有哪几个特殊功能寄存器。

4．写出 80C51 五个中断源的中断请求标志名称、位地址和在哪一个特殊功能寄存器中。

5．写出 80C51 中断允许控制寄存器 IE 结构、位名称和位地址，如何设置才能开中断？如何设置才能关中断。

6．什么叫中断优先级？如何设置？80C51 中断优先级和中断优先权有什么区别。

7．80C51 中断处理过程包括哪些步骤？简述中断处理过程。

8．80C51 响应中断有什么条件？

9．什么叫保护现场？需要保护哪些内容？什么叫恢复现场？恢复现场与保护现场有什么关系？需遵循什么规则？

10．中断初始化包括哪些内容？

第6章 单片机的定时/计数器

MCS-51 单片机内部有两个 16 位的可编程的定时器/计数器,即定时器 T0 和定时器 T1(8052 提供 3 个,第 3 个称为定时器 T2)。它们既可用作定时器方式,又可用作计数器方式。

6.1 定时/计数器的基本知识

6.1.1 定时/计数器的结构

定时器/计数器的基本结构如图 6-1 所示,基本的部件是两个 8 位的计数器(其中 TH1 和 TL1 是 T1 的计数器,TH0 和 TL0 是 T0 的计数器)。

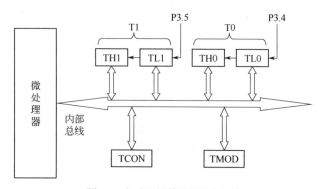

图6-1 定时器/计数器的基本结构

在作为定时器使用时,是对单片机内部机器周期的计数,因其内部频率为晶振频率的 1/12,如果晶振频率为 12MHz,则定时器每接收一个输入脉冲的时间为 1μs。

当它用作对外部事件计数时,接相应的外部输入引脚 T0(P3.4)或 T1(P3.5)。在这种情况下,当检测到输入引脚上的电平由高跳变到低时,计数器就加 1。

6.1.2 有关的控制寄存器

与定时器/计数器应用有关的控制寄存器有 3 个。

(1)定时器控制寄存器(TCON) TCON 寄存器既参与中断控制又参与定时控制。有关中断的控制内容已在第 5 章介绍了,现在只介绍和定时器有关的控制位。与定时器有关的控制位共有 4 位。

① TF0 和 TF1:计数器溢出标志位 当计数器计数溢出(计满)时,该位置 1。使用查询方式时,此位作为状态位供查询,但应注意查询有效后,需用软件方法及时将该位清零;使用中断方式时,此位作为中断标志位,在转向中断服务程序时由硬件自动清零。

② TR0 和 TR1:定时器运行控制位

TR0(TR1)=0:停止定时器/计数器工作。

TR0(TR1)=1:启动定时器/计数器工作。

该位根据需要以软件方法使其置 1 或清零。

(2)工作方式控制寄存器(TMOD) TMOD 寄存器是一个专用寄存器,用于设定两个定时器/计数器的工作方式,但 TMOD 寄存器不能位寻址,只能用字节传送指令设置其内容。格式如图 6-2 所示。

① GATE:门控位

GATE=0：由运行控制位 TR 启动定时器。

GATE=1：由外中断请求信号（$\overline{INT0}$ 和 $\overline{INT1}$）和 TR 的组合状态启动定时器。

② C/$\overline{T}$：定时方式或计数方式选择位

C/$\overline{T}$=0：定时器工作方式。

C/$\overline{T}$=1：计数器工作方式。

③ M1M0：工作方式选择位

M1M0=00：方式 0，13 位定时器/计数器工作方式，

M1M0=01：方式 1，16 位定时器/计数器工作方式。

M1M0=10：方式 2，常数自动装入的 8 位定时器/计数器工作方式。

M1M0=11：方式 3，仅适用于 T0，为两个 8 位定时器/计数器工作方式。在方式 3 时，T1 停止计数。

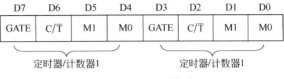

D7	D6	D5	D4	D3	D2	D1	D0
GATE	C/$\overline{T}$	M1	M0	GATE	C/$\overline{T}$	M1	M0

定时器/计数器1 　　　定时器/计数器1

图 6-2　TMOD 格式

（3）中断允许控制寄存器（IE）　IE 寄存器的详细内容在前面已介绍，这里只就与定时器/计数器有关的位介绍如下。

EA：中断允许总控制位。

ET0 和 ET1：定时器/计数器中断允许控制位。ET0（ET1）=0，禁止定时器/计数器中断；ET0（ET1）=1，允许定时器/计数器中断。

6.1.3　工作方式

MCS-51 单片机的定时器/计数器共有 4 种工作方式，在 C51 语言程序设计中，方式 1 和方式 2 用得比较多。

（1）方式 0　方式 0 是 13 位计数结构的工作方式，其计数器由 TH0 的全部 8 位和 TL0 的低 5 位构成，TL0 的高 3 位不用。不管是哪种工作方式，当 TL0 的低 5 位计数溢出时，向 TH0 进位，而全部 13 位计数溢出时，则向计数溢出标志位 TF0 进位。计数范围和定时范围如下：

① 当定时器/计数器在方式 1 下作计数器用时，其计数范围是 0～8191（2^{13}）

② 当定时器/计数器在方式 1 下作定时器用时，其定时时间计算公式为：

$$T_d = (2^{13} - X) \times T_{osc} \times 12$$

式中，T_d 为定时时间；X 为计数初值；T_{osc} 为晶振周期。

（2）方式 1　方式 1 是 16 位计数结构的工作方式，计数器由 TH0 的全部 8 位和 TL0 的全部 8 位构成，其逻辑电路和工作情况与方式 0 完全相同，所不同的只是组成计数器的位数。方式 1 的逻辑电路如图 6-3 所示。

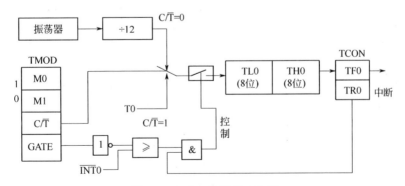

图 6-3　方式 1 的逻辑电路图

MSC-51 单片机之所以重复设置完全一样的方式 0 和方式 1，是出于与 MCS-48 单片机兼容考虑，所以对于方式 1 无需多加讨论，下面仅将其计数范围和定时范围列出。

① 当定时器/计数器在方式 1 下作计数器用时，其计数范围是 0～65535 (2^{16})。

② 当定时器/计数器在方式 1 下作定时器用时，其定时时间计算公式为：

$$T_d = (2^{16} - X) \times T_{osc} \times 12$$

式中，T_d 为定时时间；X 为计数初值；T_{osc} 为晶振周期。

（3）方式 2　工作方式 0 和工作方式 1 的特点是计数溢出后，计数回 0，而不能自动重装初值。因此，循环定时或循环计数应用时就存在反复设置计数初值的问题，这不但影响定时精度，而且也给程序设计带来麻烦。方式 2 就是针对此问题而设置的，它具有自动重装计数初值的功能。在这种工作方式下，把 16 位计数分为两部分即以 TL 作为计数器，以 TH 作为预置计数器，初始化时把计数初值分别装入 TL 和 TH 中。当计数溢出时，由预置计数器自动给计数器 TI 重新装初值。这不但省去了用户程序中重装指令，而且也有利于提高定时精度。但这种方式是 8 位计数结构，计数值有限，最大只能到 256。

计数范围是 0～255 (2^8)，定时时间计算公式为

$$T_d = (2^8 - X) \times T_{osc} \times 12$$

式中，T_d 定时时间；X 为计数初值；T_{osc} 为晶振周期。

方式 2 的逻辑电路如图 6-4 所示。

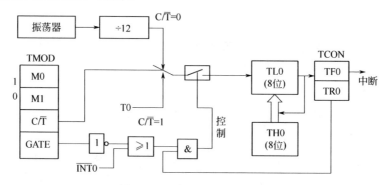

图 6-4　方式 2 的逻辑电路图

这种自动重装工作方式非常适合循环定时或循环计数的应用。例如，用于产生固定脉宽的脉冲和用作串行数据通信的波特率发生器。

（4）方式 3　前 3 种工作方式，对两个定时器/计数器的设置和使用是完全相同的，但是在方式 3 下，两个定时器/计数器的设置和使用却是不同的，因此要分开介绍。

① 方式 3 下的定时器/计数器 0　在方式 3 下，定时器/计数器被拆成两个独立的 8 位 TL0 和 TH0。其中，TL0 既可以用作计数，又可以用作定时，定时器/计数器 0 的各控制位和引脚信号全归它使用，其功能和操作与方式 0 和方式 1 完全相同，而且逻辑电路结构也极其类似。

定时器/计数器 0 的高 8 位 TH0，只能作为简单的定时器使用。由于定时器/计数器 0 的控制位已被 TL0 占用，因此只好借用定时器/计数器 1 的控制位 TR1 和 TF1，即以计数溢出置位 TF1，而定时的启动和停止则由 TR1 的状态控制，

由于 TL0 既能作为定时器使用又能作为计数器使用，而 TH0 只能作为定时器使用，因此在工作方式 3 下，定时器/计数器 0 构成两个定时器或一个定时器和一个计数器。

② 在定时器/计数器 0　设置为方式 3 时的定时器/计数器 1　这里只讨论定时器/计数器 0 方式 3 时定时器/计数器 1 的使用情况。因为定时器/计数器 0 工作在方式 3 时已借用了定时器/计数器 1 的运行控制位 TR1 和计数溢出标志位 TF1，所以定时器/计数器 1 不能工作于方式 3，只能工作于方式 0、方式 1 或方式 2，且在定时器/计数器 0 已工作于方式 3 时，定时器/计数器 1 通常用作串行口的波特率发生器，以确定串行通信的速率。因为已没有计数溢出标志位 TF1 可供使用，因此只能把计数溢出直接送给串行口。

当作为波特率发生器使用时，只需设置好工作方式，便可自动运行。如要停止工作，只需送入一个把它设置为方式 3 的方式控制字就可以了。

6.1.4 初始化

（1）初始化步骤　在使用 8051 单片机的定时器/计数器前，应对它进行初始化编程，主要是对 TCON 和 TMOD 寄存器编程，还需要计算和装载 T/C 的计数初值，一般应完成以下几个步骤：

① 确定 T/C 的工作方式——编程 TMOD 寄存器；

② 计算 T/C 中的计数初值，并装载到 TH 和 TL；

③ T/C 在中断方式工作时，需开 CPU 中断和源中断——编程 IE 寄存器；

④ 启动 T/C——编程 TCON 中的 TR1 或 TR0 位。

（2）计数初值的计算

① 计数器的计数初值　在计数模式下对应的最大计数值如下。

方式 1：16 位计数器的最大计数值为 2^{16}=65536。

方式 2：8 位计数器的最大计数值为 2^8=256。

在用 C 语言编写程序时，计数器工作于方式 1 情况下，可按下式装载计数寄存器初始值：

$$TH=X/256$$
$$TL=X\%256$$

计数器工作于方式 2 情况下，可按下式装载计数寄存器初始值：

$$TH=TL=X$$

【例 6-1】 定时器/计数器 0 工作于计数方式，且允许中断，计数值 N=100，分别令其工作在方式 1 和方式 2，用 C 语言进行初始化编程。

方式 1 编程：

首先，定时器/计数器 0 工作于计数方式，则 C/$\overline{T}$=1，GATE=0。计数器 0 工作于方式 1，所以 M1M0=01。计数器 1 不用，TMOD 的高 4 位取 0000，则 TMOD=05H。

计数寄存器为 16 位，因此计数寄存器初值分别为：

$$TH0=（65536-100）/256，\quad TL0=（65536-100）\%256$$

初始化程序如下：

```
TMOD=0x05;                    //设置计数器工作方式
TH0=（65536-100）/256;        //计数器高8位TH0赋初值
TL0=（65536-100）%256         //计数器低8位TL0赋初值
TR0=1;                        //启动计数器
ET0=1;                        //开计数器中断
EA=1;                         //CPU开中断
```

方式 2 编程：

计数器 0 工作于方式 2，所以 M1M0=10。计数器 1 不用，TMOD 的高 4 位取 0，则 TMOD=06H。方式 2 为 8 位初值自动重载方式，计数寄存器初值分别为 TH0=TL0=256-100。

初始化程序如下：

```
TMOD=0x06;
TH0=156;
TL0=156;
```

其余语句与前面相同。

② 定时器的计数初值　在定时器工作方式下，T/C 是对机器周期脉冲计数的，如果单片机外接晶振频率为 f_{osc}=12MHz，那么一个机器周期为 T_{cy}=12/f_{osc}=1μs，则：

方式 1：16 位定时器的最大定时间隔为 2^{16}=65536μs。

方式 2：8 位定时器的最大定时间隔为 2^8=256μs。

如果定时器计数初值为 X，机器周期为 T_{cy}，定时器定时时间为 T_d，则 $T_d=（2^n-X）T_{cy}$，那

么定时器的初值为 $X=2^n-T_d/T_{cy}$，计算得到定时器计数寄存器的初始值 X，就可根据定时器的工作方式装载 TH 和 TL，编程方法类似于计数器方式。

【例 6-2】 单片机外接晶振频率 f_{osc}=12MHz，定时器/计数器 0 工作于定时方式，且允许中断，定时时间为 20ms，令其工作在方式 1。用 C 语言进行初始化编程。

定时器/计数器 0 工作于定时方式：从而 $C/\overline{T}$=0，GATE=0。定时器 0 工作于方式 1，所以 M1M0=01。定时器 1 不用，TMOD=00000001=01H。

计数寄存器为 16 位，因此定时器的计数初值为 X= 65536-20000/1。

计数寄存器初值分别为：TH0=（65536-20000/1）/256，TL0=（65536-20000/1）%256

因此初始化程序如下：

```
TMOD=0x01;                        //设置定时器工作方式
TH0=(65536-20000/1)/256;          //计数器高 8 位 TH0 赋初值
TL0=(65536-20000/1)%256;          //计数器低 8 位 TL0 赋初值
TR0=1;                            //启动计数器
ET0=1;                            //开计数器中断
EA=1;
```

6.2　定时/计数器的编程及应用实例

【例 6-3】设系统时钟频率为 12MHz，用定时器/计数器 T0 编程实现从 P1.0 输出周期为 500μs 的方波。

分析：从 P1.0 输出周期为 500μs 的方波，只需 P1.0 每 250μs 取反一次则可。当系统时钟为 12MHz，定时/计数器 T0 工作于方式 2 时，最大的定时时间为 256μs，满足 250μs 的定时要求，方式控制字应设定为 00000010B（02H）。系统时钟为 12MHz，定时 250μs，计数值 N 为 250，初值 X=256-250/1=6，则 TH0=TL0=06H。

（1）采用中断处理方式的 C51 语言程序

```
#include<reg51.h>
sbit P1_0=P1^0;
void main()
{
    TMOD=0x02;                        //初始化
    TH0=0x06;
    TL0=0x06;
    EA=1;
    ET0=1;
    TR0=1;
    while(1);                          //等待中断发生
}
void time0_int(void) interrupt 1      //中断服务程序
 {
    P1_0=!P1_0;
}
```

（2）采用查询方式处理的 C51 语言程序

```
#inclide<reg51.h>
sbit P1_0=P1^0;
```

```
void main()
{
    unsigned char i;
    TMOD=0x02;                          //初始化
    TH0=0x06;
    TL0=0x06;
    TR0=1;
    for(;;)
    {
        if(TF0)
        {
            TF0=0;
            P1_0=!P1_0;
        }
    }
}
```

【例 6-4】 设单片机的 f_{osc}=12MHz，要求在 P1.0 上产生周期为 2ms 的方波。

① 方法一 要在 P1.0 上产生周期为 2ms 的方波，定时器应产生 1ms 的周期性定时，定时到对 P1.0 取反。要产生 1ms 的定时，应选择方式 1，定时器方式。

TMOD 的确定：选择定时器/计数器 T0，定时器方式。方式 1，GATE 不起作用，高 4 位为 0000，TMOD=01H。

TH0、TL0 的确定：单片机的 f_{osc}=12MHz，则单片机的机器周期为 1μs，1ms=1000μs，计数器的计数初值为 65536−1000/1，TH0=(65536−1000/1)/256，TL0= (65536−1000/1)% 256。

a. 采用查询方式
程序如下：

```
#include<reg51.h>
sbit P1_0=P1^0;
void main(void)
{
    TMOD=0x01;
    TR0=1;
    for(;;)
    {
        TH0=(65536-1000/1)/ 256;
        TL0=(65536-1000/1)% 256;
        do{}
        while(TF0);
        P1_0=!P1_0;
        TF0=0;
    }
}
```

b. 采用中断方式
程序如下：

```
#include<reg51.h>
sbit P1_0=P1^0;
```

```
void timer0(void) interrupt 1 using 1
{
    P1_0=!P1_0;
    TH0=(65536-1000/1)/256;
    TL0=(65536-1000/1)% 256;

}
void main(void)
{
    TMOD=0x01;
    P1_0=0;
    TH0=(65536-1000/1)/ 256;
    TL0=(65536-1000/1)% 256;
    EA=1;
    ET0=1;
    TR0=1;
    do{ }
    while(1);
}
```

② 方法二　由于计数器向上计数，为得到1000个计数之后的定时器溢出，必须给定时器赋初值65536-1000，C语言中相当于-1000。

a. 用定时器0的方式1编程，采用查询方式

程序如下：

```
#include<reg51.h>
sbit P1_0=P1^0;
void timerlover(void);
void main(void)
{
    TMOD=0x01;
    TH0=(65536-1000/1)/256;
    TL0=(65536-1000/1)%256;
    TR0=1;
    for(;;)
     {
        if(TF0)
            timerlover();
     }
}
void timerlover(void)
{
    TH0=(65536-1000/1)/256;
    TL0=(65536-1000/1)%256;
    TF0=0;
```

```
            P1_0=!P1_0;

        }
```
b. 采用中断方式

程序如下：
```
        #include<reg51.h>
        sbit P1_0=P1^0;
        void timer0(void) interrupt 1 using 1
        {
            P1_0=!P1_0;
            TH0= (65536-1000/1) /256;
            TL0= (65536-1000/1) %256;
            TF0=0;
        }
        void main(void)
        {
            TMOD=0x01;
            P1_0=0;
            TH0= (65536-1000/1) /256;
            TL0= (65536-1000/1) %256;
            EA=1;
            ET0=1;
            TR0=1;
            for(;;)
            { ; }
        }
```

【例 6-5】 设系统时钟频率为 12MHz，编程实现从 P1.1 输出周期为 1s 的方波。

要输出周期为 1s 的方波，应产生 500ms 的周期性定时，定时到则对 P1.1 取反即可实现。

由于定时时间较长，一个定时器/计数器不能直接实现，一个定时器/计数器最长定时时间为 65ms 多一点，可以用以下两种方法实现。

① 方法一 用定时/计数器 T0 产生周期性为 10ms 的定时，然后用一个变量对 10ms 计数 50 次。系统时钟为 12MHz，定时/计数器 T0 定时 10ms，计数值 N 为 10000，选方式 1，方式控制字为 0000001B（01H），则初值 X 为 X=65536-10000/1。

$$X = 2^n - \frac{Td}{Tcy} = 2^{16} - 10000/1$$

程序代码如下：
```
    #include<reg51.h>
    sbit P1_1=P1^1;
    unsigned char i;                    //定义计数变量

    void main()
    {
        i=0;
        TMOD=0x01;                      //初始化
        TH0=(65536-10000/1)/256;
```

```
        TL0=(65536-10000/1)%256;
        EA=1;
        ET0=1;
        TR0=1;
        while(1);
    }
    void time0_int(void) interrupt 1        //中断服务程序
    {
        TH0=(65536-10000/1)/256;            //重载初始值
        TL0=(65536-10000/1)%256;            //重载初始值
        i++;                                //每发生一次中断，计数变量加1
        if(i==50)                           //发生50次中断，定时500ms
        {
            P1_1=!P1_1;
            i=0;                            //计数变量清零
        }
    }
```

② 方法二 用定时/计数器计数 T1 实现，对 10ms 计数 50 次。定时/计数器 T1 工作于计数方式时，计数脉冲通过 T1（P3.5）输入。设定时/计数器 T0 定时时间到对 P1.0 取反一次，则 T1（P3.5）每 10ms 产生一个计数脉冲，那么定时 500ms 只需计数 50 次，设定时/计数器 T1 工作于方式 2，初值 X=256-50=206，TH1=TL1=206。因为定时/计数器 T0 工作于方式 1，T0 工作可定时方式，则这时方式控制字为 01100001B（61H）。定时/计数器 T0 和 T1 都采用中断方式工作。

程序代码如下：

```
    #include<reg52.h>
    sbit P1_1=P1^1;
    sbit P1_0=P1^0;

    void main()
    {
        TMOD=0x61;                          //初始化
        TH0=(65536-10000/1)/256;
        TL0=(65536-10000/1)%256;
        TH1=206;TL1=206;
        EA=1;
        ET0=1;ET1=1;
        TR0=1;TR1=1;
        while(1);
    }
    void time0_int(void) interrupt 1        //T0 中断服务程序
    {
        TH0=(65536-10000/1)/256;            //重载初始值
        TL0=(65536-10000/1)%256;            //重载初始值
        P1_0=!P1_0;
    }
    void time1_int(void) interrupt 3        //T1 中断服务程序
```

```
        {
            P1_1=!P1_1;
        }
```

【例 6-6】 设系统时钟频率为 12MHz，编程实现：P1.1 引脚上输出周期为 1s，占空比为 20% 的脉冲信号。

根据输出要求，脉冲信号在一个周期内高电平占 0.2s，低电平占 0.8s，超出了定时器的最大定时间隔，因此利用定时器 0 产生一个基准定时配合软件计数来实现。取 50ms 作为基准定时，采用方式 1，这样这个周期需要 20 个基准定时：其中高电平占 4 个基准定时。

程序代码如下：

```
        #include<reg51.h>
        sbit P1_1=P1^1;
        unsigned char i;                          //定义计数变量
        void main()
        {
            i=0;                                  //初始化
            TMOD=0x01;
            TH0=(65536-50000/1)/256;
            TL0=(65536-50000/1)%256;
            EA=1;
            ET0=1;
            TR0=1;
            while(1);
        }
        void time0_int(void) interrupt 1         //中断服务程序
        {
            TH0=(65536-50000/1)/256;              //重载初始值
            TL0=(65536-50000/1)%256;              //重载初始值
            i=i+1;
            if(i==4)                              //高电平时间到变低
                P1_1=0;
            else if(i==20)                        //周期时间到变高
            {
                P1_1=1;
                i=0;                              //计数变量清零
            }
        }
```

【例 6-7】 采用 10MHz 晶振，在 P1.0 脚上输出周期为 2.5s，占空比为 20% 的脉冲信号。

对于 10MHz 晶振，使用定时器最大定时为几十毫秒。取 10ms 定时，则周期 2.5s 需 250 次，占空比为 20%，高电平应为 50 次中断。

10ms 定时，晶振 f=10MHz。

需定时计数次数为 $10 \times 10^3 \times 10/12 = 8333$

中断程序流程如图 6-5 所示。

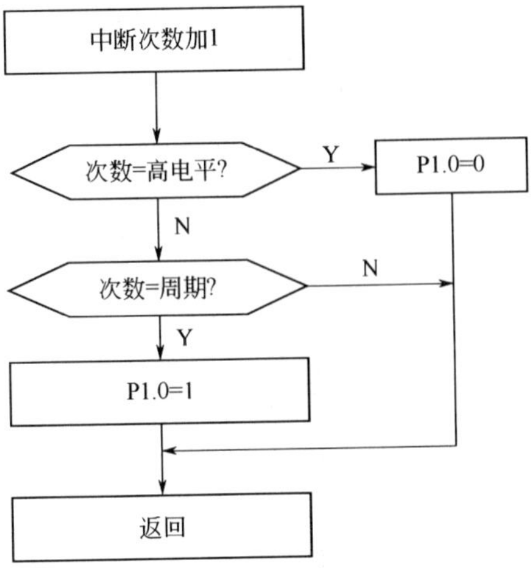

程序代码如下：

图 6-5 中断程序流程图

```
#include<reg51.h>
#define uchar unsigned char
uchar time;
sbit P1_0=P1^0;
uchar period=250;
uchar high=50;
time0() interrupt 1 using 1          //T/C0 中断服务程序
{
    TH0=(65536-8333)/256;            //重载计数值
    TL0=(65536-8333)%256;
    if(++time==high)                 //高电平时间到变低
        P1_0=0;
    else if(time==period)            //周期时间到变高
    {
        time=0;
        P1_0=1;
    }

}
void main()
{   time=0;P1_0=1;
    TMOD=0x01;                       //定时器 0 方式 1
    TH0=(65536-8333)/256;            //预置计数值
    TL0=(65536-8333)%256;
    EA=1;                            //开 CPU 中断
    ET0=1;                           //开 T/C0 中断
    TR0=1;                           //启动 T/C0
    do{}
    while(1);
}
```

【例 6-8】 编程实现：利用定时器/计数器 0 对输入到 T/C0 引脚上的脉冲进行采样计数。

由于计数寄存器字节长度所限，且用硬件寄存器最多只能计数 65536 个脉冲，为解决这一问题可加软件计数来实现。

程序代码如下：

```
#include<reg51.h>
unsigned long i;                     //定义软件计数变量
unsigned char count_low;             //定义计数变量,用来读取 TL0 的值
unsigned char count_high;            //定义计数变量,用来读取 TH0 的值
void read_counter();                 //声明读计数寄存器子函数
void main()
{
    i=0;                             //初始化
    TMOD=0x05;                       //T/C0 计数器模式,方式 1
    TH0=0;TL0=0;
    EA=1;ET0=1;
```

```
        TR0=1;
        while(1)
        {
            read_counter();                //循环读取、处理计数寄存器内容
        }
    }
    void read_counter()                    //读取计数寄存器内容
    {
        do
        {
            count_high=TH0;                //读高字节
            count_low=TL0;                 //读低字节
            . . .                          //计数值处理语句
        }
        while(count_high!=TH0);
    }
```

在读取计数寄存器内容时要特别注意,因为单片机不能在同一时刻读取 TH1 和 TL1 的内容,因而如果只读取一次可能会出错。比如,先读 TL,再读 TH,可能会由于此时恰好产生 TL 溢出向 TH 进位的情况而出错;同样,先读 TH 后读 TL 也可能出现类似的错误。因此,需要采用上面程序中给出的读取顺序:先读 TH,再读 TL,然后再读 TH。若两次读取的 TH 内容一致,则读取正确,否则就是不正确,需要再次重复上次读取过程直到正确读取为止。

```
    void time0_int(void) interrupt 1
    {
        i=i+1;
        TH0=0;
        TL0=0;
        TR0=1;
    }
```

中断服务程序,当计数寄存器溢出进入;当计数寄存器溢出;软件计数变量加 1;此变量中的 1 相当于收到 65536 个脉冲信号。

【例 6-9】 利用定时器的门控位 GATE 测量正脉冲宽度,脉冲从 $\overline{INT1}$(P3.3)引脚输入。门控位 GATE=1,定时器/计数器 T1 的启动受到外中断 1 引脚 $\overline{INT1}$ 的控制,当 GATE=1,TR1=1 时,只有 $\overline{INT1}$ 引脚为高电平时,T1 才被允许计数(定时器/计数器 0 具有同样特性),利用 GATE 的这个功能,可以测量 $\overline{INT1}$ 引脚(P3.3)上正脉冲的宽度(机器周期数),其方法如图 6-6 所示。

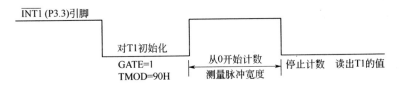

图 6-6 利用 GATE 测量正脉冲宽度

程序代码如下:
```
    #include<reg51.h>
    sbit P3_3=P3^3;                        //定义位变量
```

```c
unsigned count_low;              //定义计数变量,用来读取 TL1 值
unsigned count_high;             //定义计数变量,用来读取 TH1 值
void read_counter();             //声明读计数寄存器子函数
void main()
{
    TMOD=0x90;                   //T1 定时器模式,为方式 1
    TH1=0;TL1=0;
    TR1=1;
    while(P3_3==1);              //等待 INT1 变低
    TR1=1;                       //如果 INT1 为低,启动 T1(未真正开始计数)
    while(P3_3==0);              //等待 INT1 变高,变高后 T1 真正开始计数
    while(P3_3==1);              //等待 INT1 变低,变低后 T1 实际上停止计数
    TR1=0;                       //停止 T1
    read_counter();             //读取、处理计数寄存器
}
void read_counter()            //读取计数寄存器内容
{
    do
    {
        count_high=TH1;         //读高字节
        count_low=TL1;          //读低字节
        . . .                   //计数值处理语句
    }
    while(count_high!=TH1);
}
```

【例 6-10】 设 P1 口的 P1.0、P1.1 上有两个开关 S_1 和 S_2。周期开始时,它们全关。2s 以后 S_1 开,0.1s 后 S_2 开;S_1 保持开 2.4s,周而复始。采用 10MHz 晶振。

解:根据要求 P1.0,P1.1 上开关顺序如图 6-7 所示。

$$(关关) \xrightarrow{2s后} (关开) \xrightarrow{0.1s后} (开开) \xrightarrow{1.9s后} (开关) \xrightarrow{0.5s后} (关关)$$

图 6-7　开关顺序图

采用 10MHz 晶振,每 10ms 中断一次,0.1s 对应 10 次,开关变化对应的中断次数位置为:0、200、210、400、450。

相应的 P1.1 P1.0 输出分别为:00、01、11、10、00。

程序代码如下:

```c
#include<reg51.h>
#define uchar unsigned char
#define uint unsigned int
sbit P1_0=P1^0;
sbit P1_1=P1^1;
uchar i;
uint time;
void timer0() interrupt 1 using 1
  {                                              /*item1*/
```

```
        TH0=(65536-8333)/256;
        TL0=(65536-8333)%256;
        time++;                                /*item2*/
        switch(time)
        {
            case 200:{P1_1=0;P1_0=1;} break;
            case 210:{P1_1=1;P1_0=1;} break;
            case 400:{P1_1=1;P1_0=0;} break;
            case 450:{P1_1=0;P1_0=0;} break;
        }
    }
    void main()
    {
      P1=0;
      time=0;                                  /*item3*/
      i=1;
      TMOD=0x01;
      TH0=(65536-8333)/256;
      TL0=(65536-8333)%256;
      TR0=1;
      ET0=1;EA=1;
      for(;;)
      { }
    }
```

其中，item1 为中断服务程序，每 10ms 中断一次，重载定时器初值；item2 为记录中断发生的次数；item3 为初始化变量和定时器。

【例 6-11】 以下是一个产生占空比变化的脉冲信号的程序。它产生的脉宽调制信号可用于电机变速控制。程序代码如下：

```
#include<reg51.h>
#define uchar unsigned char
#define uint unsigned int
uchar time,staus,percent,period;
bit one_round;
uint oldcount,target=500;
void pluse(void) interrupt 1 using 1          /*中断服务程序*/
{
    TH0=(65536-833)/256;                      /*1ms(1000Hz)*/
    TL0=(65536-833)%256;
    ET0=1;
    if(++time==percent)
        P1=0;
    else if(time==100)
    {
        time=0;
        P1=1;
```

```
    }
}
void tachmeter(void) interrupt 2 using 2          /*外中断1服务程序*/
{
    union
    {
        uint word;
        struct
        {
            uchar hi;
            uchar lo;
        }
        byte;
    }
    newcount;
    newcount.byte.hi=TH0;
    newcount.byte.lo=TL0;
    period=newcount.word-oldcount;              /*测得的周期*/
    oldcount=newcount.word;
    one_round=1;                                /*转一圈，引起中断，设置标志*/
}
void mian(void)
{
    IP=0x04;                          //置 INT1 为高位优先级
    TMOD=0x11;                        //T0,16 位方式
    TCON=0x54;                        //T0,运行，IT1 边沿触发
    TH0=0;TL0=0;                      //设置初始计数值
    IE=0x86;                          //允许终端 EX1，ET0
    for(;;)
    {
        if(one_round)                 //每转一圈，调整
        {
            if(percent<100)
            ++percent;                //占空比加
        }
        else if(percent>0)
        {
            --percent;                //占空比减
            one_round=0;
        }
    }
}
```

【例6-12】 通过定时器的定时产生一定频率的波形信号，经P1.0输出，驱动扬声器，即发出一定频率的声调。将乐曲的声调连续发出，使其按照节拍变化即可演奏一首乐曲。

电路图如图6-8所示。

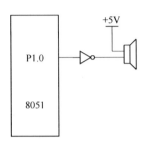

图6-8 电路图

常见音调及其频率对照如表6-1所示。

表6-1 音调与频率对照表

音　符	1	2	3	4	5	6	7
频率/Hz	523	587	859	698	784	880	987
音　符	高音1	高音2	高音3	高音4	高音5	高音6	高音7
频率/Hz	1046	1174	1318	1396	1567	1760	1975

各音符对应的定时器初值的计算方法为（以音符"1"为例）：$f = 523$Hz，$T = 1/f$。

通过定时器溢出后对P1.0取反产生方波，所以定时器溢出时间为$f/2$。由于定时器计数一次时间为$12/f_{osc}$，因此计数次数 $n = (1/2f)/(12/f_{osc}) = f_{osc}/24f$。若采用16位定时方式，$f_{osc} = 6$MHz，定时初值 $X = 2^{16} - n = 2^{16} - \dfrac{f_{osc}f}{24}$ = FE22H。

同样，可以求出其他音符所对应的计数器初值，如表6-2所示。

表6-2 计数器初值对照表

音　符	1	2	3	4	5	6	7
计算器初值	FF22H	FE56H	FE85H	FE9AH	FEC1H	FEE3H	FF03H
音　符	高音1	高音2	高音3	高音4	高音5	高音6	高音7
计算器初值	FF10H	FF2BH	FF42H	FF4CH	FF60H	FF71H	FF81H

取节拍长度为0.5s，由定时器1产生，最大定时常数为$2\mu s \times 2^{16}$（6MHz），约等于130ms，取定时常数为125ms，定时常数为0CDCH。通过定时中断产生$N \times 125$ms的定时，满足1/4拍、1/2拍、1拍等不同节拍的要求。将乐谱转换成代码，应包含乐曲长度、音符、音长等信息。编写程序时，按照如下步骤进行。

① 音符代码装入高4位，节拍代码装入低4位。依次类推，将整段音乐转换成一定长度的代码数据表。

② 程序执行时，顺序查此表，取出音符，查频率表，置入计数器0，取出节拍代码，供定时器1使用。

按照前面的内容，编写以下乐曲发音程序：

| 1231 | 1231 | 345- | 345- | 565432 | 565432 | 151- | 151- |

C51语言程序如下：

```
#include<reg51.h>
#define uchar unsigned char
```

```c
#define uint unsigned int
sbit P1_0=P1^0;
uint m,i;
uint rti;
uint l;
//音频表：高位、低位
uchar code toneh[14]=
    {0xfe,0xfe,0xfe,0xfe,0xfe,0xfe,0xff,0xff,0xff,0xff,0xff,0xff,0xff,
0xff};
uchar code tonel[14]=
    {0x22,0x56,0x85,0x9a,0xc1,0xe3,0x03,0x10,0x2b,0x42,0x4c,0x60,0x71,
0x81};
//乐谱
uchar code song[]=
"12311231345534555654325654321511511";
uchar code length[]=
"444444444444444422224422224422224444444444";
//定时器0中断服务程序
void timer0(void) interrupt 1 using 1
{
P1_0=!P1_0;                //P1.0取反
TH0=toneh[rti];            //装入音频初值
TL0=tonel[rti];
}
//定时器1中断服务程序
void timer1(void) interrupt 3 using 3
{
 TH1=0x0c;                 //重装定时初值
 TL1=0xdc;
 m++;
}
//音符到音频转换程序
playc(char ch)
{
 int ti;
 switch(ch)
 {
  case'q':ti=0;break;
      case'w':ti=1;break;
      case'e':ti=2;break;
      case'r':ti=3;break;
      case't':ti=4;break;
      case'y':ti=5;break;
      case'u':ti=6;break;
      case'1':ti=7;break;
```

```
        case'2':ti=8;break;
        case'3':ti=9;break;
        case'4':ti=10;break;
        case'5':ti=11;break;
        case'6':ti=12;break;
        case'7':ti=13;break;
        case' ':ti=50;break;
        default:ti=50;break;
    }
    if(ti==50)
        return(100);
    return(ti);
}

//主程序
void main(void)
{
    m=0;
    TMOD=0x11;                        //定时器工作模式1
    P1_0=0;
    TH0=toneh[0];                     //定时器置音频初值
    TL0=tonel[0];
    TH1=0x0c;                         //定时器定时125ms初值
    TL1=0xdc;
    IP=0x80;                          //定时器1中断优先
    EA=1;                             //开相关中断
    ET0=1;ET1=1;
    TR0=1;TR1=1;
    for(i=0;i<37;i++)                 //循环放音
    {
        rti=playc(song[i]);
        l=length[i]-0x03;            //音长转换
        do{}                         //发音定时未到，等待
        while(m<1);
        m=0;
    }
        TR0=0;                        //关相关中断
        TR1=0;
        P1_0=0;                       //关喇叭
}
```

本 章 小 结

对 51 单片机定时器/计数器进行 C51 语言编程时，应重点考虑与掌握以下几点。

1．结构

51 单片有两个 16 位的定时器/计数器 T0 和 T1。

2．有关的寄存器

与定时器/计数器应用有关的控制寄存器有 3 个。

（1）定时器控制寄存器（TCON）

有关的位：TF0、TF1、TR0、TR1。

（2）工作方式控制寄存器（TMOD）

有关的位：GATE、C/$\overline{T}$、M1、M0。

（3）中断允许控制寄存器（IE）

有关的位：EA、ET0、ET1。

3．工作方式

MCS-51 单片机的定时器/计数器共有 4 种工作方式，重点是方式 1、方式 2。

4．初始化

一般完成以下几个步骤：

（1）确定 T/C 的工作方式——编程 TMOD 寄存器；

（2）计算 T/C 中的计数初值，并装载到 TH 和 TL；

（3）T/C 在中断方式工作时，须开 CPU 中断和源中断——编程 IE 寄存器；

（4）启动 T/C——编程 TCON 中的 TR1 或 TR0 位。

5．初值的计算

方式 1：16 位计数器的最大计数值为 65536。

方式 2：8 位计数器的最大计数值为 256。

思考题及习题

1．80C51 定时/计数器在什么情况下是定时器？什么情况下是计数器？

2．简述 TCON 中有关定时/计数器操作的控制位的名称、含义和功能。

3．写出 TMOD 的结构、各位名称和作用。

4．启动定时/计数器与 GATE 有何关系？

5．试归纳 80C51 定时/计数器 4 种工作方式的特点。

6．如何判断 T0、T1 定时/计数溢出？

7．设 $f = 6MHZ$，编写程序，利用 T0 使 P1.0 输出 1ms 方波。

8．利用定时/计数器应该考虑哪些问题？

第7章 单片机的串行口

MCS-51 单片机内部的串行接口是全双工的,它能同时发送和接收数据。这个口既可用于网络通信,也可以实现串行异步通信,还可以作为同步移位寄存器使用。在串行口中可供用户使用的是它的寄存器,因此了解其寄存器结构对用户来说是十分重要的。

7.1 串行口的基础知识

7.1.1 串行口的结构

MCS-51 单片机串行口中寄存器的基本结构如图 7-1 所示。

图 7-1 中是有两个串行口的缓冲寄存器(SBUF),一个是发送寄存器,另一个是接收寄存器,以便 MCS-51 能以全双工方式进行通信。串行发送时,从片内总线向发送 SBUF 写入数据;串行接收时,从接收 SBUF 向片内总线读出数据。它们都是可寻址的寄存器,但因为发送和接收不能同时进行。所以给这两个寄存器赋予同一地址(99H)。

在接收方式下,串行数据通过引脚 RXD(P3.0)进入。由于在接收寄存器之间还有移位寄存器,从而构成了串行接收的双缓冲结构,以避免在数据接收的过程中出现帧重叠错误,即在下一帧数据来时,前一帧数据还没有读走。

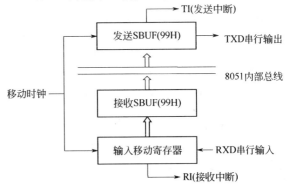

图 7-1 MCS-51 串行口寄存器的基本结构

在发送方式下,串行数据通过 TXD(P3.1)发出。与接收数据情况不同,发送数据时,由于 CPU 是主动的,不会发生帧重叠错误,因此发送电路就不需要双重缓冲结构,这样可以提高数据发送速度。

7.1.2 有关的寄存器

与串行通信有关的控制寄存器是 SCON、PCON 和 IE。下面分别加以介绍。

(1)串行控制寄存器 SCON 串行控制寄存器是一个可位寻址的特殊功能寄存器,用于串行数据通信的控制。字节地址为 98H,位地址为 9FH~98H。寄存器内容及位地址表示如图 7-2 所示。

位地址	9FH	9EH	9DH	9CH	9BH	9AH	99H	98H
位符号	SM0	SM1	SM2	REN	TB8	RB8	TI	RI

图 7-2 SCON 格式

各位的功能说明如下:

① SM0 和 SM1 SM0 和 SM1 是串行口工作方式选择位,这两位的组合决定了串行口4 种工作模式,如表 7-1 所示。

表 7-1 SM0、SM1 说明表

SM0	SM1	工 作 方 式	功 能	波 特 率
0	0	方式 0	同步移位寄存器方式	$f_{osc}/12$
0	1	方式 1	8 位 UART	定时器 T1 溢出率/n
1	0	方式 2	9 位 UART	$f_{osc}/32$ 或 $f_{osc}/64$
1	1	方式 3	9 位 UART	定时器 T1 溢出率/n

注:n=16 或 n=32

② SM2　SM2 是多机通信控制位。因多机通信是在方式 2 和方式 3 下进行，所以 SM2 位主要用于方式 2 和方式 3。当串行口以方式 2 和方式 3 接收时，如 SM2=1，则只有当接收到的第 9 位数据（RB8）为 1 时，才将接收数据的前 8 位数据送入 SBUF，并置位 RI 产生中断请求，否则将接收到的前 8 位数据丢弃。而当 SM2=0 时，不论接收到的第 9 位数据为 0 还是为 1，都将前 8 位数据装入 SBUF 中，并产生中断请求。

在方式 1 时，如 SM2=1，则只有接收到有效停止位时，RI 才置 1，以便接收下一帧数据。

在方式 0 时，SM2 必须为 0.

③ REN　REN 是允许接收位。当 REN=1 时，允许接收数据；当 REN=0 时，禁止接收数据。该位由软件置位或复位。

④ TB8　TB8 是发送数据的第 9 位。在方式 2、方式 3 时，其值由用户通过软件设置。在双机通信时，TB8 一般作为奇偶校验位使用。在多机通信中，常以 TB8 位的状态表示主机发送的地址帧还是数据帧，且一般规定：TB8=0 为数据帧，TB8=1 为地址帧。

⑤ RB8 是接收数据的第 9 位。在方式 2、方式 3 时，RB8 存放接收到的第 9 位数据，它代表接收到数据的特征：可能是奇偶校验位，也可能是地址/数据的标志位。

⑥ TI　TI 是发送中断标志位。在方式 0 时，发送完第 8 位后，该位由硬件置位。在其他方式下，于发送停止位之前，由硬件置位。因此，TI=1 表示帧发送结束，其状态既可供软件查询使用，也可用于请求中断。发送中断响应后，TI 不会自动复位，必须由软件复位。

⑦ RI　RI 是接收中断标志位。在方式 0 时，接收完第 8 位后，该位由硬件置位。在其他方式下，当接收到停止位之前，由硬件置位。因此，RI=1 表示帧接收结束，其状态既可供软件查询使用，也可用于请求中断。RI 也必须有软件清 0。

（2）电源控制寄存器 PCON　电源控制寄存器为 CHMOS 型单片机（如 80C51）的电源控制而设置的专用寄存器。字节地址位 87H，其格式如图 7-3 所示。

在 CHMOS 的单片机中，该寄存器中除最高位之外，其他位都没有定义。最高位 SMOD 为串行口波特率的倍增值。当 SMOD=1 时，串行口波特率倍增。系统复位时，SMOD=0.

位序	D7	D6	D5	D4	D3	D2	D1	D0
位符号	SMOD	—	—	—	GF1	GF0	PD	ID

图 7-3　PCON 的格式

（3）中断允许寄存器 IE　这个寄存器已在第 5 章介绍过，其中 ES 位为串行中断允许位。

① "ES=0；"：禁止串行中断。

② "ES=1；"：允许串行中断。

7.1.3　串行口的工作方式

MCS-51 单片机的串行口结构比较复杂，具有 4 种工作方式，这些工作方式可以用 SCON 中的 SM0 和 SM1 两位来确定。

（1）方式 0　串行口方式 0 为同步移位寄存器输入/输出模式，可外接移位寄存器，以扩展 I/O 口。

方式 0 可分为方式 0 输入和方式 0 输出两种。但应注意：在这种方式下，不管输出还是输入，通信数据总是从 P3.0（RXD）引脚输出或输入，而 P3.1（TXD）引脚总是用于输出移位脉冲，每一移位脉冲将使 RXD 端输出或者输入 1 位二进制码。在 TXD 端的移位脉冲即为模式 0 的波特率，其值固定为晶振率 f_{osc} 的 1/12，即每个机器周期移动 1 位数据。

① 方式 0 输出　使用方式 0 实现数据的移位输出时，实际上是把串行口变成并行口使用。串行口作为并行口输出使用时，要有"串入并出"的移位寄存器（如 CD4094 或 74LS164、74HC164 等）配合，其电路连接如图 7-4 所示。

数据预先写入串行口数据缓冲器，然后从串行口 RXD 端，在移位时钟脉冲（TXD）的控制下，逐位移入 CD4094。当 8 位数据全部移出后，SCON 寄存器的发送中断 TI 被自动置 1，其后主程序就可用中断或查询的方法，通过设置 STB 状态的控制，把 CD4094 的内容并行输出。

② 方式 0 输入　如果把能实现"并入串出"功能的移位寄存器（如 CD4014 或 74LS165 等）

与串行口配合使用，就可以把串行口变为并行输入使用，如图 7-5 所示。

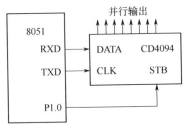
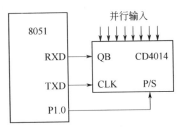

图 7-4　串行口与 CD4094 配合　　　　图 7-5　串行口与 CD4014 配合

CD4014 移出的串行数据经 RXD 端串行输入，同样由 TXD 端提供移位时钟脉冲。8 位数据串行接收需要有允许接收的控制，具体由 SCON 寄存器的 REN 位实现。REN=0，禁止接收；REN=1 允许接收。当软件置位 REN 时，即开始从 RXD 端输入数据（低位在前），当接收到 8 位数据时，置位接收中断标示 RI。

（2）方式 1　串行口工作于方式 1 时。为波特率可变的 8 位异步通信口。数据位由 P3.0（RXD）端接收，由 P3.1（TXD）端发送。传送一帧信息为 10 位，即 1 个起始位、8 个数据位和 1 个停止位。其帧格式如图 7-6 所示。

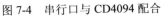

图 7-6　帧格式

① 方式 1 发送过程　用软件清除 TI 后，CPU 执行任何一条 SBUF 的传送指令，就启动发送过程，数据由 TXD 引脚输出，此时的发送移动脉冲是由定时/计数器 T1 送来的溢出信号经过 16 或 32 分频而得到的。一帧信号发送完时，将置位发送中断标志 TI=1，向 CPU 申请中断，完成一次发送过程。

② 方式 1 接收过程　用软件清除 RI 后，当允许接收位 REN 被置位 1 时，接收器以选定波特率的 16 倍的速率采样 RXD 引脚上的电平，即在一个数据位期间有 16 个检测脉冲，并在第 7、8、9 个脉冲期间采样接收信号，然后用 3 中取 2 的原则确定检测值，以抑制干扰。并且，采样是在每个数据位的中间，避免了信号边沿的波形失真造成的采样错误。当检测到有从 1 到 0 的负跳变时，则启动接收过程，在接收脉冲的控制下，接收完一帧信号。当最后一次移动脉冲产生时能满足下列两个条件：RI=0；接收到的停止位为 1 或 SM2=0。则停止位送入 RB8，8 位数据进入 SBUF，并置接收中断标志 RI=1，向 CPU 发出中断请求，完成一次接收数据。

（3）方式 2 和方式 3　串行口工作方式 2 和方式 3 时，被定义为 9 位异步通信接口。它们的每帧数据结构是 11 位的：最低位是起始位（0），其后是 8 位数据位（低位在先），第 10 位是用户定义位（SCON 中的 TB8 或 RB8），最后 1 位是停止位。其帧格式如图 7-7 所示。

图 7-7　帧格式

在方式 2 下，字符还是 8 个数据位，只不过增加了一个第 9 位（D8），而且其功能是由用户确定，是一个可编程位。

在发送数据时，应预先在 SCON 的 TB8 位中把第 9 位数据位的内容准备好，可以使用如下指令完成：

```
TB8 = 1        ;TB8 位置 1
TB8 = 0        ;TB8 位置 0
```

方式 2 和方式 3 工作原理相似，唯一的差别是方式 2 的波特率是固定的，即为 $f_{osc}/32$ 或者 $f_{osc}/64$，而方式 3 的波特率是可变的，与定时器 T1 的溢出率有关。

发送数据（D0~D7）由移位指令向 SBUF 写入，而 D8 位的内容则由硬件电路从 TB8 中直接送到发送移位寄存器的第 9 位并以此来启动串行发送。一个字符帧发送完毕后，将 TI 位置 1，其他过程与方式 1 相同。

7.1.4 波特率的设定

串行口每秒钟发送或接收的数据位数称为波特率。假设发送 1 位数据所需时间为 T，则波特率为 $1/T$。

方式 0 的波特率是固定的，等于单片机晶振频率的 1/12，即每个机器周期接收或发送 1 位数据。

方式 2 的波特率（F_2）与电源控制器 PCON 的最高位 SMOD 的值相关：

$$F_2 = f_{osc} \times 2^{SMOD}/64$$

式中，F_2 为方式 2 的波特率；f_{osc} 为晶振频率。即 SMOD=1，波特率为 $\frac{1}{32}f_{osc}$；SMOD=0，波特率为 $\frac{1}{64}f_{osc}$。

方式 1 和方式 3 的波特率除了与 SMOD 位有关外，还与定时器 T1 的溢出率有关。定时器 T1 作为波特率发生器，常选用定时方式 2（8 位重装载初值方式），并且禁止 T1 中断。此时 TH1 从初值计时到产生溢出，它每秒钟溢出的次数称为溢出率 M。于是

$$F_1(F_3) = M_{T1} \times 2^{SMOD}/32$$
$$= f_{osc}/[12 \times (256 - T1)] \times 2^{SMOD}/32$$

式中，F_1 为方式 1 的波特率；F_3 为方式 3 的波特率；M_{T1} 为 T_1 的溢出率。

假设某 MCS-51 单片机系统，串行口工作于方式 3，要求传送波特率为 1200bps，作为波特率发生器的定时器 T1 工作在方式 2 时，请求出计数初值为多少。设单片机的振荡频率为 6MHz。

因为串行口工作方式 3 时的波特率为：

$$F_3 = f_{osc}/[12 \times (256 - T1)] \times 2^{SMOD}/32$$

式中，F_3 为方式 3 的波特率。所以

$$T1 = 256 - f_{osc}/(F \times 12 \times 32/2^{SMOD})$$

式中，F 为波特率。

当 SMOD=0 时，$TH1 = 256 - 6 \times 10^6/(1200 \times 12 \times 32/1) = 243 = 0F3H$

当 SMOD=1 时，$TH1 = 256 - 6 \times 10^6/(1200 \times 12 \times 32/2) = 230 = 0E6H$

7.1.5 串行口的应用

（1）初始化步骤　在使用串行口之前，应对其进行编程初始化，主要是设置产生波特率的定时器 0 或定时器 1、串行口控制和中断控制。具体步骤如下。

① 确定定时器 0 或定时器 1 的工作方式，设置 TMOD 寄存器。

② 确定定时器 0 或定时器 1 的计数初值，装载 TH1、TL1 或 TH0、TL0。

③ 启动定时器 0 或者定时器 1，把 TCON 中的 TR1 或 TR0 位设置为 1。

④ 确定串行口的控制，设置 SCON 寄存器。

⑤ 串行口工作在中断方式下，必须开总中断和串行口中断，设置 IE 寄存器。

（2）波特率的计算　在串行口的 4 种工作方式中，方式 0 和方式 2 的波特率是固定的，而方式 1、方式 3 的波特率是可变的，有定时器/计数器 0 或定时器/计数器 1 的溢出率控制。

方式 0 的波特率 F_0 由振荡器的频率 f_{osc} 来确定。

$$F_0 = f_{osc}/12$$

方式 2 的波特率 F_2 由振荡器 f_{osc} 和 PCON 中的 SMOD 位共同确定。

$$F_2 = 2^{SMOD}/(f_{osc}/64)$$

当 SMOD=1 时，$F_2 = f_{osc}/32$；当 SMOD=0 时，$F_2 = f_{osc}/64$。

方式 1 和方式 3 的波特率由定时器/计数器 T0 或 T1 的溢出率和 SMOD 共同确定。T0 和 T1 是可编程的，可以选择的波特率范围较大，串行口的工作方式 1、方式 3 较为常用。

定时器 T1 作为波特率的发生器，可按下式计算：

$$F_{T1} = M_{T1} \cdot \frac{2^{SMOD}}{32}$$

式中，F_{T1} 为波特率；M_{T1} 为定时器 T1 的溢出率。

T1 的溢出率与工作方式有关。

$$M_{T1} = (f_{osc}/12)/(2^n - X)$$

式中，n=13、16、8 分别对应于工作方式 0、1、2；X 为计数器的计数初值。

因为方式 2 为自动重装入初值的 8 位定时器/计数器模式，所以用它来作波特率发生器最恰当。当时钟频率选用 11.0592MHz 时，可以获得标准的波特率，因此很多单片机系统选用这个特定的频率。

7.2 串行口的编程及应用实例

单片机串行口通常用于 3 种情况：利用方式 0 扩展并行 I/O 口，点对点双机通信，多机通信。

7.2.1 利用方式 0 扩展并行口 I/O

串行口在方式 0 时，当外接一个串入并出的移位寄存器，就可以扩展并行输出口；当外接一个并入串出的移位寄存器时，就可以扩展并行输入口。

【例 7-1】 如图 7-8 所示，用单片机的串行口外接串入并出的芯片 CD4094 扩展并行输出口控制一组发光二极管，使发光二极管从左到右延时轮流显示。

CD4094 是一块 8 位的串入并出芯片，带有一个控制端 STB。当 STB=0 时，打开串行输入控制门，在时钟信号 CLK 的控制下，数据从串行输入端 DATA 依次移位输入到 CD4094 芯片；当 STB=1 打开并行输出控制门，CD4094 的 CLK 接 TXD、DATA 接 RXD、STB 用 P1.0 控制，8 位并行输出端接 8 个发光二极管。

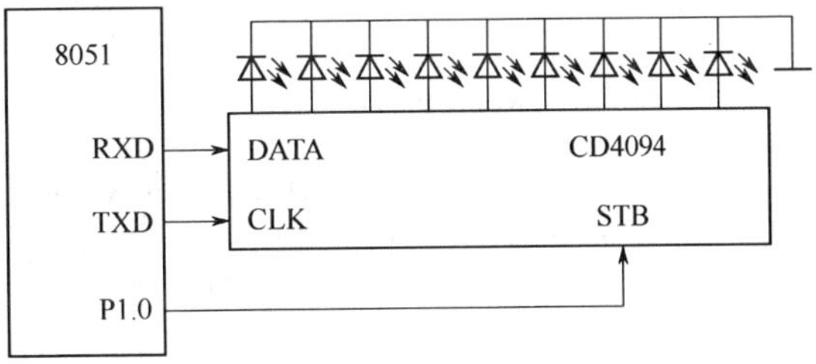

图 7-8 利用串行口扩展并行输出

程序代码如下：

```
#  include<reg51.h>
sbit  P1_0=P1^0;
void main( )
{    unsigned char i.j ;
     SCON=0x00;
     j=0x01;
     for ( ; ; )
     {  P1_0=0;
        SBUF=j;                        //发送数据
        while  (!TI)   { ;}            //等待发送完毕（TI=1）
        P1_0=1;TI=0;
        for (i=0;i<=255;i++)   {;}
        i=j<<1;
        if (j= =0x00)    j=0x01;
```

```
        }
    }
```

【例 7-2】 如图 7-9 所示，用 8051 单片机的串行口
外接并入串出的芯片 CD4014 扩展并行输入口，输入一
组开关的信息。

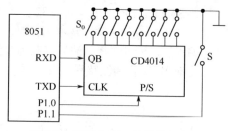

图 7-9　利用串行口扩展并行输入

CD4014 是一块 8 位的并入串出的芯片，带有一个
控制端 P/S。当 P/S=1 时，8 位并行数据置入到内部的寄
存器；当 P/S=0 时，在时钟信号 CLK 的控制下内部寄存
器的内容按低位在前从 QB 串行输出依次输出。使用时，8051 串行口工作方式 0，8051 的 TXD
接 CD4094 的 CLK，RXD 接 QB，P/S 用 P1.0 控制。另外，用 P1.1 控制 8 个并行数据的置入。

程序代码如下：

```
# include<reg51.h>
sbit P1_0=P^0;
sbit P1_1=P^1;
void main ( )
{    unsigned char i;
     P1_1= 1;
     while (P1_1= =1}  { ; }
     P1_0=1;
     P1_0=0;
     SCON=0x10;
     while  (!RI) { ; }          //等待接收完毕（RI=1）
     RI=0;
     i=SBUF;                     //读取数据
         ...
}
```

7.2.2　点对点双机通信

要实现甲与乙两台单片机点对点的双机通信，线路只需要将甲机的 TXD 与乙机的 RXD 相
连，将甲机的 RXD 与乙机的 TXD 相连，地线与地线相连，如图 7-10 所示。

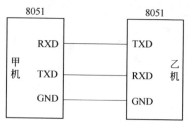

图 7-10　点对点的双机通信

【例 7-3】 甲乙两机以方式 1 进行串口通信，其中甲机发
送信息，乙机接收信息，双方的晶振频率均为 11.0592MHz，
通信波特率为 1200bps。

为保持通信的准确与畅通，双方之间遵循一些约定。通信
开始，甲机首先发送信号 AA，乙机接收到后答 BB，表示同
意接收。甲收到 BB 后，即可发送数据。设发送数据块长度为
10 字节，数据缓冲区为 buf，数据发送完毕要立即发送校验和，
进行数据发送的准确性验证。

乙接收到的数据存储到数据缓冲区 buf，收齐一个数据块后，再接收甲发来的校验和，并将
其与乙求得的校验和比较：若相等，说明接收正确，乙回答 00H；若不等，说明接收不正确，乙
回答 0FFH，请求重新发送。

程序设计时，选择定时器 1 在工作方式 2 下工作，波特率不倍增，即 SMOD=0，计数初值为：

$$X = 256 - \frac{11.0592 \times 10^6 \times 2^{SMOD}}{MT_1 \times 12 \times 32} = 256 - \frac{11.0592 \times 10^6 \times 2^0}{1200 \times 12 \times 32}$$

$$= 256 - 24 - 232 - 0E8H$$

以下为两机通信程序。不同的是在程序运行之前，要人为地选择 TR，若选择 TR=0，表示该机为发送方；若选择 TR=1，表示该机是接收方。程序中包含主函数 main（void），根据 TR 的设置，利用发送函数 send（uchar idata*d）和接收函数 receive（uncharidata*d）分别实现发送和接收功能。

程序代码如下：

```
#include<reg51.h>
#define uchar unsigned char
#define TR=0                          //TR=0，发送
uchar idata buf [10];
uchar pf ;
void main ( )
{  init ( );                          //串行口初始化子函数
        if (TR= =0)
           {send(buf); }               //发送

        else
           {receive(buf); }            //接收
}
/*串行初始化子函数*/
void init (void)
{  TMOD=0x20;                          //T1 工作于方式 2
   TH1=0xE8;
   TL1=0xE8'
   TR1=1;
   SCON=0x50;                          //串行口工作于方式 1，REN=1
}
/*发送子函数*/
void send(uchar idata*d)
{     uchar  i ;
      do
      {    SBUF=0xAA ;                  //发送联络信号
           while (TI= =0) ;            // 等待一帧发送完毕
           TI =0 ;                     //发送完毕，标志位清 0
           while  (RI= =0) ;           //等待乙机应答信号
           RI=0 ;
}        while (SBUF^0xBB !=0) ;        //乙机未准备好，继续联络
         do
         {  pf=0 ;                      //校验和变量清 0
            for(i=0;i<10:i++){
            SBUF=d[i];                  //发送一个数据
            pf+=d [i];                  //计算校验和
            while (TI= =0);
            TI=0;  }
          SBUF=pf;                      //发送校验和
          while  (TI= =0);TI=0;
          while  (RI= =0);RI=0;         //等待乙机回答
```

```
            }while  (SBUF!=0)'                //回答出错，则重新发送
        }
    /*接收函数*/
    void receive (uchar idata*d)
    {uchar i;
        do
        {   while  (RI= =0); RI=0;
        }while ((SBUF^0xAA)!=0);              //判断甲机是否请求
         SBUF=0xBB;                           //发应答信号
        while(TI= =0); TI=0;
        while(1)
            pf=0;                             //清校验和
            for (i=0;i<10;i++){
            d[i] =SBUF;                        //接收数据
            pf+=d[i];}                         //计算校验和
        while  (RI= =0);RI=0;                  //接收甲校验和
        if ((SBUF^pf)= =0{                    //比较校验和
        SBUF=0x00; break;}                    //校验和相等，发送 0x00
        else{
          SBUF=0xFF;                          //校验和不相等，发送 0xff
          while (TI= =0);TI=0;
          }
        }
    }
```

7.2.3 多机通信

通过 MCS-51 单片机串行口能够实现一台主机与多台从机进行通信，主机和从机之间能够相互发送和接收信息。但从机与从机之间不能相互通信。

MCS-51 单片机串行口的方式 2 和方式 3 是 9 位异步通信，发送信息时，发送数据的第 9 位由 TB8 取得，接收信息的第 9 位放于 RB8 中，而接收是否有效要受 SM2 位影响。当 SM2=0 时，无论接收的 RB8 位是 0 还是 1，接收都要效，RI 都置 1；当 SM2=1 时，只有接收的 RB8 位等于 1 时，接收才有效，RI 才置 1。利用这个特性便可以实现多机通信。

多机通信时。主机每一次都向从机传送两个字节信息，先传送从机的地址信息，再传送数据信息。处理时，地址信息的 TB8 位设为 1，数据信息的 TB8 位设为 0.

多机通信过程如下。

① 所有从机的 SM2 位开始都置为 1，都能够接受主机送来的地址。

② 主机发送一帧地址信息，包含 8 位的从机地址，TB8 置 1，表示发送的地址帧；

③ 由于所有从机的 SM2 位都为 1，从机都能接收主机发送来的地址，从机接收到主机送来的地址后与本机的地址相比较，如果接收的地址与本机的地址相同，则使 SM0 位为 0，准备接收主机送来的数据，如果不同，则不作处理。

④ 主机发送数据，发送数据时 TB8 为 0，表示为数据帧。

⑤ 对于从机，由于主机发送的第 9 位 TB8 为 0，那么只有 SM2 位为 0 的从机可以接收主机送来的数据。这样就实现主机从多台从机选择一台从机进行通信。

【例 7-4】 要启用设计一个一台主机、255 台从机的多机通信的系统。其中，主机发送的信息可为各从机接收，而各从机发送的信息只能由主机接收，从机之间不能相互通信。

（1）硬件线路图如图 7-11 所示。

（2）软件设计　首先定义简单的通信协议。

通信时，为了处理方便，通信双方应制定相应的协议。本例中主、从机晶振频率为 11.0592MHz，波特率为 9600bps，设置 32 字节的队列缓冲区用于接收发送。主机的 SM2 位设为 0，从机的 SM2 开始设为 1，从机地址从 00H～FEH。

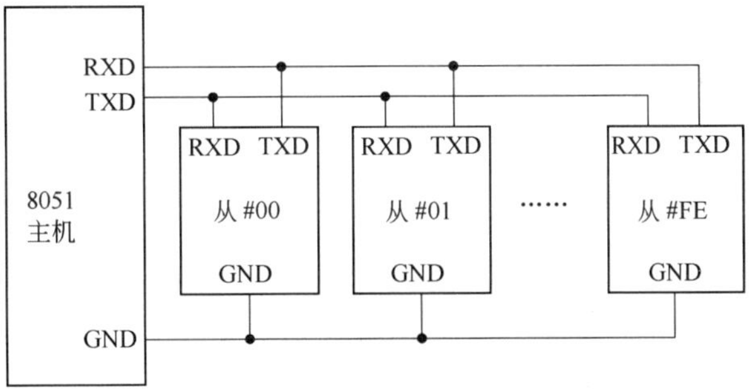

另外，还制定如下简单的协议。主机发送的控制命令如下。

00H：要求从机接收数据（TB8=0）。

01H：要求从机发送数据（TB8=0）

FFH：命令所有从机的 SM2 位置 1，准备接收主机送来的地址（TB8=1）。

从机发给主机状态字格式如图 7-12 所示。

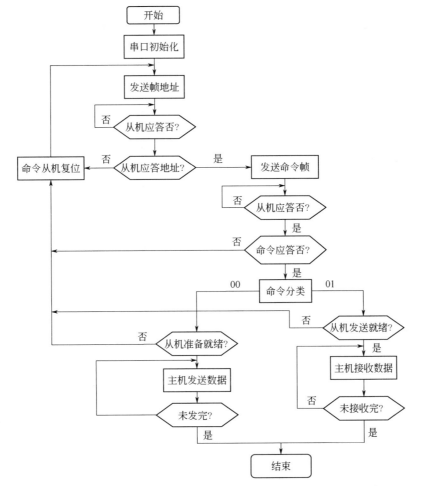

图 7-11　多机通信系统

D7	D6	D5	D4	D3	D2	D1	D0
ERR						TRDY	RRDY

图 7-12　从机发给主机状态字格式

其中，ERR=1，表示从机接收到非法命令；TRDY=1，表示从机发送准备就绪；RRDY=1，表示从机接收准备就绪。

主机的通信程序流程图如图 7-13 所示。

图 7-13　主机的通信程序流程图

主机通信程序代码如下；

```c
#include<reg51.h>
#define uchar unsigned char
uchar txdata[8];                    //发送数据缓存变量
uchar rxdata[8];                    //接收数据缓存变量
/*---------------通信子函数------------*/
void tr_main(uchar addr,uchar CMD)
                                    //参数 addr 为目标从机地址，CMD 为
                                    //主机命令类型
{ uchar temp_addr;
  uchar slave_status;
  uchar I'
LABEL1:
    SCON=0XD8;                      //串行口工作于方式 3，允许接收，TB=1，发送地址
    TMOD=0x20;
    SMOD=0;
    TL1=0xFD;TH1=0xFD;              //设置波特率
    TR1=1;
    SBUF=addr;                      //发送地址，寻址
    while  (RI= =0);                //等待从机应答
    RI=0;
    temp_addr=SBUF;                 /读取从机返回的地址值
    if   ( temp_addr!=addr)         //地址不符合，命令从机复位
     {SBUF=0xFF;
      TB8=1;
      goto LABBEL1;
      }
      TB8=0;
      SBUF=CMD;                     //发送命令
      while (RI= =0);               //等待从机应答
      RI=0;
      slave_status=SBUF;            //读取从机返回的状态
      temp=slave_status;
      if   ((tem&0x80)= =80)
      {SBUF=0xFF;
       TB8=1;
       goto LABEL1;
       else
       {if    (CMD= =0)             //接收命令错误，命令从机复位
       {te,p=slave_temp;
           if ((temp&0x01= =0x01)   //从机准备好接收，主机开始发送
           {TB8=0;
           for  (i=0;i<8;i++)
            {SBUF=txdata[i];
           while (TI= =0);
```

```
                TI=0;}
                return;}
                else                    //从机没有准备好接收数据，命令从机复位
              {SBUF=0xFF;
                TB8=1;
                goto  LABEL1;
          }
        else if   (CMD= =1)           //接收数据块命令
          {temp=slabe_temp;
            if ((temp&0x02)= =0x02) //从机准备好发送，主机开始接收
            for (i=0;i<8;i++)
            {while(RI= =0);
            RI=0;
            rxdata[i]=SBUF;}
            return;
          }
        else                          //从机没有准备好发送，命令从机复位
          {SBUF=0Xff;
            TB8=1;
            goto  LABEL1;}
        }
      }
  }
  void  main ( )
   {    …                            //主程序的其他工作
        tr-main(slave_addr,command);  //与从机通信，读取或发送数据
        …                            //主程序的其他工作
   }
```

从机通信程序流程图如图 7-14 所示。

从机的串行通信程序采用中断控制启动方式，但在串行通信启动后，仍采用查询方式来接收或发送数据。从机的主程序流程中，应该对定时器 T1 和串行口进行初始化设置，使串行口工作方式、波特率等与主机一致，以保证通信正常。

下面仅给出中断程序的源代码，并假设在主程序中已经对串行口的工作状态进行了设置。主程序还给出了两个标志：接收就绪标志 **rx_flag** 和发送就绪标志 **tx_flag**。当标志位为 1，表示接收或发送已经准备就绪，反之表示未准备好。这两个标志在中断程序外通过其他流程设定。在通信中断函数中，仅检查这些标志的状态而执行不同的操作。主程序还给出本机地址，设其保存在变量 slave_addr 中。把接收的数据放在 rxdata[8]中，而把发送的数据放在 txdata[8]中。

通信中断函数程序代码如下：

```
  void slavetr_int(void)  interrupt 4
   {unsigned char temp;
   RI=0;
   trmp=SBUF;
   if (temp!=slave_addr)              //若地址不符合，SM2=1，退出中断
   {  SM2=1;
     return; }
```

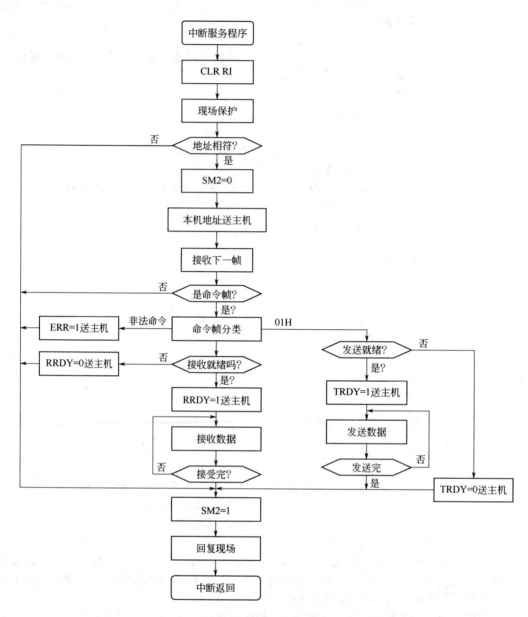

图 7-14　从机通信程序流程图

```
SM2=0;                          //地址符合，返回地址且 SM2=0
SBUF=slave_addr;
while(TI= =0);
TI=0;
while(RI= =0);                   //等待接收下一帧数据
RI=0;
if (RB= =1)                      //是复位信号，退出中断
 {SM2=1;
 return;}
 temp=SBUF;
/*解析命令*/
```

```
        if (temp= =0)                    //接收数据
         {if   (rx_flag= =0)             //接收为准备好
             {SBUF=0x00;                 //回答未准备好
              while (TI= =0);
              TI=0;
              SM2=1;
              return;}
              else
{            SBUF=0x01;                  //回答准备就绪
             while (TI= =0);
             TI=0;
          for (i=0;i<8;i++)              //接收数据块
            {while  (RI= =0);
              RI=0;
              rxdatai[i]=SBUF;}
             SM2=1;
              return;
           }
          }
      else if (temp= =01)               //发送数据
       {if (tx_flag= =0)                //发送位准备好
           {SBUF=0x00;                  //回答未准备好
            while (TI= =0);
            TI=0;
            SM2=1;
            return;
      else
        {   SBUF=0x02;                  //回答准备就绪
            while(TI= =0);
            TI=0;
         for(i=0,i<8;i++)               //发送数据
        {   rxdata[i]=SBUF;
           while(TI= =0);
           TI=0;}
           SM2=1;
           return;]
          }
       else                            //对非法命令，直接设置 SM2=1，
                                       然后退出中断

       {  SM2=1;
          return;
       }
      }
```

【例 7-5】 单片机的 f_{osc}=11.0592MHz，波特率为 9600bps，各设置 32 字节的队列缓冲区同时发送/接收。设计单片机与终端或另一个计算机通信的程序。

单片机串行口初始化成波特率为 9600bps，终端程序双向处理字符，程序双向缓冲字符。背景程序可以"放入"和"提取"在缓冲区的字符串，而实际传入和传出 SBUF 的动作由中断完成。

Loadmsg 函数加载缓冲数组，标志发送开始。缓冲区分为（t）和收（r）缓冲，缓冲区通过两种制式（进 in 和出 out）和一些标志（满 full、空 empty、完成 done）管理。队列缓冲 32 字节长，为循环队列，由简单的逻辑与（&）操作管理。它比取模（%）操作运行更快。当 r_in=r_out 时，接收缓冲区（r_buf）满，不能再有字符输入；当 t_in=t_out 时，发送缓冲区（t_buf）空，发送中断清除，停止 UART 请求。具体程序如下。

```
# include<reg51.h>
# define uchar unsigned char
  uchar xdata r_buf[32];                  /* item1 */
  uchar xdata t_buf[32];
  uchar r_in, r_out, t_in ,t_out ;    /* 队列指针*/
  bit r_buf , t_empty,t_done;         /* item2 */
  code uchar m[]={"this is a tese program\r\n"}
  serial ()   interrupt 4using 1 {      /* item3 */
    if (RI&&~r_ buf){
       r_buf[r_in]=SBUF;
       RI=0;
       r_in=++  r_in&0x1f;
       if (r_in==rout)  r_full=1;
     }
      else if (TI&&~t_emty){
        SBUF= t_buf[t_out];
        TI=0 ;
        t_out=++t_out&0x1f ;
        if(t_out==t_in) t_empty=1;
     }
      else if (TI) {
         TI=0;
         t_done=1;
     }
    }
    void loadmsg(uchar coad * msg) {
     while  ((* msg! =0)&& ((( t_in+1)^t_out)&0x1f)!=0)) {
       /*监测缓冲区满*/
       t_buf[t_in]= *msg;
       msg++ ;
       t_in=++ t_in&0x1f ;
       if(t_done)  {
       TI=1;
       t_ermpty= t_done=0;
                              /* 若完成就开始*、
     }
    }
  }
```

```
    void process(uchar ch)    {return;}                    /* item5 */
                                                           /*用户自定义*/
    void processmsg (void) {                               /* item6 */
        while (((t_out+1)^ in)!=0) {
                                                           /*接收缓冲区看*/

            process (r_buf[r_out];
            r_out=++ r_out&0x1f;
        }
    }
    main ( )   {                                           /*item7 */
        TMOD=0x20;                                         /*定时器1方式2*/
        TH1=0xfd;                                  /*波特率9600bps,11.0592MHz*/
        TCON=0x40;                                         /*启动定时器1*/
        SCON=0x50;                                         /*允许接收*/
        IE=0x90;                                           /*允许串行口中断*/
        t_empty= t_done=1;
        r_full=0
        r_out=t_in= t_out=0;
        r_in=1;                                            /*接收缓冲和发送缓冲置空*/
        for (; ; ) {
         loadmsg (&m);
         processmsg ( );
        }
    }
```

其中，item 1 为背景程序"放入"和"提取"字符的队列；item 2 为缓冲状态标识；item 3 为串行口中断服务程序，从 RI、TI 判断接收或发送中断，由软件清除，判别缓冲区状态（满为 full 和空为 empty）和全部发送完成（done）；item 4 为此函数把字符串放入发送缓冲区，准备发送；item 5 为接收字符处理程序，实际应用自定义；item 6 为此函数逐一处理接收缓冲区的字符；item 7 为主程序及背景程序，进行串行口的初始化，载入字符串，处理接收的字符串。

【例 7-6】 使用 8051 串行口实现中断驱动串行 I/O。中断程序使用 8 字节的环形缓冲器处理发送中断和接收中断。

```
    # include<reg51.h>
    # include<stdio.h>
    # define XTAL   11059200              //CPU 振荡器频率
    #define baudrate  9600                //9600bps 通信波频率
    #define ILEN  8                       //串行口发送缓冲区的大小
    unsigned char ostart;                 //发送缓冲区起始索引
    unsigned char oend;                   //发送缓冲区结束索引
    char idata outbuf[OLEN];              //发送缓冲区的存储
    #define IEN   8                       //串行接收缓冲区的大小
    unsigned char istart;                 //接收缓冲区起始索引
    unsigned char iend;                   //接收缓冲区结束索引
    char idata inbuf[ILEN];               //接收缓冲区的存储
    bit sendfull;                         //标志: 标识发送缓冲区满
    bit sendactive;                       //标志: 标识发送器激活
```

```
/*串行中断服务程序*/
static void com_isr(void) interrupt 4 using 1 {
    char c;
/*------------收数据中断-------------------------------------*/
if (RI) {
    c=SBUF;                              //读字符
    RI=0;                                //清零中断请求标示
    if (istart+ILEN ! =iend) {
    inbuf[iend++& ( ILEN-1)]=c;          //字符送入缓冲区
    }
}
/*--------------------发送数据中断--------------------*/
if (TI ! =0) {
    TI=0;                                //清零中断请求标志
if (ostart ! =oend) {                    //若字符在缓冲区
SBUF=outbuf[ostart++& (OLEN=1)]          //则发送字符
sendfull =0                              //则清零 sendfull 标志
}
else {                                   //若所有字符发送
sendactive =0                            //则清零 sendactive
    }
    }
}
/*初始化串行口和 UART 波特率函数*/
void com_initialize(void) {
 istart = 0;                             //清空接收缓冲区
 iend=0;
 ostart =0;                              //清空发送缓冲区
 oend =0;
 sendactive =0;                          //发送器未激活
 sendfull =0 ;                           //清零 sendfull 标志
                                         //配置定时器 1 作为波特率发生器
        PCON | =0x80 ;                   //0x80=SMOD; 设置波特率加倍
        TMOD | =0x20;                    //设定定时器 1 为方式 2
        TH1= (UNSIGNED CHAR) (256-(XTAL/16L*125L*baudrate)));
        TR1 =1;                          //启动定时器 1
        SCON =0x50 ;                     //串行口方式 1, 允许串行接收
        ES =1 ;                          //允许串行中断
    }
/* PUTBUF:写字符到 SBUF 或发送缓冲区*/
void putbuf (char c) {                   //若缓冲区未满则继续发送
 if (! sendfull) {                       //若发送器未激活
    sendactive = 1;                      //则直接传送第一字符到 SBUF
    SBUF=c;                              //启动发送器
}
```

```
        else {
          ES=0                                  //在缓冲区更新期间禁止串行中断
          outbuf  [oend ++ & (OLEN-1)]=c         //放字符到发送缓冲区
          if ( ((oend ^ostart) & (OLEN-1)) = =0)  {
          sendfull=1;
        }                                        //若缓冲区满置标志
          ES=1;                                  //允许串行口中断
          }
        }
      }
/*替换标准库函 putchar 程序*/
/*printf 函数使用 putchar 输出一个字符*/
char putchar (char c ) {
    if ( c= ='\'n)  {                           //扩展新一行字符
      while ( sendfull);                        //等待直到缓冲区有空
      putchar (0x0D);                           //在 LF 前发送 CR 用于<新行>
    }
    while (sendfull);                           //等待直到缓冲区有空
putchar (c);                                    //把字符放到缓冲区
}
/*替换标准字库函数_getkey 程序*/
/*getchar 和 gets 函数使用_getkey 来读字符*/
char_getkey(void) {
char c;
while (iend= = istart)
{  ;  }                                         //等待直到有字符
  ES=0;                                         //在缓冲区更新期间禁止串行中断
  c = inbuf[istart++ & (ILEN -1)};
      ES=1;                                     //再次允许串行口中断
      return (c);
}
/*C 主函数启动中断驱动的串行 I/O*/
  void main (void) {
EA=1;                                           //允许全部中断
com_initialeze ( );                             //初始化中断驱动串行 I/O
while (1)
    char c;
    c= getchar ( )
    printf ("\n You typed the character %c.\n",c);
}
    }
```

　　若提供发送（putbuf 和 putchar）、接收字符（_getkey）和初始化串行（com_initialize）子程序，则源代码可以用于置换程序 putchar 和_getkey。printf、scanf 和其他函数也可以与此例的中断驱动 I/O 程序一起工作。

本 章 小 结

本章对 51 单片机的内部资源的 C 语言编程进行了详细讲解。内部资源主要包括并行口、中断程序、定时器/计数器、串行口，每一部分在讲解过程中都提供了大量的例子。这些例子对加深 C 语言的理解具有十分重要的作用。

并行口、中断系统、定时器/计数器、串行口构成了 51 单片机内部的主要资源，这些资源的使用具有非常重要的作用，掌握了这些主要资源的 C 语言编程，就掌握了 51 单片机的 C 语言编程。

思考题及习题

1. 在 8051 系统中，已知振荡频率是 12MHz，用定时器/计数器 T0 实现从 P1.1 产生周期为 2s 的方波，试编程。

2. 在 8051 系统中，已知振荡频率是 12MHz，用定时器/计数器 T1 实现从 P1.1 产生高电平宽度是 10ms，低电平宽度是 20ms 的矩形波，试编程。

3. 用 8051 单片机的串行口扩展并行 I/O 口，控制 16 个发光二极管依次发光，画出电路图并编程。

4. 用 8051 单片机做一个模拟航标灯，灯接在 P1.7 上，$\overline{INT0}$ 接光敏器件，使它具有如下功能。

（1）白天航标灯熄灭，夜间间歇发光，亮 2s，灭 2s，周而复始；

（2）将 $\overline{INT0}$ 信号作为门控信号，启动定时器定时。

按以上要求编写控制主程序和中断服务程序。

5. 外部 RAM 以 DATA1 开始的数据区中有 100 个数据，现在要求每隔 150ms 向内部 RAM 以 DATA2 开始的数据区传送 10 个数据，通过 10 次传送把数据全部传送完，以定时器 1 作为定时，编写有关程序。单片机的时钟频率是 6MHz。

6. 用单片机和内部定时器来产生矩形波，要求频率为 100Hz，占空比位 2:1，设单片机的时钟频率为 12MHz，编写有关程序。

第8章 单片机的并行扩展技术

89C51 单片机有 4 个并行 I/O 接口，每个 8 位，但这些接口并不能完全提供给用户使用，在扩展外部资源，不使用串行口、外中断、定时/计数器时，才能对 4 个并行 I/O 接口使用。如果片外要扩展，则 P0、P2 口要被用来作数据总线地址总线，P3 口中的某些位也要用来作第二功能信号线。留给用户的 I/O 线很少。因此在大部分 89C51 单片机应用中都要进行 I/O 扩展。

I/O 扩展接口种类很多，其功能可分为简单 I/O 接口和可编程 I/O 接口。简单 I/O 扩展通过数据缓冲器、锁存器来实现，结构简单，价格便宜，但功能简单。可编程 I/O 扩展通过可编程接口芯片实现，电路复杂，价格相对较高，但功能全，使用灵活。对于 89C51 单片机不管是简单 I/O 接口还是可编程 I/O 接口，与其他外部设备一样都是与片外数据存储器统一编址。占用片外数据存储器的地址空间，通过片外数据存储器的访问方式访问。

8.1 I/O 接口扩展概述

I/O（输入/输出）接口是 89C51 与外设交换数字信息的桥梁。I/O 扩展也属于系统扩展的一部分。当需要扩展时，89C51 真正用作 I/O 口线的只有 P1 口的 8 位 I/O 线和 P3 口的某些位线。因此在大多数应用系统中，89C51 单片机都需要外扩 I/O 接口电路。

8.1.1 I/O 接口的功能

介于 CPU 与外设之间起联络、缓冲、变换作用的 I/O 电路叫 I/O 接口电路，I/O 接口电路应满足以下要求。

（1）实现和不同外设的速度匹配 大多数的外设的速度很慢，无法和微秒量级的单片机速度相比。单片机只有在确认外设为数据传送做好准备的前提下才能进行 I/O 操作。想知道外设是否准备好，需 I/O 接口电路与外设之间传送状态信息。

（2）输出数据锁存 由于单片机工作速度快，数据在数据总线上保留的时间十分短暂，无法满足慢速外设的数据接收。I/O 电路应具有数据输出锁存器，以保证接收设备接收到数据。

（3）输入数据三态缓冲 输入设备向单片机输入数据时，由于数据总线上可能"挂"有多个数据源，为不发生冲突，只允许当前正在进行数据传送的数据源使用数据总线，其余的应处于隔离状态。

（4）实现各种转换 有一些接口电路可以实现电平的转换，有一些接口电路可以实现串行/并行转换或并行/串行转换，还有一些接口电路可以实现 A/D 转换或 D/A 转换。

注意：一个接口电路不可能同时完成上述的四项功能，但至少具有一项功能。

8.1.2 I/O 端口的编址

I/O 端口简称 I/O 口，是指具有地址的寄存器或缓冲器，端口是接口的组成部分。而 I/O 接口是指单片机与外设间的 I/O 接口芯片。一个 I/O 接口芯片可以有多个 I/O 端口组成。这些端口分为：数据口、命令口、状态口。

I/O 的端口编址是给所有 I/O 接口中的寄存器编址。I/O 端口编址有以下两种方式。

（1）独立编址 I/O 的寄存器地址空间和存储器地址空间分开编址。优点是不占用外部数据存储器的空间；缺点是需要专门的读写控制信号，编程稍复杂一些。

（2）统一编址 I/O 寄存器与外部数据存储器单元同等对待，统一编址。优点是直接使用访问外部数据存储器的语句进行 I/O 操作，简单、方便且功能强；缺点是占用了一部分外部数据存储器的地址，使外部数据存储器的可用地址减少了。

89C51 单片机采用的是统一编址方式。

8.1.3 I/O 数据的传送方式

为实现和不同的外设的速度匹配，I/O 接口必须根据不同外设选择恰当的 I/O 数据传送方式。I/O 数据传送有以下传送方式。

（1）同步传送方式。单片机和外部数据存储器之间的数据传送就是采用同步传送方式。

（2）查询传送方式。查询外设"准备好"后，再进行数据传送。优点：通用性好，硬件连线和查询程序十分简单。缺点：效率不高。

（3）中断传送方式。外设准备好后，向 CPU 发中断请求信号，CPU 响应中断后，单片机进入与外设进行数据传送的中断服务程序，完成数据的传送。中断服务程序完成后又返回主程序继续执行原来的程序。这种传送方式工作效率高。

Intel 公司的配套可编程 I/O 接口芯片的种类齐全，为扩展 I/O 接口提供了很大的方便。

（1）简单 I/O 接口电路。利用 74LS373、74LS573、74LS244、74LS273、74LS245 等芯片都可以做简单的 I/O 扩展电路。

（2）可编程的 I/O 接口电路。

① 8255A：可编程的通用并行接口电路（3 个 8 位 I/O 口）。

② 81C55：可编程的 IO/RAM 扩展接口电路（2 个 8 位 I/O 口，1 个 6 位 I/O 口，256 个 RAM 字节单元，1 个 14 位的减法定时器/计数器）。可与 89C51 单片机直接连接，接口逻辑十分简单。

8.2 简单 I/O 接口扩展

通常通过数据缓冲器、锁存器来扩展简单 I/O 口。只要具有输入三态、输出锁存的电路，就可以用作 I/O 接口扩展。

图 8-1 是利用 74LS373 和 74LS244 扩展的简单 I/O 接口。其中 74LS373 扩展并行输出口，74LS244 扩展并行输入口。74LS373 是一个带输出三态门的 8 位锁存器，具有 8 个输入端 DO～D7，8 个输出端 QO～Q7，G 为高电平时，则把输入端的数据锁存于内部锁存器，$\overline{OE}$ 为输出允许端，低电平时把锁存器中的内容通过输出端输出。

74LS244 是单向数据缓冲器，带两个控制端 $1\overline{G}$ 和 $2\overline{G}$，当它们为低电平时，输入端 D0～D7 的数据输出到 QO～Q7。

图 8-1 中 74LS373 的控制端 G 是由 89C51 单片机的写信号和 P2.0 通过"或非"门 74LS02 的输出端相连，输出允许端直接接地，所以当 74LS373 输入端有数据时直接通过输出端输出。当执行向片外数据存储器写的语句时，语句中片外数据存储器的地址使 P2.0 为低电平，则控制端 G 有效，数据总线上的数据就送到 74LS373 的输出端。74LS244 的控制端 $1\overline{G}$ 和 $2\overline{G}$ 连在一起，89C51 单片机的读信号和 P2.0 通过"或"门 74LS32 与 $1\overline{G}$ 和 $2\overline{G}$ 相连，当执行从片外数据存储器读语句时，语句中片外数据存储器的地址使 P2.0 为低电平，则控制端 $1\overline{G}$ 和 $2\overline{G}$ 有效，74LS244 输入端的数据通过输出端送到数据总线，然后传送到 89C51 单片机的内部。

【例 8-1】 在图 8-1 中，输入接口接 K0～K7 八个开关，输出接口接 L0～L7 八个发光二极管，现读 K0～K7 八个开关状态，通过输出口 L0～L7 来显示，程序如下：

```
#Include<absacc.h>
#define uchar unsigned char
#define uint  unsigned int
void main(void)
{
```

```
    uchar i;
    i=XBYTE[0xfeff];            //单片机读 74LS244 的数据
      XBYTE[0xfeff]=i;          //把刚刚读进来的数据输出到 74LS373 锁存
}
```

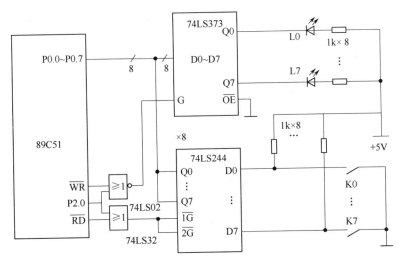

图 8-1　利用 74LS373 和 74LS244 扩展的简单 I/O 接口

说明：i=XBYTE[0xfeff]是读操作，控制线 $\overline{RD}$ 为低电平有效；地址线 P2.0 为低，其他地址线无关，设为 1，所以有效地址是 0xfeff；P2.0+$\overline{RD}$ =0+0=0（低电平），则 1$\overline{G}$ 和 2$\overline{G}$ 有效，74LS244 芯片 Q0~Q7 数据送数据线，读入到 i。

XBYTE[0xfeff]=i 是写操作，控制线 $\overline{WR}$ 为低电平有效；地址线 P2.0 为低，其他地址线无关，设定为 1，所以有效地址也是 0xfeff；$\overline{P2.0+\overline{WD}}=\overline{0+0}=1$（高电平），则 G 有效，芯片 74LS373 被选中。数据线上数据 i 写入 74LS373，由于 74LS373 输出允许 $\overline{OE}$ 直接接地，数据线上数据 i 直接通过 74LS373 的 Q0~Q7 输出，控制 L0~L7。

注意："读"和"写"都是以 CPU 为中心的，"读"就是把外围设备数据赋给 CPU，"写"就是将 CPU 中数据赋给外围设备。

8.3　可编程 I/O 扩展接口 8255A

8.3.1　8255A 的内部结构和引脚信号功能

（1）8255A 的内部结构　8255A 的内部结构如图 8-2 所示。

8255A 内部有 3 个可以编程的并行 I/O 端口，PA、PB、PC 口。每口 8 位，共提供 24 位 I/O 线，每个口都有一个数据输入寄存器和一个数据输出寄存器，输入时有缓冲，输出时有锁存。其中 C 口又可分为两个独立的 4 位端口：PC0~PC3，PC4~PC7。

A 口和 C 口高 4 位合在一起称为 A 组，通过 A 组控制寄存器控制 A 口和 C 口的高 4 位。

B 口和 C 口低 4 位合在一起称为 B 组，通过 B 组控制寄存器控制 B 口和 C 口的低 4 位。

A 口有 3 种工作方式：无条件输入/输出方式、选通输入/输出方式和双向选通输入/输出方式。B 口有两种方式：无条件输入/输出方式和选通输入/输出方式。当 A 口和 B 口工作于选通输入/输出方式和双向选通输入/输出方式时，C 口中一部分线用作 A 口和 B 口输入/输出的应答信号线，否则 C 口也可以工作在无条件输入/输出方式。

8255 有 4 个端口寄存器：A 口数据寄存器、B 口数据寄存器、C 口数据寄存器和端口控制口寄存器，对这 4 个寄存器访问需要有 4 个端口地址。通过控制信号和地址信号对 4 个端口寄存器的操作见表 8-1。

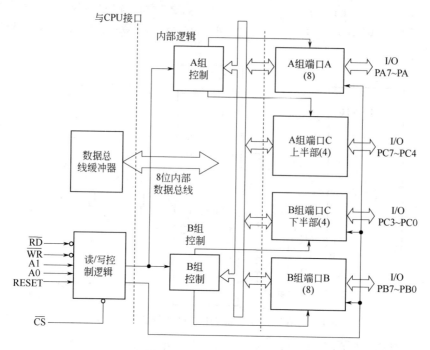

图 8-2　8255A 的内部结构

表 8-1　8255A 的 4 个端口寄存器操作控制

$\overline{CS}$	A1	A0	$\overline{RD}$	$\overline{WR}$	I/O 操作
0	0	0	0	1	读 A 口
0	0	1	0	1	读 B 口
0	1	0	0	1	读 C 口
0	0	0	1	0	写 A 口
0	0	1	1	0	写 B 口
0	1	0	1	0	写 C 口
0	1	1	1	0	控制口

（2）8255A 的引脚信号

8255A 有 40 个引脚信号，采用双列直插封装，如图 8-3 所示。

① D0~D7：三台双向数据线，和 89C51 的数据总线相连。

② $\overline{CS}$：8255A 片选。低电平有效，用来选中 8255A。

③ $\overline{RD}$：读信号线，低电平有效，控制从 8255A 读出信息，与 89C51 的 $\overline{RD}$ 相连。

④ $\overline{WR}$：写信号线，低电平有效，控制向 8255A 写信息，与 MCS-51 的 $\overline{WR}$ 相连。

⑤ A1、A0：地址线用来选择 8255A 内部端口。

⑥ RESET：复位线，常与 89C51 的复位线相连。

⑦ PA0~PA7：A 口 I/O 信号线。

⑧ PB0~PB7：B 口 I/O 信号线.

⑨ PC0~PC7：C 口 I/O 信号线。

⑩ V_{CC}：+5V 电源。

⑪ GND：接地端。

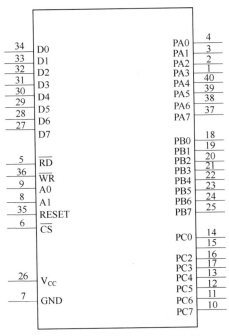

图 8-3　8255A 的 40 个引脚信号

8.3.2　8255A 的控制字

8255A 有两个控制字：工作方式控制字和 C 口按位置位/复位控制字。这两个控制字是通过向控制口寄存器写入规定的信息来实现的，通过写入的特征位来区分是工作方式控制字，还是 C 口按位置位/复位控制字。

（1）工作方式控制字　通过向 8255A 的控制口写工作方式控制字设定 8255A 的 3 个端口的工作方式，工作方式控制字的格式如图 8-4 所示。

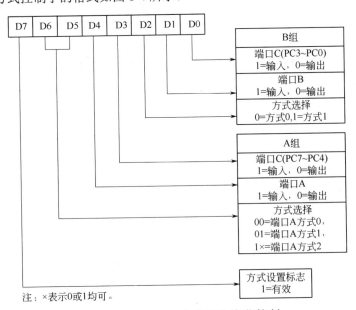

注：×表示0或1均可。

图 8-4　8255A C 口按位置位/复位控制

D7 位：为标志位，D7=1 表示为工作方式控制字

D6、D5：A 组的工作方式控制位

D4、D3：分别设定 A 口和 C 口的高 4 位是输入还是输出。

D2：设定 B 组的工作方式

D1、D0：设定 B 口和 C 口的低 4 位是输入还是输出。

（2）C 口按位置位/复位控制字　C 口按位置位/复位控制字用于对 C 口按位置 1 或清 0，它的格式如图 8-5 所示。

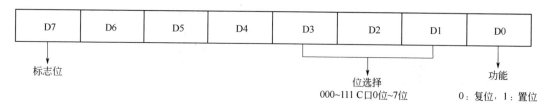

图 8-5　8255A C 口按位置位/复位控制字

D7：特征位，D7=0 表示为 C 口按位置位/复位控制字。

D6、D5、D4：这 3 位不用。

D3、D2、D1：这 3 位用于选择 C 口当中的某一位。

D0：用于置位/复位设置，D0 =0 选中位复位，D0=1 选中位置位。

8.3.3　8255A 的工作方式

（1）方式 0　方式 0 是一种基本的输入/输出方式。在这种方式下，每个端口都可以由程序设置为输入或输出，没有固定的应答信号。方式 0 的特点如下。

① 具有两个 8 位端口（A、B）和两个 4 位端口（C 口的高 4 位和 C 口的低 4 位）。

② 任何一个端口都可以设定为输入或者输出。

③ 每一个端口输出时带锁存，输入时不带锁存但有缓冲。

方式 0 输入/输出时没有专门的应答信号，通常用于无条件传送。方式 0 也是使用最多的工作方式。

（2）方式 1　方式 1 是一种选通输入/输出方式。在这种工作方式下，A 口和 B 口作为数据输入/输出口，C 口用作输入/输出的应答信号。A 口和 B 口既可以作输入，也可以作输出，输入和输出都具有锁存功能。

① 方式 1 的输入　无论是 A 口输入还是 B 口输入，都用 C 口的 3 位作应答信号，1 位作中断允许控制位。具体情况如图 8-6 所示。

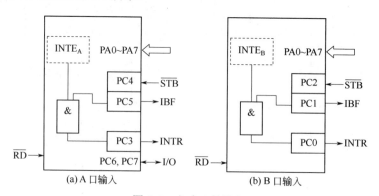

图 8-6　方式 1 的输入

各应答信号含义如下。

$\overline{STB}$：外设送给 8255A 的"输入选通"信号，低电平有效。当外设准备好数据时，外设向 8255A 发送 $\overline{STB}$ 信号，把外设送来的数据锁存到输入数据寄存器中。

IBF：8255A 送给外设的"输入缓冲器满'信号，高电平有效。此信号是对 $\overline{STB}$ 信号的响应信号。当 IBF=1 时，8255A 告诉外设送来的数据已锁存于 8255A 的输入锁存器中，但 CPU 还未取走，通知外设不能送新的数据，只有当 IBF=0，输入缓冲器变空时，外设才能给 8255A 发送新的数据。

INTR：8255A 发送给 CPU 的"中断请求"信号，高电平有效。

INTE：8255A 内部为控制中断而设置的"中断允许"信号，当 INTE=1 时，允许 8255A 向 CPU 发送中断请求，当 INTE=0 时，禁止 8255A 向 CPU 发送中断请求。INTE 由软件通过对 PC4（A 口）和 PC2（B 口）的置位/复位来允许或禁止。

② 方式 1 输出 无论是 A 口还是 B 口输出，也都用 C 口的 3 位作为应答信号，1 位作中断允许控制位，具体结构如图 8-7 所示。

各应答信号含义如下。

$\overline{OBF}$：外设送给 8255A 的"输出缓冲器满"信号，低电平有效。当 $\overline{OBF}$ 有效时，表示 CPU 已将一个数据写入 8255A 的输出端口，8255A 通知外设可以将其取走。

$\overline{ACK}$：外设送给 8255A 的"应答"信号，低电平有效，当 $\overline{ACK}$ 有效时，表示外设已接受到从 8255A 端口送来的数据。

INTR：8255A 送给 CPU 的"终端请求"信号，高电平有效。当 INTR=1 时，向 CPU 发送中断请求，请求 CPU 再向 8255A 写入数据。

INTE：8255A 内部为控制中断而设置的"中断允许"信号，含义与输入相同，只是对应 C 口的位数与输入不同，它是通过对 PC6（A 口）和 PC2（B 口）的置位/复位来允许或禁止中断的。

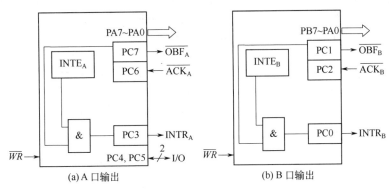

图 8-7 方式 1 输出

（3）方式 2 方式 2 是一种双向选通输入/输出方式，只适合于端口 A。这种方式能实现外设与 8255A 的 A 口的双向数据传送。并且输入和输出都是锁存的。它使用 C 口的 5 位作应答信号，两位作中断允许控制位。具体结构如图 8-8 所示。

方式 2 应答信号的含义与方式 1 相同，只是 INTR 具有双重含义，既可作为输入时向 CPU 的中断请求，也可作为输出时向 CPU 的中断请求。

系统扩展 8255A 主要是用来作并口 I/O 使用。在方式 2 可以实现数据双向传送，并行传送速度快，但数据只能分时使用口线，属半双工通信，电平是 TTL，距离不能太远。所以方式 2 使用不多。

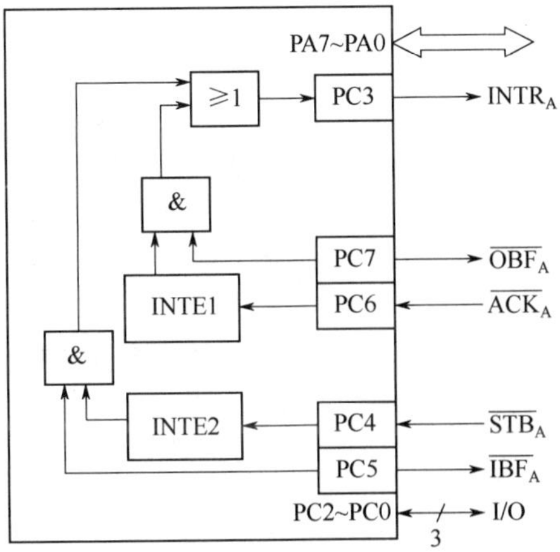

图 8-8 8255A 方式 2

8.3.4 8255A 与单片机的接口

（1）硬件接口 8255A 与 MCS-51 单片机的连接包含数据线、地址线、控制线。其中，数据线直接和 89C51 单片机的数据总线相连；8255A 的地址线 A0 和 A1 一般与 89C51 单片机地址总线的 D0、D1 相连，用于对 8255A 的 4 个端口进行选择；8255A 控制线中的读信号线、写信号线与 89C51 单片机的片外数据存储器的读/写信号线直接相连，片选信号线的连接和存储器芯片的片选信号线的连接方法相同，用于决定 8255A 的内部端口地址范围。图 8-9 就是 8255A 与单片机的一种连接方式。

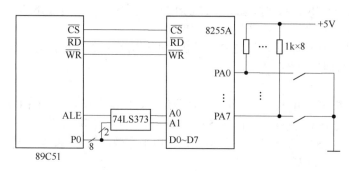

图 8-9　8255A 与单片机的一种连接方式

图 8-9 中，8255A 的数据线与 MCS-51 单片机的数据总线 P0.0～P0.7 相连，读/写信号线对应相连，地址线 A0、A1 与 MCS-51 单片机的地址总线的 P0.0 和 P0.1 相连，片选信号线与 MCS-51 单片机 P2.0 相连。如果要选中 8255A 的 A 口，P2.0 为低，即 P2.0 为 0，A0、A1 为 00，其他无关位假定为高（为低也可），A 口地址是 0xfefc（0x0000）；同理 B 口、C 口和控制口的地址分别是 0xfefd（0x0001），0xfefe（0x0002），0xfeff（0x0003）。

（2）软件编程

【例 8-2】　如果设定 8255A 的 A 口为方式 0 输入，B 口为方式 0 输出，编写初始化程序。

```c
#include    <reg51,h>
#include    <absacc.h>                //定义绝对地址访问
void main(void)
{
unsigne char i;
XBYTE[ 0xfeff ]=0x90;                //写方式控制字
//0xfeff 是控制口地址，使用 8255A，先要向控制口写方式字

//   D7   D6   D5   D4   D3   D2   D1   D0
//   1    0    0    1    0    0    0    0
//标志 A 组方式 0，A 口输入 C 口高 4 位输出；B 组方式 0，B 口输出，C 口低 4 位输出
i= XBYTE[ 0xfefc];// A 口输入
XBYTE[ 0xfefd]=i;// B 口输出
}
```

【例 8-3】　将 8255A 的端口 C 中的 PC5 置 1，其他位不变。

程序如下：

```c
#include    <reg51,h>
#include    <absacc.h>                // 定义绝对地址访问
void main(void)
{
    unsigne char i;
    XBYTE[ 0xfeff ]=0x0b;             // 向控制口写 C 口按位复位/置位方式字
```

```
}
//    D7      D6      D5      D4      D3      D2      D1      D0
//     0       0       0       0       1       0       1       1
//    标志        这三位不用          位选择为 PC5      置位
```

8.4 可编程 I/O 扩展接口 8155

8155 也是 89C51 单片机常用的可编程 I/O 扩展接口，它除了具有 3 个 I/O 端口以外，还具有 256 字节的 RAM 和一个 14 位的减 1 计数器，如同时需要上述功能的扩展，可以选择 8155。

8.4.1 8155 芯片介绍

（1）8155 引脚功能   8155 有 40 个引脚，采用双列直插封装。具体如图 8-10 所示。

AD0～AD7：8 条地址、数据线。

PA0～PA7：通用 I/O 线。

PB0～PB7：通用 I/O 线。

PC0～PC5：通用 I/O 线、控制线。

$\overline{RD}$、$\overline{WR}$：读写控制线。

RESET：复位线。

CE or $\overline{CE}$、IO/$\overline{M}$：CE or $\overline{CE}$ 为 8155 片选，低电平有效。IO/$\overline{M}$ 为 I/O 和 RAM 选择线，IO/$\overline{M}$=1，选 8155 的某 I/O 口；IO/$\overline{M}$=0，选 8155 内部 RAM。

ALE：允许地址输入线。ALE=1，8155 允许 89C51 单片机通过 AD0～AD7 发出的地址锁存到 8155 内部的地址锁存器中。ALE 常和 89C51 单片机的 ALE 相连。

TIMER IN：计数脉冲输入线，输入的脉冲上跳沿用于对 8155 片内的 14 位计数器减 1。

$\overline{TIMER\ OUT}$：计数器输出线，当 14 位计数器值为 0 时就可以在该引线上输出脉冲或方波。输出的脉冲或方波与所选的计数器工作方式有关。

V_{CC}（40）：+5V 电源线。

V_{SS}（20）：接地端。

（2）I/O 端口控制

① CPU 对各端口的控制   8155 内部有 7 个寄存器，需要 3 位译码线控制，一般接 89C51 的 A0～A2。这 3 位地址线和 89C51 的控制信号配合实现对 8155 各端口的控制，见表 8-2。

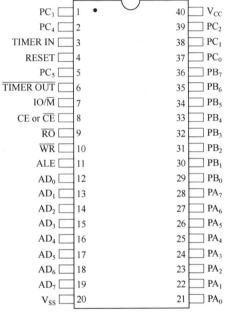

图 8-10 8155 引脚图

表 8-2 8155 端口地址分配表

$\overline{CE}$	IO/$\overline{M}$	A2	A1	A0	所选端口
0	1	0	0	0	控制/状态寄存器
0	1	0	0	1	A 口
0	1	0	1	0	B 口
0	1	0	1	1	C 口
0	1	1	0	0	计数器低 8 位
0	1	1	0	1	计数器高 6 位
0	0	×	×	×	RAM 单元

② 8155 控制字　8155 有一个控制字寄存器和一个状态寄存器。控制字寄存器只能写；状态寄存器只能读。控制字格式如图 8-11 所示。其中低 4 位用来设置 PA、PB、PC 口工作方式，D4、D5 位用来控制 PA 口和 PB 口的中断，D6、D7 位用来设置计数器工作方式。

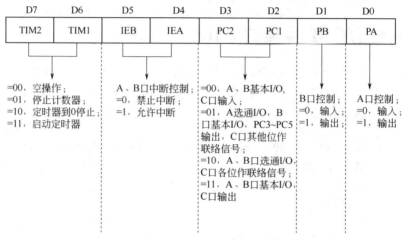

D7	D6	D5	D4	D3	D2	D1	D0
TIM2	TIM1	IEB	IEA	PC2	PC1	PB	PA

=00，空操作；
=01，停止计数器；
=10，定时器到0停止；
=11，启动定时器

A、B口中断控制
=0，禁止中断；
=1，允许中断

=00，A、B基本I/O，C口输入；
=01，A选通I/O，B口基本I/O，PC3~PC5输出，C口其他位作联络信号；
=10，A、B口选通I/O，C口各位作联络信号；
=11，A、B基本I/O，C口输出

B口控制；
=0，输入；
=1，输出；

A口控制；
=0，输入；
=1，输出

图 8-11　8155 控制字

③ 8155 状态字　8155 状态字格式如图 8-12 所示，状态字用来存放 PA 口和 PB 口状态，它的地址与控制字寄存器地址相同。控制字寄存器只能写，状态寄存器只能读，所以操作不会混淆。89C51 单片机常通过读状态寄存器来查询 PA 口和 PB 口状态。

D7	D6	D5	D4	D3	D2	D1	D0
×	TIMER	INTEB	BBF	INTRB	INTEA	ABF	INTRA

计数器中断控制
=0，硬件复位后中断；
=1，计数溢出产生中断

B口中断允许；
=0，禁止；
=1，允许

B口缓冲器允许；
=0，空；
=1，满

B口中断请求；
=0，无中断请求；
=1，有中断请求

A口中断允许；
=0，禁止；
=1，允许

A口缓冲器允许；
=0，空；
=1，满

A口中断请求；
=0，无中断请求；
=1，有中断请求

图 8-12　8155 状态字

8.4.2　8155 的工作方式

8155 有以下三种工作方式：

（1）存储器工作方式　存储器工作方式用于对片内 256 个字节 RAM 单元进行读写。这种工作状态要求 IO/$\overline{\text{M}}$=0，I/O=0，则可以通过 AD0～AD7 对 8155 片内 RAM 单元进行读写。

（2）基本 I/O 和选通 I/O 工作方式　基本 I/O 工作方式是使用最多的工作方式，在这种工作方式下，PA、PB、PC 三口作为普通 I/O。

选通 I/O 工作方式中，PA、PB 作数据口，PC 口作 PA、PB 口的联络信号。其中，PC0 作为 A 口的输入输出中断请求信号，向 CPU 申请输入输出中断；PC1 作为 A 口缓冲器满标志；PC2 作为 A 口选通输入；PC3 作为 B 口的输入输出中断请求信号，向 CPU 申请输入输出中断；PC4 作为 B 口缓冲器满标志；PC5 作为 B 口选通输入。

（3）计数器/定时器工作方式　8155 内部的计数器/定时器是 14 位的，工作方式由写入控制字决定，控制字格式如图 8-13 所示；控制字格式要分别写入计数器低 8 位 TL（地址 0x04）和高 8 位 TH（地址 0x05）。控制字中 T0～T13 是计数初值。M2～M1 是计数时间，引脚输出方波；

M2M1=00，输出单方波；M2M1=01，输出连续方波；M2M1=10，输出单脉冲；M2M1=11，输出连续脉冲。由于方波的特点，计数初值最小不能低于 2。

	D7	D6	D5	D4	D3	D2	D1	D0
TL	T7	T6	T5	T4	T3	T2	T1	T0

	D7	D6	D5	D4	D3	D2	D1	D0
TH	M2	M1	T13	T12	T11	T10	T9	T8

图 8-13　计数器/定时器工作方式

8.4.3　8155 与 89C51 单片机的连接和软件编程

（1）8155 与 89C51 单片机的连接　8155 与 89C51 单片机的连接示意图如图 8-14 所示。

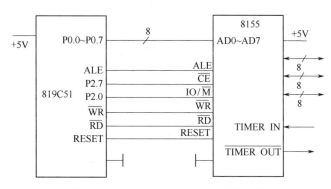

图 8-14　8155 与 89C51 单片机的连接

图 8-14 中，P2.7 接 8155 的 $\overline{CE}$，P2.0 接 IO/$\overline{M}$，如果 8155 工作在输入输出方式，P2.7 接 8155 的 $\overline{CE}$ 要低，P2.0 接 IO/$\overline{M}$ 此时要高，其他地址线无关并假定为高（或者低也行）8155 控制口地址为 0x7ff8（0x0100），PA 口地址为 0x7ff9（0x0104），TH 为 0x7ffd（0x0102），PC 口地址位 0x7ffb（0x0103），片内计数器地址 TL 为 0x7ffc（0x0104），TH 为 0x7ffd（0x0105）。

要访问 8155 片内 256 字节 RAM，P2.7、P2.0 这两个信号要低，其他地址线无关并假定为高（或者低也可行），则 8155 片内 256 字节 RAM 地址位 0x7e00～0x7eff（0x0000～0x00ff）。

（2）编程实例

【例 8-4】　8155PA 口定义为基本输入，PB 口定义为基本输出，PC 口输入，计数器输出连续方波，方波对输入技术脉冲 20 分频。

分析：8155 的 PA 口定义为基本输入，PB 口定义为基本输出，启动计时器，命令口地址为 0x7ff8，命令字为 0xc2。方波对输入计数脉冲 20 分频就是计数器计数 20，满 20 溢出 1 次。$M2M1=01$，输出连续方波。

程序如下：

```
#include <reg51.h>
#include <absacc.h>        //定义绝对地址访问
void main(void)
{
unsigned char i,j;
XBYTE[0x7ff8]=0xc2;        //命令字为[0x7ff8
XWORD[0x7ffc]=0x4014;      //给 0x7ffc、0x7ffd 输入计数值 20，M2M1=01
```

```
    i=XBYTE[0x7ff9];                    //读 PA 口
    XBYTE[0xff7a]=i;                     //向 PB 口输出
    j=XBYTE[0x7ffb];                     //读 PC 口
}
```

【例 8-5】 将 8155 0x7e00 内容读出并付给 8155 0x7eff.
程序如下：
```
#include <reg51.h>
#include <absacc.h>                      //定义绝对地址访问
void main (void)
{
  unsigne char I,j;
  j=XBYTE[ 0x7e00];                      //读 8155RAM
  XBYTE[0x7eff]=j;                       //赋给 81550x7eff
}
```

本 章 小 结

    本章介绍了 I/O 接口和 I/O 端口的一些基本知识，并重点讲述了 89C51 单片如何来扩展 I/O 接口，以及 89C51 与常用的简单 I/O 接口 73LS273、74LS373、74LS573、74LS244、74LS245 的接线和编程。

    本章还介绍了两种常用的可编程 I/O 接口芯片 8255A 和 8155 与单片机 89C51 的连接方法及程序设计。8155 有 3 个并行的 I/O 口。此外，还有 1 个 14 位的减 1 计数器和 256 个 RAM 单元。8255A 是单片机系统中最常用的 I/O 接口芯片，熟练掌握 8255A 的 I/O 工作方式的应用，特别是方式 0。8155 的 I/O 工作方式与 8255A 类似，重点掌握 8155 的 256 个 RAM 单元的使用和 14 位减 1 计数器的应用。

思考题及习题

    1. 什么叫 I/O 接口？I/O 接口有什么功能？

    2. 什么叫 I/O 端口？I/O 接口与 I/O 端口是什么关系？

    3. 常用的 I/O 端口有哪几类？分别用在什么地方？

    4. 常用的 I/O 端口编址有哪两种方式？它们各有什么特点？89C51 的 I/O 端口编址采用哪种方式？

    5. I/O 数据传送有哪几种方式？分别在哪些场合下使用？

    6. 8255A 的"方式控制字"和"PC 口按位置位/复位控制字"都写入 8255A 的同一控制寄存器，8255A 是如何来区分这两个控制字的？

    7. 编写程序，采用 8255A 的 PC 口按位置位/复位控制字，将 PC7 置 0，PC4 置 1（已知 8255A 端口的地址为 7FFC～7FFH）。

    8. 判断下列说法是否正确，为什么？

    （A）由于 81C55 不具有地址锁存功能，因此在与 89C51 芯片的接口电路中必须加地址锁存器。

    （B）81C55 芯片中，决定端口和 RAM 单元编址的信号是 AD7～WR。

    （C）8255A 具有三态缓冲器，因此可以直接挂在系统的数据总线上。

    （D）8255A 的 PB 口可以设置为方式 2。

    9. 现有一片 89C51，扩展了一片 8255A，若把 8255A 的 PB 口用作输入，PB 口的每一位接一个开关，PA 口用作输出，每一位接一个发光二极管，请画出电路原理图，并编写出 PB 口某一位开关接高电平时，PA 口相应位发光二极管被点亮的程序。

10．89C51 并行接口的扩展有多种方式，在什么情况下，采用扩展 8155 比较合适?什么情况下，采用扩展 8255A 比较合适？

11．假设 8155 的 TIMER IN 引脚输入的频率位 4MHz，问 8155 的最大定时时间是多少？

第9章 单片机的串行扩展技术

9.1 串行扩展概述

新一代单片机技术的显著特点之一就是串行扩展总线的推出。在没有专门的串行扩展总线时，除了可以使用 UART 串行口的移位寄存器方式扩展并行 I/O 外，只能通过并行总线扩展外围器件。由于并行总线扩展时连线过多，外围器件工作方式各异，外围器件与数据存储器混合编址等，外围器件在系统中软、硬件的独立性较差，无法实现单片机应用系统的模块化、标准化设计。这给单片机应用系统设计带来了很大困难。

9.1.1 串行扩展的特点

串行扩展总线技术是新一代单片机技术发展的一个显著特点。与并行扩展总线相比，串行扩展总线有突出的优点：电路结构简单，程序编写方便，易于实现用户系统软硬件的模块化、标准化等。

9.1.2 串行扩展的种类

目前在新一代单片机中使用的串行扩展接口有 Motorola 的 SPI，NS 公司的 Microwire/Plus 和 Philips 公司的 I^2C 总线、其中总线 I^2C 具有标准的规范以及众多带 I^2C 接口的外围器件，形成了较为完备的串行扩展总线。

（1）I^2C 总线（两线制） I^2C（IIC 或 I^2C）总线是 Philips 公司推出的芯片间串行传输总线。它用两根线实现了完善的全双工同步数据传送，可以极为方便地构成多机系统和外围器件扩展系统。I^2C 总线采用了器件地址的硬件设置方法，通过软件寻址完全避免了器件的片选线寻址方法，从而使硬件系统具有简单灵活的扩展方法。

（2）One-wire 总线（一线制） One-wire 总线是 Dallas 公司研制开发的一种协议。它利用一根线实现双向通信，由一个总线主节点、一个或多个从节点组成系统，通过一根信号线对从芯片进行数据的读取。每一个符合 One-wire 总线协议的从芯片都有一个唯一的地址，包括 48 位的序列号、8 位的分类码和 8 位的 CRC 代码。主芯片对各个从芯片的寻找依据这 64 位的不同来进行。

（3）SPI 串行扩展接口（三线制） SPI（Serial Peripheral Interface，串行外设接口）总线系统是 Motorola 公司提出的一种同步串行外设接口，允许 MCU 与各种外围设备以同步串行方式进行通信，其外围设备种类繁多，从最简单的 TTL 移位寄存器到复杂的 LCD 显示驱动器、网络控制器等，可谓应有尽有。SPI 总线提供了可直接与各厂家生产的多种标准外围器件直接连接的接口，该接口一般使用 4 根线：串行时钟线 SCK、主机输入/从机输出数据线 MISO、主机输出/从机输入数据线 MOSI 和低电平有效的从机选择线 SS。由于 SPI 系统总线只需 3 根公共的时钟数据线和若干位独立的从机选择线（依据从机数目而定），在 SPI 从设备较少而没有总线扩展能力的单片机系统中使用特别方便。即使在有总线扩展能力的系统中采用 SPI 设备也可以简化电路设计，省掉很多常规电路中的接口器件，从而提高了设计的可靠性。

（4）USB 串行扩展接口 USB 比较其他传统接口的一个优势是即插即用的实现，即插即用（Plug-and-Play）也可以叫做热插拔（Hot plugging）。USB 接口的最高传输率可达 12Mbit/s。一个 USB 口理论上可以连接 127 个 USB 设备，连接的方式也十分灵活。

（5）Microware 串行扩展接口 Microwire 串行通信接口是 NS 公司提出的，Microwire 是串行同步双工通信接口，由一根数据输出线、一根数据输入线和一根时钟线组成。所有从器件的时钟线连接到同一根 SCK 线上，主器件向 SCK 线发送时钟脉冲信号，从器件在时钟信号的同步沿作用下输出/输入数据。主器件的数据输出线和所有从器件的数据输入线相接，从器件的数据输出线都接到主器件的数据输入线上。与 SPI 接口类似，每个从器件也都需要另外提供一条片选通线 CS。

（6）CAN 总线　CAN，全称为"Controller Area Network"，即控制器局域网，是国际上应用最广泛的现场总线之一。最初，CAN 被设计作为汽车环境中的微控制器，在车载各电子控制装置 ECU 之间交换信息，形成汽车电子控制网络。比如：发动机管理系统、变速箱控制器、仪表装备，由德国 Bosch 公司最先提出的电子主干系统中，均嵌入 CAN 控制装置。

一个由 CAN 总线构成的单一网络中，理论上可以挂接无数个节点。实际应用中，节点数目受网络硬件的电气特性所限制。CAN 可提供高达 1Mbit/s 的数据传输速率，这使实时控制变得非常容易。另外，硬件的错误检定特性也增强了 CAN 的抗电磁干扰能力。

CAN 是一种多主控端的串行通信总线，基本设计规范要求有高的位速率，高抗电磁干扰性，而且能够检测出产生的任何错误。当信号传输距离达 10km 时，CAN 仍可提供高达 50Kbit/s 的数据传输速率。

9.2　I²C 总线的串行扩展

单片机应用系统正向小型化、高可靠性、低功耗等方向发展。在一些设计功能较多的系统中，常需扩展多个外围接口器件。若采用传统的并行扩展方式，将占用较多的系统资源，且硬件电路复杂，成本高、功耗大、可靠性差。为此，Philips 公司推出了一种高效、可靠、方便的串行扩展总线—I²C 总线。单片机系统采用 I²C 总线后将大大简化电路结构，增加硬件的灵活性，缩短产品开发周期，降低成本，提高系统可靠性。

I²C 总线（Inter IC BUS）是 Philips 推出的芯片间串行传输总线。它以两根连线实现了完善的全双工同步数据传送，可以极方便地构成多机系统和外围器件扩展系统。I²C 总线采用了器件地址的硬件设置方法，通过软件寻址完全避免了器件的片选线寻址方法，从而使硬件系统具有最简单而灵活的扩展方法。

9.2.1　I²C 总线器件应用概述

（1）I²C 总线器件　目前许多单片机厂商引进了 Philips 公司的 I²C 总线技术，推出了许多带有 I²C 总线接口的单片机。Philips 公司除了生产具有 I²C 总线接口的单片机外，还推出了许多具备 I²C 总线的外部接口芯片，如 24×× 系列的 EEPROM、128 字节的静态 RAM 芯片 PCF8571、日历时钟芯片 PCF8563、4 位 LED 驱动芯片 SAA1064、160 段 LCD 驱动芯片 PCF8576 等多种类、多系列接口芯片。

（2）I²C 总线工作原理　采用 I²C 总线系统结构如图 9-1 所示。

其中，SCL 是时钟线，SDA 是数据线。总线上的各器件都采用漏极开路结构与总线相连，因此，SCL、SDA 均需接上拉电阻，总线在空闲状态下均保持高电平。

I²C 总线支持多主和主从两种工作方式，通常为主从工作方式。在主从工作方式中，系统中只有一个主器件（单片机），总线上其他器件都是具有 I²C 总线的外围从器件。在主从工作方式中，主器件启动数据的发送（发出启动信号），

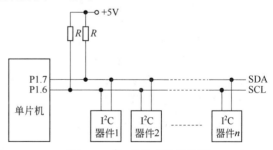

图 9-1　I²C 总线系统结构图

产生时钟信号，发出停止信号。为了实现通信，每个从器件均有唯一一个器件地址，具体地址由 I²C 总线委员会分配。

① I²C 总线工作方式　I²C 总线上进行一次数据传输的通信格式如图 9-2 所示。

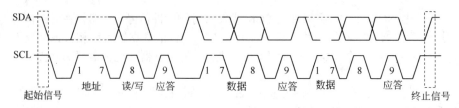

图 9-2 I²C 总线上进行一次数据传输的通信格式

a. 发送启动（开始）信号 在利用 I²C 总线进行一次数据传输时，首先由主机发出启动信号启动 I²C 总线。在 SCL 为高电平期间，SDA 出现下降沿则为启动信号（SDA 由高电平向低电平跳变）。此时具有 I²C 总线接口的从器件会检测到该信号。

b. 发送寻址信号 主机发送启动信号后，再发出寻址信号。器件地址有 7 位和 10 位两种，这里只介绍 7 位地址寻址方式。寻址信号由一个字节构成，高 7 位为地址位，最低位为方向位，用以表明主机与从器件的数据传送方向。方向位为 "0"，表明主机对从器件的写操作；方向位为 "1" 时，表明主机对从器件的读操作。

c. 应答信号 I²C 总线协议规定，每传送一个字节数据（含地址及命令字）后，都要有一个应答信号，以确定数据传送是否正确。应答信号由接收设备产生。在 SCL 信号为高电平期间，接收设备将 SDA 拉为低电平，表示数据传输正确，产生应答。

d. 数据传输 主机发送寻址信号并得到从器件应答后，便可进行数据传输，每次一个字节，但每次传输都应在得到应答信号后再进行下一字节传送。

e. 非应答信号 当主机为接收设备时，主机对最后一个字节不应答，以向发送设备表示数据传送结束。I²C 总线上第 9 个时钟对应于应答位，相应数据上低电平为 "应答" 信号 A，高电平为 "非应答" 信号 $\overline{A}$。

f. 发送停止信号 在全部数据传送完毕后，主机发送停止信号，即在 SCL 为高电平期间，SDA 上产生一上升沿信号。

② I²C 总线数据传输方式模拟 目前已有多家公司生产具有 I²C 总线的单片机，如 Philips、Motorola、韩国三星、日本三菱等公司。这类单片机在工作时，总线状态由硬件监测，无须用户介入，应用非常方便。对于不具有 I²C 总线接口的 MCS-51 单片机，在单主机应用系统中可以通过软件模拟 I²C 总线的工作时序，在使用时，只需正确调用该软件包就可很方便地实现扩展 I²C 总线接口器件。

I²C 总线软件包组成：

启动信号子程序 STA

停止信号子程序 STOP

发送应答位子程序 MACK

发送非应答位子程序 MNACK

应答位检查子程序 CACK

单字节发送子程序 WRBYT

单字节接收子程序 RDBYT

n 字节发送子程序 WRNBYT

n 字节接收子程序 RDNBYT

9.2.2 EEPROM AT24C××系列

具有 I²C 总线接口的 EEPROM 拥用多个厂家的多种类型产品。在此仅介绍 ATMEL 公司生产的 AT24C×× 系列 EEPROM，主要型号有 AT24C01/02/04/08/16，其对应的存储容量分别为 $128 \times 8/256 \times 8/512 \times 8/1024 \times 8/2048 \times 8$。采用这类芯片可解决掉电数据保护问题，可对锁存数据保存 100 年，并可多次擦写，擦写次数可达 10 万次。

在一些应用系统设计中,有时需要对工作数据进行掉电保护,如电子式电能表等智能化产品。若采用普通存储器,在掉电时需要备用电池供电,并需要在硬件上增加掉电检测电路,但存在电池不可靠及扩展存储芯片占用单片机过多端口的缺点。采用具有 I²C 总线接口的串行 EEPROM 器件可很好地解决掉电数据保持问题,且硬件电路简单。

（1）现在以 AT24C02 为例,讲述其结构及功能

① AT24C02 的引脚功能　AT24C02 芯片的常用封装形式有直插（DIP8）式和贴片（SO-8）式两种,AT24C02 直插式引脚图如图 9-3 所示。

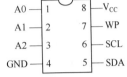

各引脚功能如下:

1 脚,2 脚,3 脚（A0、A1、A2）——可编程地址输入端。

4 脚（GND）——电源地。

5 脚（SDA）——串行数据输入/输出端。

6 脚（SCL）——串行时钟输入端。

图 9-3　AT24C02 直插式引脚图

7 脚（WP）——写保护输入端,用于硬件数据保护。

当其为低电平时,可以对整个存储器进行正常的读/写操作;当其为高电平时,存储器具有写保护功能,但读操作不受影响。

8 脚（V_{CC}）——电源正端。

② AT24C02 存储结构与寻址

AT24C02 的存储容量为 256B,内部分成 32 页,每页 8B。操作时有两种寻址方式:芯片寻址和片内地址寻址。AT24C02 的芯片地址为 1010,其地址控制字格式为 1010A2A1A0D0。其中 A2、A1、A0 为可编程地址选择位。A2、A1、A0 引脚接高、低电平后得到确定的三位编码,与 1010 形成 7 位编码,即为该器件的地址码。D0 为芯片读写控制位,该位为 0,表示对芯片进行写操作;该位为 1,表示对芯片进行读操作。片内地址寻址可对内部 256B 中的任一个地址进行读/写操作,其寻址范围为 0X00～0Xff,共 256 个寻址单元。

③ AT24C02 读/写操作时序　串行 EEPROM 一般有两种写入方式:一种是字节写入方式,另一种是页写入方式。页写入方式允许在一个写周期内（10ms 左右）对一个字节到一页的若干字节进行编程写入,AT24C02 的页面大小为 8B。采用页写入方式可提高写入效率,但也容易发生事故。AT24C02 系列片内地址在接收到每一个数据字节后自动加 1,故装载一页以内数据字节时,只需输入首地址。如果写到此页的最后一个字节,主器件继续发送数据,数据将重新从该页的首地址写入,进而造成原来的数据丢失,这就是页地址空间的"上卷"现象。解决"上卷"的方法是:在第 8 个数据后将地址强制加 1,或是将下一页的首地址重新赋给寄存器。

a. 字节写入方式:单片机在一次数据帧中只访问 EEPROM 一个单元。在这种方式下,单片机先发送启动信号,然后送一个字节的控制字,再送一个字节的存储器单元子地址,上述几个字节都得到 EEPROM 响应后,再发送 8 位数据,最后发送 1 位停止信号。字节写入时序图如图 9-4 所示。

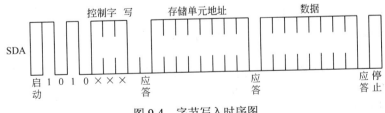

图 9-4　字节写入时序图

b. 页写入方式:单片机在一个数据写周期内可以连续访问 1 页（8 个）EEPROM 存储单元。在该方式中,单片机先发送启动信号,接着送一个字节的控制字,再送 1 个字节的存储器单元地址,上述几个字节都得到 EEPROM 应答后就可以送最多 1 页的数据,并顺序存放在以指定起始地址开始的相继单元中,最后以停止信号结束,页写入时序图如图 9-5 所示。

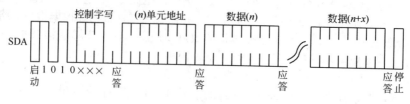

图 9-5　页写入时序图

c．指定地址读操作：读指定地址单元的数据。单片机在启动信号后先发送含有片选地址的写操作控制字，EEPROM 应答后再发送 1 个（2KB 以内的 EEPROM）字节的指定单元的地址，EEPROM 应答后再发送 1 个含有片选地址的读操作控制字，此时如果 EEPROM 做出应答，被访问单元的数据就会按 SCL 信号同步出现在串行数据/地址线 SDA 上。这种读操作的时序图式如图 9-6 所示。

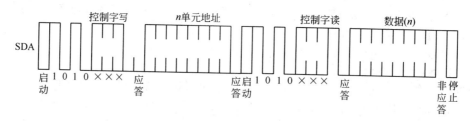

图 9-6　指定地址字节读时序图

d．指定地址连续读：此种方式的读地址控制与前面指定地址读相同。单片机接收到每个字节数据后应做出应答，只要 EEPROM 检测到应答信号，其内部的地址寄存器就自动加 1 指向下一单元，并顺序将指向的单元的数据送到 SDA 串行数据线上。当需要结束读操作时，单片机接收到数据后在需要应答的时刻发送一个非应答信号，接着再发送一个停止信号即可。这种读操作的数据帧格式如图 9-7 所示。

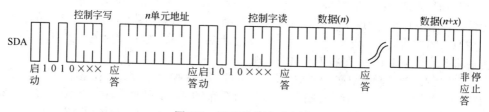

图 9-7　连续字节读时序图

（2）AT24C××系列存储卡简介

① IC 卡标准与引脚定义　IC 卡示意图如图 9-8所示。

1987 年，国际标准化组织 ISO 专门为 IC 卡制定了国际标准：ISO/IEC7816-1、2、3、4、5、6，这些标准为 IC 卡在全世界范围内的推广和应用创造了规范化的前提和条件，使 IC 卡技术得到了飞速的发展。根据国际标准 ISO 7816 对接触式 IC 卡的规定，在 IC 卡的左上角封装有 IC 芯片，其上覆盖有 6 或 8 个触点和外部设备进行通信，见图 9-8。部分触点及其定义如表 9-1所示。

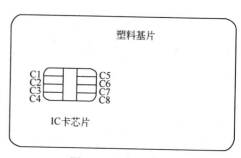

图 9-8　IC 卡示意图

表 9-1　IC 卡引脚定义

芯片触点	触点定义	功　能
C1	V_{CC}	工作电压
C2	NC	空脚
C3	SCL（CLK）	串行时钟
C4	NC	空脚
C5	GND	地
C6	NC	空脚
C7	SDA（I/O）	串行数据（输入输出）
C8	NC	空脚

② AT24C××系列存储卡型号与容量　ATMEL 公司生产的 AT24C××系列存储卡采用低功耗 CMOS 工艺制造，芯片容量规格比较齐全，工作电压选择多样化，操作方式标准化，因而使用方便，是目前应用较多的一种存储卡。这种卡实质就是前面介绍的 AT24C 系列存储器。该类 IC 卡型号与容量如表 9-2 所示。

表 9-2　AT24C 系列存储卡型号与容量

型　　号	容量（K 位）	内 部 组 态	随机寻址地址位
AT24C01	1	128 个 8 位字节	7
AT24C02	2	256 个 8 位字节	8
AT24C04	4	2 块 256 个 8 位字节	9
AT24C08	8	4 块 256 个 8 位字节	10
AT24C16	16	8 块 256 个 8 位字节	11
AT24C32	32	32 块 128 个 8 位字节	12

③ AT24C××系列存储卡工作原理　存储卡内部逻辑结构如图 9-9 所示。其中 A2、A1、A0 为器件/页地址输入端，在 IC 卡芯片中，将此三端接地，并且不引出到触点上（如图中虚线所示）。

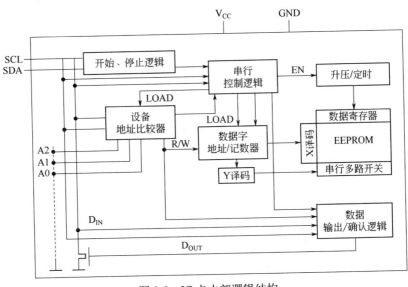

图 9-9　IC 卡内部逻辑结构

a. 内部逻辑单元功能　芯片信号线有两条：SCL 时钟信号线和 SDA 数据信号线，数据传输采用 I²C 总线协议。当 SCL 为高电平期间，SDA 上的数据信号有效；当 SCL 为低电平期间，允许 SDA 上的数据信号变化。

启动与停止逻辑单元。当 SCL 为高电平期间，SDA 从低电平上升为高电平的跳变信号作为 I²C 总线的停止信号；当 SCL 为高电平期间，SDA 从高电平下降为低电平的跳变信号作为 I²C 总线的启动信号。

串行控制逻辑单元。这是芯片正常工作的控制核心单元。该单元根据输入信号产生各种控制信号。在寻址操作时，它控制地址计数器加 1 并启动地址比较器工作；在进行写操作时，它控制升压/定时电路为 EEPROM 提供编程高电平；在进行读操作时，它对输出/确认逻辑单元进行控制。

地址/计数器单元。根据读/写控制信号及串行逻辑控制信号产生 EEPROM 单元地址，并分别送到 X 译码器进行字选（字长 8 位），送到 Y 译码器进行位选。

升压定时单元。该单元为片内升压电路。在芯片采用单一电源供电情况下，它可将电源电压提升到 12～21.5V，以供作 EEPROM 编程高电平。

EEPROM 存储单元。该单元为 IC 卡芯片的存储模块，其存储单元多少决定了卡片的存储容量。

b. 芯片寻址方式　器件地址与页面选择。IC 卡芯片的器件地址为 8 位，即 7 位地址码，1 位读/写控制码。如图 9-9 可见，与普通 AT24C×× 系列 EEPROM 集成电路相比，IC 卡芯片的 A2、A1、A0 端均已在卡片内部接地，而没有引到外部触点上，在使用时，不同型号 IC 卡的器件地址码见表 9-3 所示。

表 9-3　卡片地址与页面选择（容量以位表示）

IC 卡型号	容量/KB	B7	B6	B5	B4	B3	B2	B1	B0
AT24C01	1	1	0	1	0	0	0	0	R/$\overline{W}$
AT24C02	2	1	0	1	0	0	0	0	R/$\overline{W}$
AT24C04	4	1	0	1	0	0	0	P0	R/$\overline{W}$
AT24C08	8	1	0	1	0	0	P1	P0	R/$\overline{W}$
AT24C16	16	1	0	1	0	P2	P1	P0	R/$\overline{W}$
AT24C32	32	1	0	1	0	0	0	0	R/$\overline{W}$

对于容量为 1KB、2KB 的卡片，其器件地址是唯一的，无需进行页面选择。

对于容量为 4KB、8KB、16KB 的卡片，利用 P2、P1、P0 作为页面地址选择。不同容量的芯片，页面数不同，如 AT24C08 根据 P1、P0 的取值不同，可有 0、1、2、3 四个页面，每个页面有 256 个字节存储单元。

对于容量为 32KB 的卡片，没有采用页面寻址方式，而是采用直接寻址方式。

字节寻址。在器件地址码后面，发送字节地址码。对于容量小于 32KB 的卡片，字节地址码长度为一个字节（8 位）；对于容量为 32KB 的卡片，采用 2 个 8 位数据字作为寻址码。第一个地址字只有低 4 位有效，此低 4 位与第二个字节的 8 位一起组成 12 位长的地址码，对 4096 个字节进行寻址。

c. 读、写操作　对这种 IC 卡的读、写操作实质上就是对普通 AT24C 系列 EEPROM 的读写，操作方式完全一样。

9.2.3　AT24C02 与单片机应用实例

【例 9-1】　如图 9-10 所示，该电路实现的功能是开机次数统计。数码管初始显示 "0"，复位后，数码管将无数字显示。当再次按下开机，CPU 会从 AT24C02 里面调出保存的开机次数，并加 1 后显示在数码管上，如此反复。

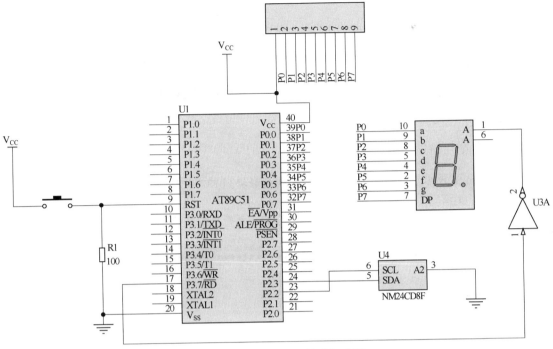

图 9-10　AT24C02 与单片机应用

解：程序如下。

```c
#include <reg51.h>
#include <intrins.h>
#define uchar unsigned char
#define uint unsigned int
#define OP_WRITE 0xa0          // 器件地址以及写入操作
#define OP_READ  0xa1          // 器件地址以及读取操作
uchar code display[ ]={
        0xC0,0xF9,0xA4,0xB0,0x99,0x92,0x82,0xF8,0x80,0x90 };
sbit SDA = P2^3;
sbit SCL = P2^2;
sbit SMG = P3^7;//定义数码管选择引脚
void start();
void stop();
uchar shin();
bit shout(uchar write_data);
void write_byte( uchar addr, uchar write_data);
//void fill_byte(uchar fill_size,uchar fill_data);
void delayms(uint ms);
uchar read_current();
uchar read_random(uchar random_addr);
#define delayNOP(); {_nop_();_nop_();_nop_();_nop_();};
/*****************************************************/
```

```c
main(void)
{
    uchar i=1;
    SMG =0 ;//选数码管
    SDA = 1;
    SCL = 1;
    i = read_random(1);      //从AT24C02移出数据送到i暂存
    if(i>=9)
    i=0;
    else
    i++;
    write_byte(1,i);          //写入新的数据到EEPROM
    P0=display[i];            //显示
    while(1);                 //停止等下一次开机或复位
}
/**********************************************************/
void start()
 //开始位
{
    SDA = 1;
    SCL = 1;
    delayNOP();
    SDA = 0;
    delayNOP();
    SCL = 0;
}
/**********************************************************/
void stop()
 // 停止位
{
    SDA = 0;
    delayNOP();
    SCL = 1;
    delayNOP();
    SDA = 1;
}
/**********************************************************/
uchar shin()
// 从AT24C02移出数据到MCU
{
    uchar i,read_data;
    for(i = 0; i < 8; i++)
    {
     SCL = 1;
     read_data <<= 1;
```

```
      read_data |= SDA;
      SCL = 0;
    }
    return(read_data);
}
/**********************************************************/
bit shout(uchar write_data)
// 从 MCU 移出数据到 AT24C02
{
    uchar i;
    bit ack_bit;
    for(i = 0; i < 8; i++)        // 循环移入 8 个位
    {
      SDA = (bit)(write_data & 0x80);
      _nop_();
      SCL = 1;
      delayNOP();
      SCL = 0;
      write_data <<= 1;
    }
    SDA = 1;                      // 读取应答
    delayNOP();
    SCL = 1;
    delayNOP();
    ack_bit = SDA;
    SCL = 0;
    return ack_bit;               // 返回 AT24C02 应答位
}
/**********************************************************/
void write_byte(uchar addr, uchar write_data)
// 在指定地址 addr 处写入数据 write_data
{
    start();
    shout(OP_WRITE);
    shout(addr);
    shout(write_data);
    stop();
    delayms(10);                  // 写入周期
}
/**********************************************************/
/*
void fill_byte(uchar fill_size,uchar fill_data)
// 填充数据 fill_data 到 EEPROM 内 fill_size 字节
{
    uchar i;
```

```
      for(i = 0; i < fill_size; i++)
      {
        write_byte(i, fill_data);
      }
  }
  */
  /****************************************************/
  uchar read_current()
  // 在当前地址读取
  {
      uchar read_data;
      start();
      shout(OP_READ);
      read_data = shin();
      stop();
      return read_data;
  }
  /****************************************************/
  uchar read_random(uchar random_addr)
  // 在指定地址读取
  {
      start();
      shout(OP_WRITE);
      shout(random_addr);
      return(read_current());
  }
  /****************************************************/
  void delayms(uint ms)
  // 延时子程序
  {
      uchar k;
      while(ms--)
      {
          for(k = 0; k < 120; k++);
      }
  }
```

9.3 单总线串行扩展

9.3.1 DS18B20 简述

（1）DS18B20 的主要特性

① 适应电压范围更宽，电压范围在 3.0~5.5V，在寄生电源方式下可由数据线供电。

② 独特的单线接口方式，DS18B20 在与微处理器连接时仅需一条线即可实现微处理器与 DS18B20 的双向通信。

③ DS18B20 支持多点组网功能，多个 DS18B20 可以并联在唯一的三线上，实现组网多点测温。

④ DS18B20 在使用中不需要任何外围元件，全部传感元件及转换电路集成在形如一只三极管的集成电路内。

⑤ 测温范围在−55~+125℃，在−10~+85℃时精度为±0.5℃。

⑥ 可编程的分辨率为 9~12 位，对应的可分辨温度分别为 0.5℃、0.25℃、0.125℃和 0.0625℃，可实现高精度测温。

⑦ 在 9 位分辨率时最多在 93.75ms 内把温度转换为数字；12 位分辨率时最多在 750ms 内把温度值转换为数字，速度更快。

⑧ 测量结果直接输出数字温度信号，以"一线总线"串行传送给 CPU，同时可传送 CRC 校验码，具有极强的抗干扰纠错能力。

⑨ 负压特性：电源极性接反时，芯片不会因发热而烧毁，但不能正常工作。

（2）DS18B20 的外形和内部结构 DS18B20 内部结构主要由四部分组成：64 位光刻 ROM、温度传感器、温度报警触发器 TH 和 TL、配置寄存器。DS18B20 的外形及管脚排列如图 9-11 所示。

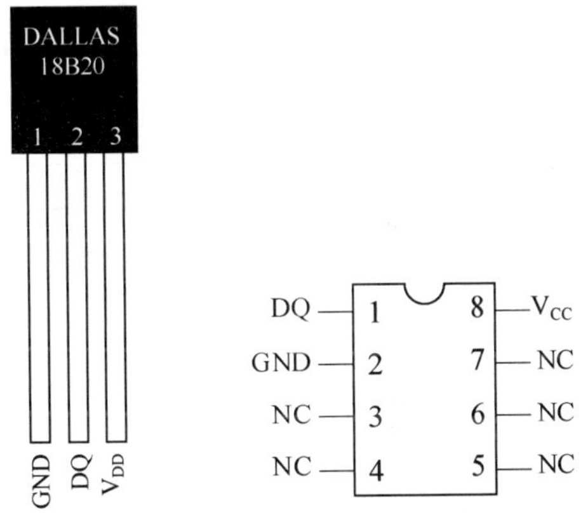

DS18B20 引脚定义：

DQ 为数字信号输入/输出端；

GND 为电源地；

VDD 为外接供电电源输入端（在寄生电源接线方式时接地）。

DS18B20 内部结构如图 9-12 所示。

图 9-11 DS18B20 的外形及管脚排列

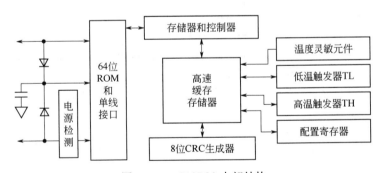

图 9-12 DS18B20 内部结构

DS18B20 有 4 个主要的数据部件。

① 光刻 ROM 中的 64 位序列号是出厂前被光刻好的，它可以看做是该 DS18B20 的地址序列码。64 位光刻 ROM 的排列是：开始 8 位（28H）是产品类型标号，接着的 48 位是该 DS18B20 自身的序列号，最后 8 位是前面 56 位的循环冗余校验码。光刻 ROM 的作用是使每一个 DS18B20 都各不相同，这样就可以实现一根总线上挂接多个 DS18B20 的目的。

② DS18B20 中的温度传感器可完成对温度的测量，以 12 位转化为例：用 16 位符号扩展的二进制补码读数形式提供，以 0.0625℃/LSB 形式表达，其中 S 为符号位。DS18B20 温度格式如表 9-4 所示。

表 9-4　DS18B20 温度格式表

LS Byte	2^3	2^2	2^1	2^0	2^{-1}	2^{-2}	2^{-3}	2^{-4}
MS Byte	S	S	S	S	S	2^6	2^5	2^4

这是 12 位转化后得到的 12 位数据，存储在 DS18B20 的两个 8bit 的 RAM 中，二进制中的前面 5 位是符号位，如果测得的温度大于 0，这 5 位为 0，只要将测到的数值乘于 0.0625 即可得到实际温度；如果温度小于 0，这 5 位为 1，测到的数值需要取反加 1 再乘于 0.0625 即可得到实际温度。例如：+125℃的数字输出为 07D0H，+25.0625℃的数字输出为 0191H；−25.0625℃的数字输出为 FE6FH，−55℃的数字输出为 FC90H。DS18B20 温度数据转换如表 9-5 所示。

表 9-5　DS18B20 温度数据表

温度/℃	二进制表示		十六进制表示
+125	0000 0111	1101 0000	07D0H
+85	0000 0101	0101 0000	0550H
+25.0625	0000 0001	1001 0001	0191H
+10.125	0000 0000	1010 0010	00A2H
+0.5	0000 0000	0000 1000	0008H
0	0000 0000	0000 0000	0000H
−0.5	1111 1111	1111 1000	FFF8H
−10.125	1111 1111	0101 1110	FF5EH
−25.0625	1111 1110	0110 1111	FE6FH
−55	1111 1100	1001 0000	FC90H

③ DS18B20 温度传感器的存储器　DS18B20 温度传感器的内部存储器包括一个高速暂存 RAM 和一个非易失性、可电擦除的 EEPRAM，后者存放高温触发器 TH、低温度触发器 TL 和结构寄存器。

④ 配置寄存器　配置寄存器该字节各位的意义如表 9-6 所示。

表 9-6　配置寄存器结构

TM	R1	R0	1	1	1	1	1

低 5 位一直都是 "1"，TM 是测试模式位，用于设置 DS18B20 在工作模式还是在测试模式。在 DS18B20 出厂时该位被设置为 0，用户不要去改动。DS18B20 可以程序设定 9～12 位的分辨率，精度为±0.5℃。R1 和 R0 用来设置分辨率，如表 9-7 所示，（注意：DS18B20 出厂时被设置为 12 位）。

表 9-7　温度分辨率设置表

R1 R0	分　辨　率	温度最大转换率时间
0 0	9 位	93.75ms
0 1	10 位	187.5ms
1 0	11 位	375ms
1 1	12 位	750ms

⑤ 高速暂存存储器　高速暂存存储器由 9 个字节组成，其分配如表 9-8 所示。当温度转换命令发布后，经转换所得的温度值以 2 字节补码形式存放在高速暂存存储器的第 0 和第 1 个字节。单片机可通过单线接口读该数据，读取时低位在前，高位在后，数据格式如表 9-4 所示。对应的温度计算：当符号位 S=0 时，直接将二进制位转换为十进制；当 S=1 时，先将补码变为原码，再计算十进制值。表 9-5 是对应的一部分温度值。第 8 个字节是冗余检验字节。DS18B20 高速暂存寄存器分布如表 9-8 所示。

表 9-8　DS18B20 暂存寄存器分布

寄存器内容	字 节 地 址
温度值低位（LS Byte）	0
温度值高位（MS Byte）	1
高温限值（TH）	2
低温限值（TL）	3
配置寄存器	4
保留	5
保留	6
保留	7
CRC 校验值	8

根据 DS18B20 的通信协议，主机（单片机）控制 DS18B20 完成温度转换必须经过三个步骤：每一次读写之前都要对 DS18B20 进行复位操作，复位成功后发送一条 ROM 指令，最后发送 RAM 指令，这样才能对 DS18B20 进行预定的操作。复位要求主 CPU 将数据线下拉 500μs，然后释放，当 DS18B20 收到信号后等待 16～60μs 左右，再发出 60～240μs 的存在低脉冲，主 CPU 收到此信号表示复位成功。

（3）DS18B20 工作原理

DS18B20 的读写时序和测温原理与 DS1820 相同，只是得到的温度值的位数因分辨率不同而不同，且温度转换时的延时时间由 2s 减为 750ms。DS18B20 测温原理框图如图 9-13 所示。图中低温度系数晶振的振荡频率受温度影响很小，用于产生固定频率的脉冲信号送给计数器 1。高温度系数晶振随温度变化其振荡率明显改变，所产生的信号作为计数器 2 的脉冲输入。计数器 1 和温度寄存器被预置在-55℃所对应的一个基数值。计数器 1 对低温度系数晶振产生的脉冲信号进行减法计数，当计数器 1 的预置值减到 0 时，温度寄存器的值将加 1，计数器 1 的预置将重新被装入，计数器 1 重新开始对低温度系数晶振产生的脉冲信号进行计数，如此循环直到计数器 2 计数到 0 时，停止温度寄存器值的累加，此时温度寄存器中的数值即为所测温度。图 9-13 中的斜率累加器用于补偿和修正测温过程中的非线性，其输出用于修正计数器 1 的预置值。

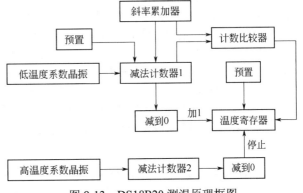

图 9-13　DS18B20 测温原理框图

ROM 指令表如表 9-9 所示。

表 9-9　ROM 指令表

指　　令	约 定 代 码	功　　能
读 ROM	33H	读 DS18B20 温度传感器 ROM 中的编码（即 64 位地址）
符合 ROM	55H	发出此命令之后，接着发出 64 位 ROM 编码，访问单总线上与该编码相对应的 DS18B20 使之做出响应，为下一步对该 DS18B20 的读写做准备
搜索 ROM	0F0H	用于确定挂接在同一总线上 DS18B20 的个数和识别 64 位 ROM 地址。为操作各器件作好准备
跳过 ROM	0CCH	忽略 64 位 ROM 地址，直接向 DS18B20 发温度变换命令。适用于单片工作
警告搜索命令	0ECH	执行后只有温度超过设定值上限或下限的片子才做出响应

RAM 指令表如表 9-10 所示。

表 9-10 RAM 指令表

指 令	约定代码	功 能
温度变换	44H	启动 DS18B20 进行温度转换，12 位转换时最长为 750ms（9 位为 93.75ms）。结果存入内部 9 字节 RAM 中
读暂存器	0BEH	读内部 RAM 中 9 字节的内容（高速暂存存储器）
写暂存器	4EH	发出向内部 RAM 的第 2、3 字节写上、下限温度数据命令，紧跟该命令之后，是传送 2 字节的数据
复制暂存器	48H	将 RAM 中第 2、3 字节的内容复制到 EEPROM 中
重调 EEPROM	0B8H	将 EEPROM 中内容恢复到 RAM 中的第 2、3 字节
读供电方式	0B4H	读 DS18B20 的供电模式。寄生供电时 DS18B20 发送"0"，外接电源供电 DS18B20 发送"1"

（4）DS18B20 使用中注意事项

DS18B20 虽然具有测温系统简单、测温精度高、连接方便、占用口线少等优点，但在实际应用中也应注意以下几方面的问题。

① 较小的硬件开销需要相对复杂的软件进行补偿。由于 DS18B20 与微处理器间采用串行数据传送。因此，在对 DS18B20 进行读写编程时，必须严格保证读写时序，否则将无法读取测温结果。在使用 PL/M、C 等高级语言进行系统程序设计时，对 DS18B20 操作部分最好采用汇编语言实现。

② 在 DS18B20 的有关资料中均未提及单总线上所挂 DS18B20 数量问题，容易使人误认为可以挂任意多个 DS18B20，在实际应用中并非如此。当单总线上所挂 DS18B20 超过 8 个时，就需要解决微处理器的总线驱动问题，这一点在进行多点测温系统设计时要加以注意。

③ 连接 DS18B20 的总线电缆是有长度限制的。试验中，当采用普通信号电缆传输长度超过 50m 时，读取的测温数据将发生错误。当将总线电缆改为双绞线带屏蔽电缆时，正常通信距离可达 150m，当采用每米绞合次数更多的双绞线带屏蔽电缆时，正常通信距离进一步加长。这种情况主要是由总线分布电容使信号波形产生畸变造成的。因此，在用 DS18B20 进行长距离测温系统设计时要充分考虑总线分布电容和阻抗匹配问题。

④ 在测温程序设计中，向 DS18B20 发出温度转换命令后，程序总要等待 DS18B20 的返回信号，一旦某个 DS18B20 接触不好或断线，当程序读该 DS18B20 时，将没有返回信号，程序进入死循环。这一点在进行 DS18B20 硬件连接和软件设计时也要给予一定的重视。测温电缆线建议采用屏蔽 4 芯双绞线，其中一对线接地线与信号线，另一组接 V_{CC} 和地线，屏蔽层在源端单点接地。

9.3.2 DS18B20 与单片机应用实例

【例 9-2】 如图 9-14 所示，是一个实时测温电路。P2 口接数码管的字型口，实现显示 0～9 数码的功能。P1.0～P1.2 经 74LS138 译码器驱动数码管的字位口，实现个十百千等位置的选中。DS18B20 的 2 脚（DQ）接 P3.3，实现把实时温度传递给 CPU，并显示在数码管上。

程序如下。

```c
#include <reg51.h>
#include <intrins.h>
#define uchar unsigned char
#define uint unsigned int
sbit DS=P3^3;            //定义 DS18B20 接口
int temp;
uchar flag1;
```

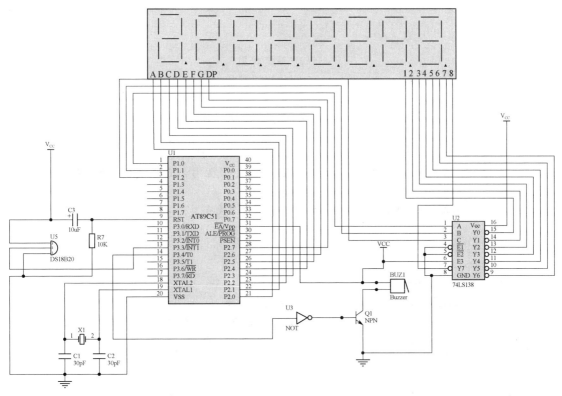

图 9-14　DS18B20 与单片机应用实例

```
void display(unsigned char *lp,unsigned char lc);//数字的显示函数; lp
为指向数组的地址, lc 为显示的个数
void delay();//延时子函数, 5 个空指令
code unsigned char table[]={0x3f,0x06,0x5b,0x4f,0x66,0x6d,0x7d,0x07,
                0x7f,0x6f,0xbf,0x86,0xdb,0xcf,0xe6,0xed,
                0xfd,0x87,0xff,0xef,0x40,
                0x39,
                0x00};
        //共阴数码管显示数的组成是"0～9""0～9有小数点的" "-" "C" "空 表"
unsigned char l_tmpdate[8]={0,0,10,0,0,0,0,0};//定义数组变量, 并赋值 1,
2, 3, 4, 5, 6, 7, 8, 就是本程序显示的八个数
int tmp(void);
void tmpchange(void);
void tmpwritebyte(uchar dat);
uchar tmpread(void);
bit tmpreadbit(void);
void dsreset(void);
void delayb(uint count);

void main()                        //主函数
{
uchar i;
```

```c
    int l_tmp;
    while(1)
    {
    tmpchange();                        //温度转换
      l_tmp=tmp();                      //读取温度值
      if(l_tmp<0)
      l_tmpdate[0]=20;                  //判断温度为负温度，前面加"-"
      else
      {
      l_tmpdate[0]=l_tmp/1000;          //显示百位，这里用1000，是因为之前乘以10了
      if(l_tmpdate[0]==0)
          l_tmpdate[0]=22;//判断温度为正温度且没有上百，前面不显示,查表第22是空
      }
l_tmp=l_tmp%1000;
l_tmpdate[1]=l_tmp/100;               //获取10位
l_tmp=l_tmp%100;
l_tmpdate[2]=l_tmp/10;                //获取个位再
l_tmpdate[2]+=10;//加入小数点,查表可得出有小数点的排在后10位，所以加10
l_tmpdate[3]=l_tmp%10;                //获取小数第一位
l_tmpdate[4]=21;

for(i=0;i<10;i++){                    //循环输出10次，提高亮度
display(l_tmpdate,5);
    }
}
}

void display(unsigned char *lp,unsigned char lc)//显示
{
    unsigned char i;                 //定义变量
    P2=0;                            //端口2为输出
    P1=P1&0xF8;                      //将P1口的前3位输出0,对应74LS138译门输入
                                     //脚，全0为第1位数码管
    for(i=0;i<lc;i++){               //循环显示
    P2=table[lp[i]];                 //查表法得到要显示数字的数码段
    delay();                         //延时5个空指令
    if(i==7)                         //检测显示完8位否，完成直接退出，不让P1口再加1,
                                     //否则进位影响到第四位数据
        break;
    P2=0;                            //清0端口，准备显示下位
    P1++;                            //下一位数码管
    }
}
void delay(void)                     //空5个指令
{
```

```
_nop_();_nop_();_nop_();_nop_();_nop_();
}
void delayb(uint count)   //delay

{

  uint i;
  while(count)
  {
    i=200;
    while(i>0)
    i--;
    count--;
  }
}


void dsreset(void)              //DS18B20 初始化
{
  uint i;

  DS=0;
  i=103;
  while(i>0)i--;
  DS=1;
  i=4;
  while(i>0)i--;
}


bit tmpreadbit(void)            //读一位
{
  uint i;
  bit dat;
  DS=0;i++;                     //短延时一下
  DS=1;i++;i++;
  dat=DS;
  i=8;while(i>0)i--;
  return (dat);
}


uchar tmpread(void)             //读一个字节
{
  uchar i,j,dat;
  dat=0;
  for(i=1;i<=8;i++)
  {
```

```
      j=tmpreadbit();
dat=(j<<7)|(dat>>1);                //读出的数据最低位在最前面，这样刚好
                                    //一个字节在 DAT 里

  }

  return(dat);                      //将一个字节数据返回
}

void tmpwritebyte(uchar dat)

{                                   //写一个字节到 DS18B20 里
  uint i;
  uchar j;
  bit testb;
  for(j=1;j<=8;j++)
  {
    testb=dat&0x01;

    dat=dat>>1;
    if(testb)                       // 写 1 部分
    {
      DS=0;
      i++;i++;
      DS=1;
      i=8;while(i>0)i--;
    }
    else
    {
      DS=0;          //写 0 部分
      i=8;while(i>0)i--;
      DS=1;
      i++;i++;
    }
  }
}

void tmpchange(void)                //发送温度转换命令
{
  dsreset();                        //初始化 DS18B20
  delayb(1);                        //延时
  tmpwritebyte(0xcc);               // 跳过序列号命令
  tmpwritebyte(0x44);               //发送温度转换命令
}
```

```
int tmp()                              //获得温度
{
  float tt;
  uchar a,b;
  dsreset();
  delayb(1);
  tmpwritebyte(0xcc);
  tmpwritebyte(0xbe);                  //发送读取数据命令
  a=tmpread();                         //连续读两个字节数据
  b=tmpread();
  temp=b;
  temp<<=8;
  temp=temp|a;                         //两字节合成一个整型变量
  tt=temp*0.0625;  //得到真实十进制温度值,因为 DS18B20 可以精确到 0.0625℃,
                      所以读回数据的最低位代表的是 0.0625℃
  temp=tt*10+0.5;  //放大 10 倍,这样做的目的是将小数点后第一位也转换为可显示
                      数字,同时进行一个四舍五入操作
  return temp;                         //返回温度值
}

void readrom()       //read the serial 读取温度传感器的序列号
{                    //本程序中没有用到此函数
  uchar sn1,sn2;
  dsreset();
  delayb(1);
  tmpwritebyte(0x33);
  sn1=tmpread();
  sn2=tmpread();
}

void delay10ms()
  {
    uchar a,b;
    for(a=10;a>0;a--)
      for(b=60;b>0;b--);
  }
```

9.4　SPI 总线串行扩展

9.4.1　SPI 接口

SPI（Serial Peripheral Interface，串行外设接口）总线系统是一种同步串行外设接口，它可以使 MCU 与各种外围设备用串行方式进行通信以交换信息。SPI 有三个寄存器分别为：控制寄存器 SPCR，状态寄存器 SPSR，数据寄存器 SPDR。外围设备 FlashRAM、网络控制器、LCD 显示驱动器、A/D 转换器和 MCU 等。SPI 总线系统有可直接与各个厂家生产的多种标准外围器件直

接连接的接口，该接口一般使用 4 条线：串行时钟线（SCLK）、主机输入/从机输出数据线 MISO、主机输出/从机输入数据线 MOSI 和低电平有效的从机选择线 $\overline{CS}$（有的 SPI 接口芯片带有中断信号线 INT、有的 SPI 接口芯片没有主机输出/从机输入数据线 MOSI）。

SPI，是 Motorola 首先在其 MC68HC××系列处理器上定义的。SPI 接口主要应用在 EEPROM、Flash、实时时钟、AD 转换器，还有数字信号处理器和数字信号解码器之间。

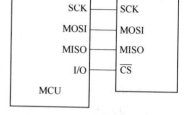

SPI 接口是在 CPU 和外围低速器件之间进行同步串行数据传输，在主器件的移位脉冲下，数据按位传输，高位在前，低位在后，为全双工通信，数据传输速度总体来说比 I²C 总线要快，速度可达到几兆位每秒。

图 9-15　SPI 串行扩展示意图

SPI 串行扩展如图 9-15 所示，接口包括以下四种信号。

① MOSI：主器件数据输出，从器件数据输入。

② MISO：主器件数据输入，从器件数据输出。

③ SCK：时钟信号，由主器件产生。

④ $\overline{CS}$：从器件使能信号，由主器件控制，有的 IC 会标注为 CS（Chip select）。

在点对点的通信中，SPI 接口不需要进行寻址操作，且为全双工通信，显得简单高效。在多个从器件的系统中，每个从器件需要独立的使能信号，硬件上比 I²C 系统要稍微复杂一些。SPI 接口在内部硬件实际上是两个简单的移位寄存器，传输的数据为 8 位，在主器件产生的从器件使能信号和移位脉冲下，按位传输，高位在前，低位在后。

SPI 模块为了和外设进行数据交换，根据外设工作要求，其输出的串行同步时钟极性和相位可以进行配置。时钟极性（CPOL）对传输协议没有重大的影响。如果 CPOL=0，串行同步时钟的空闲状态为低电平；如果 CPOL=1，串行同步时钟的空闲状态为高电平。时钟相位（CPHA）能够用于选择两种不同的传输协议进行数据传输。如果 CPHA=0，在串行同步时钟的第一个跳变沿（上升或下降）数据被采样；如果 CPHA=1，在串行同步时钟的第二个跳变沿（上升或下降）数据被采样。SPI 主模块和与之通信的外设间时钟相位和极性应该一致。SPI 串行通信如图 9-16 所示。

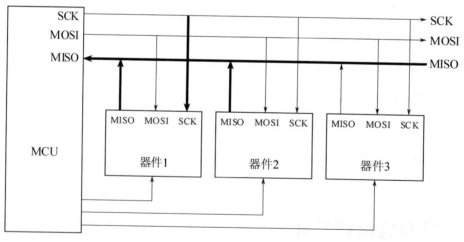

图 9-16　SPI 串行通信示意图

优点：由于 SPI 系统总线一共只需 3～4 位数据线和控制线即可实现与具有 SPI 总线接口功能的各种 I/O 器件进行连接，而扩展并行总线则需要 8 根数据线、8～16 位地址线、2～3 位控制线，因此，采用 SPI 总线接口可以简化电路设计，节省很多常规电路中的接口器件和 I/O 口线，提高设计的可靠性。

缺点：没有指定的流控制，没有应答机制确认是否接收到数据。

应用：在 MCS-51 系列等不具有 SPI 接口的单片机组成的智能仪器和工业测控系统中，当传输速度要求不是太高时，使用 SPI 总线可以增加应用系统接口器件的种类，提高应用系统的性能。

9.4.2　DS1302 简述

现在流行的串行时钟电路很多，如 DS1302、DS1307、PCF8485 等，这些电路的接口简单、价格低廉、使用方便，被广泛采用。实时时钟电路 DS1302 是 DALLAS 公司的一种具有涓细电流充电能力的电路，主要特点是采用串行数据传输，可为掉电保护电源提供可编程的充电功能，并且可以关闭充电功能。采用普通 32.768kHz 晶振。

（1）DS1302 的结构及工作原理　DS1302 是美国 DALLAS 公司推出的一种高性能、低功耗、带 RAM 的实时时钟电路，它可以对年、月、日、周日、时、分、秒进行计时，具有闰年补偿功能，工作电压为 2.5～5.5V。采用三线接口与 CPU 进行同步通信，并可采用突发方式一次传送多个字节的时钟信号或 RAM 数据。DS1302 内部有一个 31×8 的用于临时性存放数据的 RAM 寄存器。DS1302 是 DS1202 的升级产品，与 DS1202 兼容，但增加了主电源/后备电源双电源引脚。同时提供了对后备电源进行涓细电流充电的能力。

① DS1302 的引脚功能及结构　DS1302 的引脚排列如图 9-17 所表示，其中 $V_{CC}1$ 为后备电源，$V_{CC}2$ 为主电源。在主电源关闭的情况下，也能保持时钟的连续运行。DS1302 由 $V_{CC}1$ 或 $V_{CC}2$ 两者中的较大者供电。当 $V_{CC}2$ 大于 $V_{CC}1+0.2V$ 时，$V_{CC}2$ 对 DS1302 供电。当 $V_{CC}2$ 小于 $V_{CC}1$ 时，DS1302 由 $V_{CC}1$ 供电。X1 和 X2 是振荡源，外接 32.768kHz 晶振。$\overline{RST}$ 是复位/片选线，通过把 $\overline{RST}$ 输入驱动置高电平来启动所有的数据传送。$\overline{RST}$ 输入有两种功能：首先，$\overline{RST}$ 接通控制逻辑，允许地址/命令序列送入移位寄存器；其次，$\overline{RST}$ 提供终止单字节或多字节数据的传送手段。当 $\overline{RST}$ 为高电平时，所有的数据传送被初始化，允许对 DS1302 进行操作。如果在传送过程中 $\overline{RST}$ 置为低电平，则会终止此次数据传送，I/O 引脚变为高阻态。上电运行时，在电源电压 2.0V 之前，$\overline{RST}$ 必须保持低电平。只有在 SCLK 为低电平时，才能将 $\overline{RST}$ 置为高电平。I/O 为串行数据输入输出端（双向）。SCLK 为时钟输入端。

② DS1302 的控制字节　DS1302 是 SPI 总线驱动方式，它不仅要向寄存器写入控制字，还需要读取相应寄存器的数据。要想与 DS1302 通信，首先要先了解 DS1302 的控制字，DS1302 的控制字如图 9-18 所示。

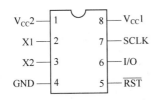

Vcc2	1		8	Vcc1
X1	2		7	SCLK
X2	3		6	I/O
GND	4		5	$\overline{RST}$

图 9-17　DS1302 的引脚排列图

7	6	5	4	3	2	1	0
1	RAM/$\overline{CK}$	A4	A3	A2	A1	A0	RD/$\overline{WR}$

图 9-18　DS1302 控制字示意图

位 7：控制字的最高有效位，必须是逻辑 1；如果为 0，则不能把数据写入到 DS1302 中。

位 6：如果为 0，则表示存取日历时钟数据；如果为 1，则表示存取 RAM 数据。

位 5～位 1：指示操作单元的地址。

位 0：最低有效位，为 0 表示要进行写操作，为 1 表示进行读操作。

需要注意的是，控制字节总是从最低位开始输出。

③　数据输入输出　在控制指令字输入后的下一个 SCLK 时钟的上升沿时，数据被写入 DS1302，数据输入从低位即位 0 开始。同样，在紧跟 8 位的控制指令字后的下一个 SCLK 脉冲的下降沿读出 DS1302 的数据，读出数据时从低位 0 位到高位 7。

DS1302 的数据读写是通过 I/O 串行进行的，当进行一次读写操作时最少要读写两个字节：

第一个字节是控制字节，就是一个命令，告诉 DS1302 是读还是写操作，是对 RAM 还是对 CLOCK 寄存器操作以及操作的值；第二个字节就是要读或写的数据了。

单字节写：在进行操作之前先要将 CE（也可说是 $\overline{RST}$）置高电平，然后单片机将控制字的位 0 放在 I/O 上，当 I/O 的数据稳定后，将 SCLK 置高电平 DS1302 检测到 SCLK 的上升沿后就将 I/O 上的数据读取，然后单片机将 SCLK 置为低电平，再将控制字的位 1 放到 I/O 上。如此反复，将一个字节控制字的 8 个位传给 DS1302，接下来就是传一个字节的数据给 DS1302，当传完数据后，单片机将 CE 置为低电平，操作结束。

单字节读：操作的一开始写控制字的过程和上面的单字节写操作是一样，但是单字节读操作在写控制字的最后一个位 SCLK 还在高电平时，DS1302 就将数据放到 I/O 上，单片机将 SCLK 置为低电平后数据锁存，单片机就可以读取 I/O 上的数据。如此反复，将一个字节的数据读入单片机。

读与写操作的不同：写操作是在 SCLK 低电平时单片机将数据放到 I/O 上，当 SCLK 上升沿时 DS1302 读取；而读操作是在 SCLK 高电平时 DS1302 放数据到 I/O 上，将 SCLK 置为低电平后，单片机就可从 I/O 上读取数据。

④ DS1302 的寄存器

a. 实时时钟/日历（12 个字节） DS1302 有关日历、时间的寄存器共有 12 个，其中有 7 个寄存器（读时 81h～8Dh，写时 80h～8Ch），存放的数据格式为 BCD 码形式，如图 9-19 所示。

读寄存器	写寄存器	位 7	位 6	位 5	位 4	位 3	位 2	位 1	位 0	范围
81h	80h	CH		10 秒			秒			00～59
83h	82h			10 分			分			00～59
85h	84h	12/$\overline{24}$	0	10 AM/PM	时		时			1～12/0～23
87h	86h	0	0	10 日			日			1～31
89h	88h	0	0	0	10 月		月			1～12
8Bh	8Ah	0	0	0	0	0		周日		1～7
8Dh	8Ch		10 年				年			00～99
8Fh	8Eh	WP	0	0	0	0	0	0	0	—

图 9-19 DS1302 实时时钟/日历

此外，DS1302 还有年份寄存器、控制寄存器、充电寄存器、时钟突发寄存器及与 RAM 相关的寄存器等。时钟突发寄存器可一次性顺序读写除充电寄存器外的所有寄存器内容。

小时寄存器（85h、84h）的位 7 用于定义 DS1302 是运行于 12 小时模式还是 24 小时模式。当为高电平时，选择 12 小时模式。在 12 小时模式时，位 5 是 AM/PM 选择位，当为 1 时，表示 PM。在 24 小时模式时，位 5 是第二个 10 小时位。

秒寄存器（81h、80h）的位 7 定义为时钟暂停标志（CH）。当该位置为 1 时，时钟振荡器停止，DS1302 处于低功耗状态；当该位置为 0 时，时钟开始运行。

控制寄存器（8Fh、8Eh）的位 7 是写保护位（WP），其他 7 位均置为 0。在任何的对时钟和 RAM 的写操作之前，WP 位必须为 0。当 WP 位为 1 时，写保护位防止对任一寄存器的写操作。

b. 静态 RAM（31 个字节） DS1302 与 RAM 相关的寄存器分为两类：一类是单个 RAM 单元，共 31 个，每个单元组态为一个 8 位的字节，其命令控制字为 C0H～FDH，其中奇数为读操作，偶数为写操作；另一类为突发方式下的 RAM 寄存器，此方式下可一次性读写静态 RAM 的 31 个字节（即所有字节），命令控制字为 FEH（写）、FFH（读）。

DS1302 中附加 31 字节静态 RAM 的地址如表 9-11 所示。

表 9-11　DS1302 静态 RAM 地址

读　地　址	写　地　址		数据范围
C1H	C0H		00～FFH
C3H	C2H		00～FFH
C5H	C4H		00～FFH
⋮	⋮		.
FDH	FCH		00～FFH

（2）DS1302 实时显示时间的软硬件　DS1302 与 CPU 的连接需要三条线，即 SCLK（7 脚）、I/O（6 脚）、$\overline{\text{RST}}$（5 脚）。实际上，在调试程序时可以不加电容器，只加一个 32.768kHz 的晶振即可。只是选择晶振时，不同的晶振，区别较大。另外，还可以在上面的电路中加入 DS18B20，同时显示实时温度。只要占用 CPU 一个端口即可。LCD 还可以换成 LED，还可以使用 10 位多功能 8 段液晶显示模块 LCM101，内含看门狗（WDT）、时钟发生器及两种频率的蜂鸣器驱动电路，并有内置显示 RAM，可显示任意字段笔划，具有 3－4 线串行接口，可与任何单片机、IC 接口。功耗低，显示状态时电流为 2μA（典型值），省电模式时小于 1μA，工作电压为 2.4～3.3V，显示清晰。

（3）调试中问题说明　DS1302 与微处理器进行数据交换时，首先由微处理器向电路发送命令字节，命令字节最高位 Write Protect（D7）必须为逻辑 1，如果 D7=0，则禁止写 DS1302，即写保护；D6=0，指定时钟数据，D6=1，指定 RAM 数据；D5～D1 指定输入或输出的特定寄存器；最低位 LSB（D0）为逻辑 0，指定写操作（输入），D0=1，指定读操作（输出）。

在 DS1302 的时钟日历或 RAM 进行数据传送时，DS1302 必须首先发送命令字节。若进行单字节传送，8 位命令字节传送结束之后，在下 2 个 SCLK 周期的上升沿输入数据字节，或在下 8 个 SCLK 周期的下降沿输出数据字节。DS1302 与 RAM 相关的寄存器分为两类：一类是单个 RAM 单元，共 31 个，每个单元组态为一个 8 位的字节，其命令控制字为 C0H～FDH，其中奇数为读操作，偶数为写操作；再一类为突发方式下的 RAM 寄存器，在此方式下可一次性读、写静态 RAM 的 31 个字节（即所有字节）。

要特别说明的是备用电源 V_{CC}，可以用电池或者超级电容器（0.1F 以上）。虽然 DS1302 在主电源掉电后的耗电很小，但是，如果要长时间保证时钟正常，最好选用小型充电电池。可以用老式电脑主板上的 3.6V 充电电池。如果断电时间较短（几小时或几天）时，就可以用漏电较小的普通电解电容器代替。100μF 就可以保证 1 小时的正常走时。DS1302 在第一次加电后，必须进行初始化操作。初始化后就可以按正常方法调整时间。

（4）特点及其应用　DS1302 存在时钟精度不高，易受环境影响，出现时钟混乱等缺点。DS1302 可以用于数据记录，特别是对某些具有特殊意义的数据点的记录，能实现数据与出现该数据的时间同时记录。这种记录对长时间的连续测控系统结果的分析及对异常数据出现的原因的查找具有重要意义。传统的数据记录方式是隔时采样或定时采样，没有具体的时间记录。因此，只能记录数据而无法准确记录其出现的时间。若采用单片机计时，一方面需要采用计数器，占用硬件资源，另一方面需要设置中断、查询等，同样耗费单片机的资源，而且，某些测控系统可能不允许。但是，如果在系统中采用时钟芯片 DS1302，则能很好地解决这个问题。

9.4.3　DS1302 与单片机应用实例

【例 9-3】　如图 9-20 所示，该电路实现万年历功能。每隔 5s，交替显示年月日-时分秒。

分析：① 首先要通过 8EH 将写保护去掉，将日期、时间的初值写入各个寄存器。

② 然后就可以对 80H、82H、84H、86H、88H、8AH、8CH 进行初值的写入，同时也通过秒寄存器将位 7 的 CH 值改成 0，这样 DS1302 就开始运行了。

③ 将写保护寄存器再写为 80H，防止误改写寄存器的值。

④ 不断读取 80H~8CH 的值，并将它们显示到数码管上。

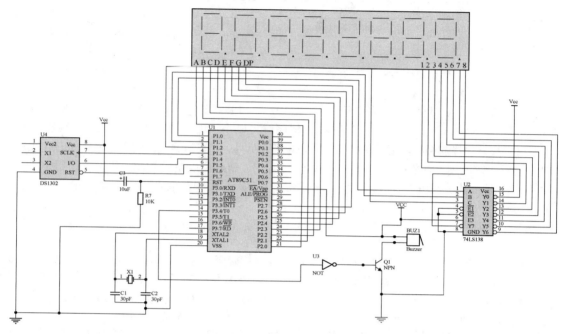

图 9-20　DS1302 与单片机应用实例

程序如下。

```
#include <reg51.h>
#include <intrins.h>

sbit SCL2=P1^3;          //SCL2 定义为 P1 口的第 3 位脚
sbit SDA2=P1^4;          //SDA2 定义为 P1 口的第 4 位脚
//sbit CS2=P1^6;         //CS2 定义为 P1 口的第 4 位脚
sbit RST = P1^5;   //DS1302 片选脚

unsigned char l_tmpdate[8]=
{0x00,0x20,0x0a,0x1c,0x03,0x06,0x9,0};

unsigned char l_tmpdisplay[8]={0x40,0x40,0x40,0x40,0x40,0x40,0x40,0};
code unsigned char write_rtc_address[7]={0x80,0x82,0x84,0x86,0x88,
                                    0x8a,0x8c};
code unsigned char read_rtc_address[7]={0x81,0x83,0x85,0x87,0x89,
                                    0x8b,0x8d};

code unsigned char table[]=
        {0x3f,0x06,0x5b,0x4f,0x66,
        0x6d,0x7d,0x07,0x7f,0x6f,
        0x40,0x00};
        //共阴数码管 "0~9"、"-"、熄灭表
```

```
void delay();//延时子函数, 5 个空指令
void display(unsigned char *lp,unsigned char lc);//数字的显示函数;
                                    lp 为指向数组的地址, lc 为显示的个数

void Write_Ds1302_byte(unsigned char temp);
void Write_Ds1302( unsigned char address,unsigned char dat );
unsigned char Read_Ds1302 ( unsigned char address );

void Read_RTC(void);        //read RTC
void Set_RTC(void);         //set RTC

void main(void)            //入口函数
{
    Set_RTC();
    while(1){
        Read_RTC();
        switch (l_tmpdate[0]/5)     //设计每个 5s 交替显示: 年月日-时分秒
        {
        case 0:
        case 2:
        case 4:
        case 6:
        case 8:
        case 10:
            l_tmpdisplay[0]=l_tmpdate[2]/16;   //数据的转换,因采用数码管
                                       0～9 的显示,将数据分开
            l_tmpdisplay[1]=l_tmpdate[2]&0x0f;
            l_tmpdisplay[2]=10;                          //加入 "-"
            l_tmpdisplay[3]=l_tmpdate[1]/16;
            l_tmpdisplay[4]=l_tmpdate[1]&0x0f;
            l_tmpdisplay[5]=10;
            l_tmpdisplay[6]=l_tmpdate[0]/16;
            l_tmpdisplay[7]=l_tmpdate[0]&0x0f;
            break;
        case 1:
        case 3:
        case 5:
        case 7:
        case 9:
        case 11:

            l_tmpdisplay[0]=l_tmpdate[6]/16;
            l_tmpdisplay[1]=l_tmpdate[6]&0x0f;
            l_tmpdisplay[2]=10;
```

```
            l_tmpdisplay[3]=l_tmpdate[4]/16;
            l_tmpdisplay[4]=l_tmpdate[4]&0x0f;
            l_tmpdisplay[5]=10;
            l_tmpdisplay[6]=l_tmpdate[3]/16;
            l_tmpdisplay[7]=l_tmpdate[3]&0x0f;
            break;
            default:
            break;
        }
        display(l_tmpdisplay,8);
    }
}


void display(unsigned char *lp,unsigned char lc)//显示
{
    unsigned char i;        //定义变量
    P2=0;                   //端口 2 为输出
    P1=P1&0xF8;             //将 P1 口的前 3 位输出 0,对应 74LS138 译门输入脚,
                            全 0 为第一位数码管
    for(i=0;i<lc;i++){      //循环显示
    P2=table[lp[i]];        //查表法得到要显示数字的数码段
    delay();                //延时
    P2=0;                   //清 0 端口,准备显示下位
    if(i==7)                //检测显示完 8 位否,完成直接退出,不让 P1 口再加 1,
                            否则进位影响到第四位数据
        break;
    P1++;                   //下一位数码管
    }
}
void delay(void)            //空 5 个指令
{
    unsigned char i=10;
    while(i)
        i--;
}
void Write_Ds1302_Byte(unsigned  char temp)
{
 unsigned char i;
 for (i=0;i<8;i++)          //循环 8 次写入数据
  {
   SCL2=0;
     SDA2=temp&0x01;        //每次传输低字节
     temp>>=1;              //右移一位
     SCL2=1;
  }
```

```c
}
/**********************************************************************/
void Write_Ds1302( unsigned char address,unsigned char dat )
{
    RST=0;
    _nop_();
    SCL2=0;
    _nop_();
    RST=1;
    _nop_();      //启动
    Write_Ds1302_Byte(address);      //发送地址
    Write_Ds1302_Byte(dat);          //发送数据
    RST=0;                           //恢复
}
/**********************************************************************/
unsigned char Read_Ds1302 ( unsigned char address )
{
    unsigned char i,temp=0x00;
    RST=0;
    _nop_();
    SCL2=0;
    _nop_();
    RST=1;
    _nop_();
    Write_Ds1302_Byte(address);
    for (i=0;i<8;i++)                //循环8次读取数据
    {
        SCL2=1;
        _nop_();
        if(SDA2)
        temp|=0x80;                  //每次传输低字节
        SCL2=0;
        temp>>=1;                    //右移一位
    }
    RST=0;
    _nop_();
    SCL2=1;
    SDA2=0;
    return (temp);                   //返回
}
/**********************************************************************/
void Read_RTC(void)                  //读取日历
```

```
    {
    unsigned char i,*p;
    p=read_rtc_address;                        //地址传递
    for(i=0;i<7;i++)                           //分7次读取年月日时分秒星期
    {
     l_tmpdate[i]=Read_Ds1302(*p);
     p++;
    }
    }
/********************************************************************/
void Set_RTC(void)                            //设定日历
{
    unsigned char i,*p,tmp;
    for(i=0;i<7;i++){
        tmp=l_tmpdate[i]/10;
        l_tmpdate[i]=l_tmpdate[i]%10;
        l_tmpdate[i]=l_tmpdate[i]+tmp*16;
    }
    Write_Ds1302(0x8E,0X00);

    p=write_rtc_address;                       //传地址
    for(i=0;i<7;i++)                           //7次写入年月日时分秒星期
    {
        Write_Ds1302(*p,l_tmpdate[i]);
        p++;
    }
    Write_Ds1302(0x8E,0x80);
}
```

本 章 小 结

I²C 总线是芯片间串行传输总线。它用两根线实现全双工同步数据传送，可方便地构成多机系统和外围器件扩展系统。I²C 总线简单，结构紧凑，易于实现模块化和标准化。

模拟 I²C 总线的应用程序可使没有 I²C 总线的单片机也能使用 I²C 总线技术。大大扩展了 I²C 总线器件的适用范围，使这些器件的使用不受系统中单片机必须带有 I²C 总线接口的限制。

本章重点讲解了 AT24C02、DS18B20、DS1302 这三块芯片，分别作为 I²C、One-wire、SPI 这三种串行扩展的典型代表，及其与单片机的实际应用。本章介绍的例题应用非常广泛，请读者下点功夫掌握它。

思考题及习题

1. 串行扩展有哪些种类？请简要说明。

2．I^2C 总线启动条件是什么？停止条件是什么？

3．I^2C 总线的数据传输方向如何控制？

4．简述 I^2C 总线的数据传输方法。

5．单片机如何对 I^2C 总线中的器件进行寻址？

6．简述温度传感器 DS18B20 的工作原理。

7．温度传感器 DS18B20 的温度分辨率如何进行设置？

8．简述温度传感器 DS18B20 的 ROM 指令和 RAM 指令。

9．简述 SPI 的特点及应用。

10．简述万年历 DS1302 的实时时钟/日历寄存器的控制字。

第 10 章　单片机与常用外围设备接口电路

10.1　LED 发光二极管

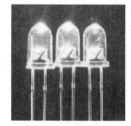

图 10-1　发光二极管外形

发光二极管是半导体二极管的一种，可以把电能转化成光能；常简写为 LED。发光二极管与普通二极管一样，是由一个 PN 结组成，也具有单向导电性。当给发光二极管加上正向电压后，从 P 区注入到 N 区的空穴和由 N 区注入到 P 区的电子，在 PN 结附近数微米内分别与 N 区的电子和 P 区的空穴复合，产生自发辐射的荧光。不同的半导体材料中电子和空穴所处的能量状态不同。当电子和空穴复合时释放出的能量多少不同，释放出的能量越多，则发出的光的波长越短。常用的是发红光、绿光或黄光的二极管。发光二极管的外形如图 10-1 所示。

发光二极管的反向击穿电压约为 5V。它的正向伏安特性曲线很陡，使用时必须串联限流电阻以控制通过管子的电流。限流电阻 R 可用下式计算：

$$R = (E - U_F) / I_F$$

式中，E 为电源电压；U_F 为 LED 的正向压降；I_F 为 LED 的一般工作电流。

10.1.1　物理特性

发光二极管的两根引线中较长的一根为正极，应接电源正极。有的发光二极管的两根引线一样长，但管壳上有一凸起的小舌，靠近小舌的引线是正极。

发光二极管与小白炽灯泡和氖灯相比特点是：工作电压很低（有的仅一点几伏）；工作电流很小（有的仅零点几毫安即可发光）；抗冲击和抗振性能好，可靠性高，寿命长；通过调整电流强弱可以方便地调制发光的强弱。由于有这些特点，发光二极管在一些光电控制设备中用作光源，在许多电子设备中用作信号显示器。把它的管心做成条状，用 7 条条状的发光管组成 7 段式半导体数码管，每个数码管可显示 0～9 十个数字。多种颜色的发光二极管如图 10-2 所示。

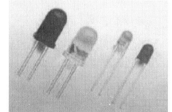

图 10-2　多种颜色的发光二极管

10.1.2　发光原理

50 多年前人们已经了解半导体材料可产生光线的基本知识，第一个商用二极管产生于 1960 年。LED 是英文 light emitting diode（发光二极管）的缩写，它的基本结构是一块电致发光的半导体材料，置于一个有引线的架子上，然后四周用环氧树脂密封，起到保护内部芯线的作用，所以 LED 的抗振性能好。

发光二极管的核心部分是由 P 型半导体和 N 型半导体组成的晶片，在 P 型半导体和 N 型半导体之间有一个过渡层，称为 PN 结。在某些半导体材料的 PN 结中，注入的少数载流子与多数载流子复合时会把多余的能量以光的形式释放出来，从而把电能直接转换为光能。PN 结加反向电压，少数载流子难以注入，故不发光。这种利用注入式电致发光原理制作的二极管叫发光二极管，通称LED。当它处于正向工作状态时（即两端加上正向电压），电流从LED阳极流向阴极时，半导体晶体就发出从紫外到红外不同颜色的光线，光的强弱与电流有关。

10.1.3 分类

发光二极管还可分为普通单色发光二极管、高亮度发光二极管、超高亮度发光二极管、变色发光二极管、闪烁发光二极管、电压控制型发光二极管、红外发光二极管和负阻发光二极管等。

10 1.4 LED 光源的特点

（1）电压 LED 使用低压电源，供电电压在 6～24V，根据产品不同而异，所以它是一个比使用高压电源的光源更安全的光源，特别适用于公共场所。

（2）效能 消耗能量较同光效的白炽灯减少 80%。

（3）适用性 体积很小，每个单元 LED 小片是 3～5mm^2 的正方形，所以可以制备成各种形状的器件，并且适合于易变的环境发光二极管。

（4）稳定性 10 万小时，光衰为初始的 50%。

（5）响应时间 其白炽灯的响应时间为毫秒级，LED 灯的响应时间为纳秒级。

（6）对环境污染 无有害金属汞。

（7）颜色 发光二极管通过化学修饰方法，调整材料的能带结构和禁带宽度，实现红黄绿蓝橙多色发光。红光管工作电压较小，红、橙、黄、绿、蓝的发光二极管的工作电压依次升高。

（8）价格 LED 的价格现在越来越平民化，因 LED 省电的特点，也许不久的将来，人们都会的把白炽灯换成 LED 灯。现在，我国部分城市公路、学校、厂区等场所已换装 LED 路灯、节能灯等。

10.1.5 LED 光参数介绍

LED 的光学参数中重要的几个方面是光通量、发光效率、发光强度、光强分布、波长。

① 光通量和发光效率。发光效率就是光通量与电功率之比。发光效率表征了光源的节能特性，这是衡量现代光源性能的一个重要指标。

② 发光强度和光强分布。LED 发光强度是表征它在某个方向上的发光强弱，由于 LED 在不同的空间角度光强相差很多，随之而来研究了 LED 的光强分布特性。这个参数实际意义很大，直接影响到 LED 显示装置的最小观察角度。比如体育场馆的 LED 大型彩色显示屏，如果选用的 LED 单管分布范围很窄，那么面对显示屏处于较大角度的观众将看到失真的图像。

③ 波长。通过 LED 的光谱特性，主要看它的单色性是否优良，而且要注意到红、黄、蓝、绿、白色 LED 等主要的颜色是否纯正。因为在许多场合下，比如交通信号灯对颜色的要求就比较严格，现在我国的一些 LED 信号灯中绿色的为深绿，红色的为深红，从这个现象来看，对 LED 的光谱特性进行专门研究是非常必要而且很有意义的。

10.1.6 发光二极管的检测

（1）普通发光二极管的检测

① 用万用表检测。利用具有×10kΩ 挡的指针式万用表可以大致判断发光二极管的好坏。正常时，二极管正向电阻阻值为几十至 200kΩ，反向电阻的值为 ∞。如果正向电阻值为 0 或为 ∞，反向电阻值很小或为 0，则为损坏。这种检测方法，不能实质地看到发光管的发光情况，因为×10kΩ 挡不能向 LED 提供较大正向电流。如果有两块指针万用表（最好同型号）可以较好地检查发光二极管的发光情况。用一根导线将其中一块万用表的"+"接线柱与另一块表的"−"接线柱连接。余下的"−"笔接被测发光管的正极（P 区），余下的"+"笔接被测发光管的负极（N 区）。两块万用表均置×10kΩ 挡。正常情况下，接通后就能正常发光。若亮度很低，甚至不发光，可将两块万用表均拨至×1MΩ，若仍很暗，甚至不发光，则说明该发光二极管性能不良或损坏。应

注意，不能一开始测量就将两块万用表置于×1mΩ，以免电流过大，损坏发光二极管。

② 外接电源测量。用 3V 稳压源或两节串联的干电池及万用表（指针式或数字式皆可）可以较准确测量发光二极管的光、电特性。如果测得 U_F 在 1.4～3V 之间，且发光亮度正常，可以说明发光正常。如果测得 $U_F = 0$ 或 $U_F \approx 3V$，且不发光，说明发光管已坏。

（2）红外发光二极管的检测　由于红外发光二极管发射 1～3μm 的红外光，眼看不到。通常单只红外发光二极管发射功率只有数毫瓦，不同型号的红外 LED 发光强度也不相同。红外 LED 的正向压降一般为 1.3～2.5V。正由于其发射的红外光人眼看不见，所以利用上述可见光 LED 的检测法只能判定其 PN 结正、反向电学特性是否正常，而无法判定其发光情况是否正常。为此，最好准备一只光敏器件（如 2CR、2DR 型硅光电池）作接收器。用万用表测光电池两端电压的变化情况。来判断红外发光二极管加上适当正向电流后是否发射红外光。

10.1.7　发光二极管 LED 与单片机的应用

【例 10-1】　如图 10-3 所示，单片机的 P0 口经 74LS373 锁存器和发光二极管 D1～D8 连接，D1～D8 的正极经过 R1～R8 限流电阻接+5V 电压，P0 口因为没有上拉电阻，所以要外加 RP1 电阻。编程实现 LED 发光二极管流水灯闪烁效果。

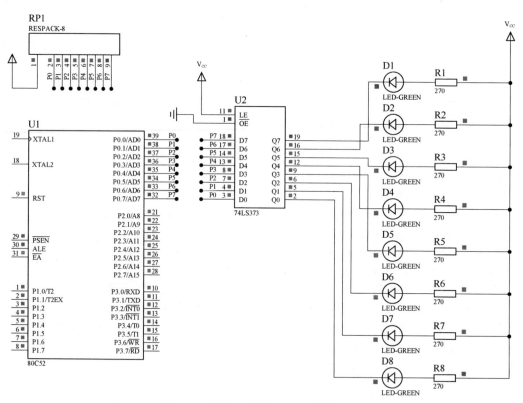

图 10-3　发光二极管 LED（流水灯）

程序如下：

```
#include <reg51.h>
#include <intrins.h>
void delay(unsigned char tmp);//延时子函数
code unsigned char tmpled[50]={0X01,0X02,0X04,0X08,0X10,0X20,0X40,
                               0X80,0X81,0X82,0X84,0X88,0X90,0XA0,0XC0,
                               0XC1,0XC2,0XC4,0XC8,0XD0,0XE0,0XE1,0XE2,
```

0XE4,0XE8,0XF0,0XF1,0XF2,0XF4,0XF8,0XF9,
0XFA,0XFC,0XFD,0XFE,0XFF,0XFF,0X00,0XFF,
0X00};
//定义数组常量,前面加"code"表示常量在程序代码中
存放,不占用RAM。该数组为发光二极管的输出数据

```
void main(void)               //入口函数
{
    unsigned char i;          //定义变量
    while(1)
    {                         //无限循环
        for(i=0;i<50;i++)
        {                     //连续输出50个数据
            P0=~tmpled[i];    //"~"这个符号是取反,因发光二极管采用共阳极,
                                所以将数据取反再输出
            delay(50);        //调用延时子函数,改变参数大小,调整变化速度
        }
    }
}

void delay(unsigned char tmp)//延时子函数
{
    unsigned char i,j;
    i=tmp;
    while(i)
        {
        i--;
        j=255;
        while(j)
        {
            j--;
        }
    }
}
```

10.2　数码管

　　数码管按段数分为七段数码管和八段数码管,八段数码管比七段数码管多一个发光二极管单元（多一个小数点显示）；按能显示多少个"8"可分为1位、2位、4位等数码管。常用的LED显示器有LED状态显示器（俗称发光二极管）、LED七段显示器（俗称数码管）和LED十六段显示器。发光二极管可显示两种状态,用于系统状态显示；数码管用于数字显示；LED十六段显示器用于字符显示。

10.2.1　数码管简介

　　（1）数码管结构　数码管结构如图10-4所示。

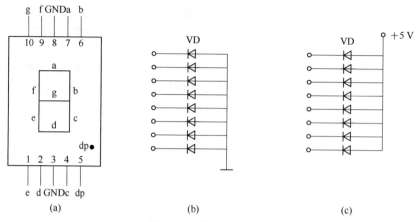

图 10-4　数码管结构图

数码管由8个发光二极管（以下简称字段）构成，通过不同的组合可用来显示数字0～9、字符A～F、H、L、P、R、U、Y、符号"–"及小数点"."。数码管又分为共阴极和共阳极两种结构。

LED 数码管分类：

① 按其内部结构可分为共阴型和共阳型；

② 按其外形尺寸有多种形式，使用较多的是 0.5″和 0.8″；

③ 按显示颜色也有多种形式，主要有红色和绿色；

④ 按亮度强弱可分为超亮、高亮和普亮。

正向压降一般为 1.5～2V，额定电流为 10mA，最大电流为 40mA。

（2）数码管工作原理　共阳极数码管的8个发光二极管的阳极（二极管正端）连接在一起。通常，公共阳极接高电平（一般接电源），其他管脚接段驱动电路输出端。当某段驱动电路的输出端为低电平时，则该端所连接的字段导通并点亮。根据发光字段的不同组合可显示出各种数字或字符。此时，要求段驱动电路能吸收额定的段导通电流，还需根据外接电源及额定段导通电流来确定相应的限流电阻。

共阴极数码管的8个发光二极管的阴极（二极管负端）连接在一起。通常，公共阴极接低电平（一般接地），其他管脚接段驱动电路输出端。当某段驱动电路的输出端为高电平时，则该端所连接的字段导通并点亮，根据发光字段的不同组合可显示出各种数字或字符。此时，要求段驱动电路能提供额定的段导通电流，还需根据外接电源及额定段导通电流来确定相应的限流电阻。

（3）数码管字形编码　要使数码管显示出相应的数字或字符，必须使段数据口输出相应的字形编码。字形码各位定义为：数据线 D0 与 a 字段对应，D1 与 b 字段对应……，依此类推。如使用共阳极数码管，数据为 0 表示对应字段亮，数据为 1 表示对应字段暗；如使用共阴极数码管，数据为 0 表示对应字段暗，数据为 1 表示对应字段亮。如要显示"0"，共阳极数码管的字形编码应为：11000000B（即 C0H）；共阴极数码管的字形编码应为：00111111B（即 3FH）。依此类推。数码管字形编码表如表 10-1 所示。

表 10-1　数码管字形编码表

显示数字	共阴顺序小数点暗		共阴逆序小数点暗		共阳顺序小数点亮	共阳顺序小数点暗
	Dp g f e d c b a	16 进制	a b c d e f g Dp	16 进制		
0	0 0 1 1 1 1 1 1	3FH	1 1 1 1 1 1 0 0	FCH	40H	C0H
1	0 0 0 0 0 1 1 0	06H	0 1 1 0 0 0 0 0	60H	79H	F9H
2	0 1 0 1 1 0 1 1	5BH	1 1 0 1 1 0 1 0	DAH	24H	A4H
3	0 1 0 0 1 1 1 1	4FH	1 1 1 1 0 0 1 0	F2H	30H	B0H
4	0 1 1 0 0 1 1 0	66H	0 1 1 0 0 1 1 0	66H	19H	99H
5	0 1 1 0 1 1 0 1	6DH	1 0 1 1 0 1 1 0	B6H	12H	92H
6	0 1 1 1 1 1 0 1	7DH	1 0 1 1 1 1 1 0	BEH	02H	82H

显示数字	共阴顺序小数点暗		共阴逆序小数点暗		共阳顺序小数点亮	共阳顺序小数点暗
	Dp g f e d c b a	16 进制	a b c d e f g Dp	16 进制		
7	0 0 0 0 0 1 1 1	07H	1 1 1 0 0 0 0 0	E0H	78H	F8H
8	0 1 1 1 1 1 1 1	7FH	1 1 1 1 1 1 1 0	FEH	00H	80H
9	0 1 1 0 1 1 1 1	6FH	1 1 1 1 0 1 1 0	F6H	10H	90H

10.2.2 驱动方式

数码管要正常显示，就要用驱动电路来驱动数码管的各个段码，从而显示出所要的数字，因此根据数码管的驱动方式的不同，可以分为静态式和动态式两类。

静态显示是指数码管显示某一字符时，相应的发光二极管恒定导通或恒定截止。这种显示方式的各位数码管相互独立，公共端恒定接地（共阴极）或接正电源（共阳极）。每个数码管的 8 个字段分别与一个 8 位 I/O 口地址相连，I/O 口只要有段码输出，相应字符即显示出来，并保持不变，直到 I/O 口输出新的段码。采用静态显示方式，较小的电流即可获得较高的亮度，且占用 CPU 时间少，编程简单，显示便于监测和控制，但其占用的口线多，硬件电路复杂，成本高，只适合于显示位数较少的场合。

动态显示是一位一位地轮流点亮各位数码管，这种逐位点亮显示器的方式称为位扫描。通常，各位数码管的段选线相应并联在一起，由一个 8 位的 I/O 口控制；各位的位选线（公共阴极或阳极）由另外的 I/O 口线控制。动态方式显示时，各数码管分时轮流选通，要使其稳定显示，必须采用扫描方式，即在某一时刻只选通一位数码管，并送出相应的段码，在另一时刻选通另一位数码管，并送出相应的段码。依此规律循环，即可使各位数码管显示将要显示的字符。虽然这些字符是在不同的时刻分别显示，但由于人眼存在视觉暂留效应，只要每位显示间隔足够短就可以给人以同时显示的感觉。

采用动态显示方式比较节省 I/O 口，硬件电路也较静态显示方式简单，但其亮度不如静态显示方式，而且在显示位数较多时，CPU 要依次扫描，占用 CPU 较多的时间。

10.2.3 常见问题

（1）恒流驱动与非恒流驱动对数码管的影响

① 显示效果　由于发光二极管基本上属于电流敏感器件，其正向压降的分散性很大，并且还与温度有关，为了保证数码管具有良好的亮度均匀度，就需要使其具有恒定的工作电流，且不能受温度及其他因素的影响。另外，当温度变化时驱动芯片还要能够自动调节输出电流的大小以实现色差平衡温度补偿。

② 安全性　即使是短时间的电流过载也可能对发光管造成永久性的损坏，采用恒流驱动电路后可防止由于电流故障所引起的数码管的大面积损坏。另外，所采用的超大规模集成电路还具有级联延时开关特性，可防止反向尖峰电压对发光二极管的损害。超大规模集成电路还具有热保护功能，当任何一片的温度超过一定值时可自动关断，并且可在控制室内看到故障显示。

（2）数码管 LED 显示使用三极管的注意事项

① 使用三极管目的是放大电流。

② 三极管三脚顺序 e、b、c（三极管平的一面向自己时的顺序）。

③ NPN 管箭头向出，e 脚接数码管的公共脚，c 脚接+5V 电源，b 脚接 P1.7。

④ 数码管的脚 a、b、c、d、e、f、g、h 并不是按一定的顺序排列的，要用万用表进行测量，看哪段发亮。

⑤ PNP 管箭头向入。

⑥ 电解电容长脚为正，短脚（灰白色）为负。

（3）数码管亮度不均匀的原因

关于亮度一致性的问题是一个行业内的常见问题。有两个大的因素影响到亮度一致性。一是使用原材料芯片的选取，二是使用数码管时采取的控制方式。

① 原材料。芯片的 U_F 和亮度和波长是一个正态分布，即使筛选过芯片，U_F 和亮度和波长已在一个很小的范围了，生产出来的产品还是在一个范围内，结果就是亮度不一致。

② 要保证数码管亮度一样，在控制方式选取上也有差别。最好的办法是恒流控制，流过每一个发光二极管的电流都是相同的，这样发光二极管看起来亮度就是一样的了。如恒压控制，则导致 U_f 不相同的发光二极管分到的电流不相同，所以亮度也不同。

当然以上两个条件是相辅相成的。

（4）怎样测量数码管引脚，区分共阴和共阳。

找公共共阴和公共共阳：首先，找 1 个电源（3～5V）和 1 个 1kΩ（几百欧的也行）的电阻，V_{CC} 串接一个电阻后和 GND 接在任意两个脚上，组合有很多，但总有一个 LED 会发光的，找到一个就够了，然后 GND 不动，V_{CC}（串电阻）逐个碰剩下的脚，如果有多个 LED（一般是 8 个），那它就是共阴。相反用 V_{CC} 不动，GND 逐个碰剩下的脚，如果有多个 LED（一般是 8 个），那它就是共阳。也可以直接用数字万用表，红表笔是电源的正极，黑表笔是电源的负极。

10.2.4　数码管与单片机的应用

【例 10-2】　如图 10-5 所示，单片机的 P2 口接数码管的字形口，P1.0～P1.2 接译码器 74LS138 的 A～C 实现片选 Y0～Y7，E1、E2、E3 为使能端，E2=E3=0（4 脚、5 脚接低电平），E1=1（6 脚接高电平），74LS138 被选通工作。数码管的字位口接 74LS128 的 Y0～Y7，因为 Y0～Y7 是低电平（即 0）表示选中，所以数码管应该采用共阴管。要求：在数码管上动态显示 24C02。

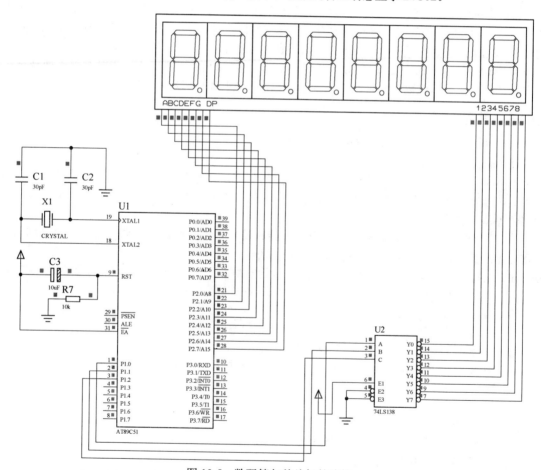

图 10-5　数码管与单片机的连接

分析：

① 采用 74LS138 译码器为中间器件，减少 P 口的使用，只用了 P1.0～P1.2 则可实现 8 个数码管字位的控制。

② 在实际硬件制作过程中，由于采用共阴管，靠 P2 口提供的电流令数码管发光，存在电流拉动不够，管不够亮的情况。解决的办法：可以在 74LS138 后再加 74LS240 芯片，再把共阴管改为共阳管则可（记得程序代码也要做相应调整）。

③ 74LS240 是八反相缓冲器/线驱动器。也就是一片芯片上，有八路（个）反相缓冲器/线驱动器。反相的意思是当输入是高电平，输出就是低电平；当输入是低电平，输出就是高电平。缓冲器，因为芯片有三态门，数据可在用时打开三态门，所以可作缓冲器。线驱动器，有三态门，驱动能力强，可用于总线上驱动用。

程序如下：

```
/*数码管的显示*/
#include <reg51.h>
#include <intrins.h>
void display(unsigned char *lp,unsigned char lc);
//数字的显示函数；lp 为指向数组的地址，lc 为显示的个数
void displaystr(unsigned char *lp,unsigned char lc);  //字符的显示函数，
同上
void delay();                              //延时子函数，5 个空指令
code  unsigned  char  table[]={0x3f,0x06,0x5b,0x4f,0x66,0x6d,0x7d,
0x07,0x7f,0x6f,0x40,0x00};
                              //共阴数码管 "0～9"、"-"、熄灭表
unsigned char l_tmpdate[8]={0,1,2,3,4,5,6,7};
             //定义数组变量，并赋值 0，1，2，3，4，5，6，7，就是本程序要显示的
八个数
code unsigned char l_24C02[5]={0x5b,0x66,0x39,0x3f,0x5b};
                              //定义数组常量，前面加"code"表示常
量在程序代码中存放，ROM 不占用 RAM，在数码管上显示 24C02
void main(void)
{
    unsigned char i=0;
    while(1)
    {
        display(l_tmpdate,8);        //用数字显示函数显示 8 个数字
        //displaystr(l_24C02,5);      //或者用这个函数显示 5 个字符
    }
}

void display(unsigned char *lp,unsigned char lc)  //显示
{
    unsigned char i;                    //定义变量
    P2=0;                               //端口 2 为输出
    P1=P1&0xF8;
                                        //将 P1 口的前 3 位输出 0,对应 74LS138
```

译门输入脚，全 0 为第一位数码管

```
        for(i=0;i<lc;i++)
        {                              //循环显示
          P2=table[lp[i]];            //查表法得到要显示数字的数码段
          delay();                     //延时 5 个空指令
          if(i==7)                     //检测是否显示完 8 位，完成直接退出，不让 P1 口再加
1，否则进位影响到第四位数据
            break;
          P2=0;                        //清 0 端口，准备显示下位
          P1++;                        //下一位数码管
        }
      }
      void displaystr(unsigned char *lp,unsigned char lc)//显示
      {
        unsigned char i;
        P2=0;
        P1=P1&0xF8;
        for(i=0;i<lc;i++)
        {
          P2=lp[i];                    //本函数跟上面函数一样，不同的是它不用查表，
                                       //直接输出显示已设定好的数值到数码段
          delay();
          if(i==7)
            break;
          P2=0;
          P1++;
        }
      }

      void delay(void)                 //空 5 个指令
      {
        _nop_();_nop_();_nop_();_nop_();_nop_();
      }
```

10.3 点阵

为集中反映晶体结构的周期性而引入的一个概念。首先考虑一张二维周期性结构的图像。可在图上任选一点 O 作为原点。在图上就可以找到一系列与 O 点环境完全相同的点，这一组无限多的点就构成了点阵。将图像做一平移，对应于从原点 O 移至点阵的任意位置，图像仍然不变。这种不变性表明点阵反映了原结构的平移对称性。上述的考虑显然可以推广到具有三维周期性结构的无限大晶体。应该指出，原点位置可以任意选，但得到的点阵却是等同的。点阵平移矢量 L 总可以选用三个非共面的基矢 A_1、A_2 及 A_3 的组合来表示：$L = mA_1 + nA_2 + pA_3$，这里的 m、n、p 为三个整数。A_1、A_2 与 A_3 所构成的平行六面体，称为晶胞或初基晶胞，它包含了晶体结构的基本重复单元。值得注意，基矢与晶胞的选择都不是唯一的，存在无限多种选择方案。一个初基晶胞是晶体结构的最小单元。但是有时为了能更充分地反映出点阵的对称性，也可选用稍大一些的非初基晶胞（即晶胞中包含一个以上的阵点）。

一个点阵可以还原为一系列平行的阵点行列（简称阵列），或一系列的平行的阵点平面（简

称阵面）。可用由一组基矢所确定的坐标系来描述某一组特定的阵列或阵面族的取向。选取通过原点的阵列上任意阵点的三个坐标分量，约化为互质的整数 u、v、w 作为阵列方向的指标，可用符号【uvw】来表示。为了标志某一特定阵面族的方向，可选择最靠近（但不通过）原点的阵面，读取它在三个坐标轴上截距的倒数，将这三个数约化为互质的数 h、k、l 就得该阵面旋的方向指标，可用符号(hkl)来表示。这就是阵面族的密勒指数。

点阵外形图如图 10-6 所示，点阵电路结构图如图 10-7 所示。

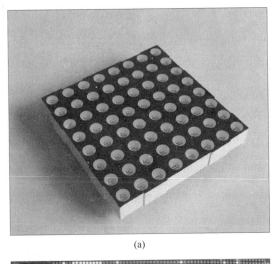

(a)

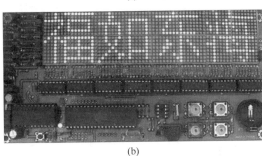

(b)

图 10-6　点阵外形图

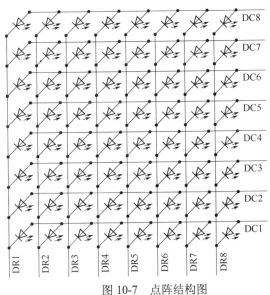

图 10-7　点阵结构图

【例 10-3】　如图 10-8 所示,点阵 8×8 的行 X0～X7 接单片机 P2.0～P2.7,列 L0～L7 接 P3.0～P3.7,实现行列扫描。单片机的 P1.0 接按键 K,初始状态点阵显示数码 "0",每按一下按键,数码管则加 1 显示,到数码 "9",再按则变回 "0",即 0～9 循环。

程序如下:

```c
#include <reg51.h>
#define hang P2 /*定义行的IO口*/
#define lie  P3 /*定义列的IO口*/

sbit an = P1^0;               //定义按键
char shu=0 ;                  //定义一个变量记下当前的数字
unsigned char code tab[]={
0x00,0x7E,0xFF,0xC3,0xC3,0xFF,0x7E,
0x00, //字符 0
0x00,0x00,0x43,0xFF,0xFF,0x03,0x00,
0x00, //字符 1
```

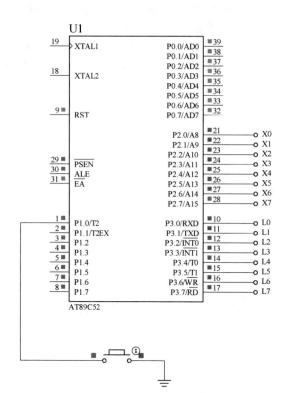

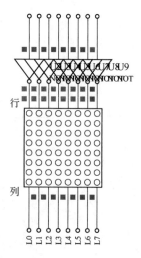

图 10-8　单片机和点阵的连接

```
        0x00,0x63,0xC7,0xCF,0xDB,0xF3,0x63,
0x00, //字符 2
        0x00,0x42,0xDB,0xDB,0xDB,0xFF,0x66,
0x00, //字符 3
0x00,0x3E,0x46,0xFF,0xFF,0x06,0x06,
0x00, //字符 4
0x00,0xF6,0xF7,0xD3,0xD3,0xDF,0xDE,
0x00, //字符 5
0x00,0x7E,0xFF,0xDB,0xDB,0xDF,0x4E,
0x00, //字符 6
        0x00,0xC0,0xC0,0xC7,0xFF,0xF8,0xC0,
0x00, //字符 7
        0x00,0xFF,0xFF,0xDB,0xDB,0xFF,0xFF,
0x00, //字符 8
0x00,0x72,0xFB,0xDB,0xDB,0xFF,0x7E,
0x00, //字符 9
        };

void delay(unsigned int a)   //延时子函数
{
    while(a--);
}
```

```
/*8x8点阵子函数，显示数字子函数*/
void draw_8x8(char tu[])        //定义一个名为tu的数组，形参用数组
{
    char n;                     //变量标记扫描的次数
    for(n=0;n<8;n++)
    {
        hang=1<<n;              //选行
        //hang=1=00000001B<<0,向左边移动0位，就是说首次不用移动
        //P2.0=1,有效，选中首行，即第0行;
        lie=tu[n];              //送出8个列的状态，即显示tu[0]。
        delay(50);
    }
}


void qudoudong()                //按键去抖动子函数
{
    char a=10;
    while(a--)
    draw_8x8(&tab[shu*8]);      //去抖动时显示当前数字
}


void main()
{
    unsigned int n=0;           //按键超时变量
    while(1)
    {
      draw_8x8(&tab[shu*8]);  //显示数字
        //实参用指针变量; &tab[shu*8]是变量tab[shu*8]的地址; &是取地址运算符。
设shu=1,则darw_8x8(&tab[1*8])=darw_8x8(&tab[8]),意思是指向tab[8],从第9个
内容开始抽数，一抽抽8个，这样送列才会显示1;

        an=1;                   //设置按键输出为1
        if(an==0)               //按下
        {
          qudoudong();          //去抖动;
          if(an==0)             //真的按下了键(再判)
          {
              while(an==0)   //等手放开，放手则不能进入这个循环体，因为an=1;
              {
              n++;
              draw_8x8(&tab[shu*8]);    //显示数字
              if(n==100)       //n起到判断作用，按下的时间长了，就出现break,
转到显示

              break;           //如果按键超时则退出
          }
```

```
            n=0;                    //回复按键超时变量为 0
            shu++;
            if(shu==10)             //如果数字超过了 9
            shu=0;                  //回复为 0
            an=1;
        }
    }
}
```

【例 10-4】 如图 10-9 所示，在 16×16 点阵上循环显示"单片机点阵实验！"字样。初始点阵
屏幕显示"单"字，向左移动。按下按键，则字样向右移动。

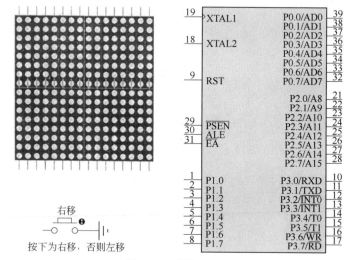

图 10-9　点阵 16×16

程序如下。

```
#include <reg51.h>
#include <absacc.h>
#include <intrins.h>
/**********字模**********/
unsigned char code zdan[32]={                          //单
0x10,0x10,0x08,0x20,0x04,0x48,0x3f,0xfc,
0x21,0x08,0x21,0x08,0x3f,0xf8,0x21,0x08,
0x21,0x08,0x3f,0xf8,0x21,0x00,0x01,0x04,
0xff,0xfe,0x01,0x00,0x01,0x00,0x01,0x00};
unsigned char code zpian[32]={                         //片
0x00,0x80,0x20,0x80,0x20,0x80,0x20,0x80,
0x20,0x84,0x3f,0xfe,0x20,0x00,0x20,0x00,
0x3f,0xc0,0x20,0x40,0x20,0x40,0x20,0x40,
0x20,0x40,0x20,0x40,0x40,0x40,0x80,0x40};
unsigned char code zji[32]={                           //机
0x10,0x00,0x10,0x10,0x11,0xf8,0x11,0x10,
0xfd,0x10,0x11,0x10,0x31,0x10,0x39,0x10,
```

· 170 ·

```c
0x55,0x10,0x51,0x10,0x91,0x10,0x11,0x10,
0x11,0x12,0x12,0x12,0x14,0x0e,0x18,0x00};
unsigned char code zdian[32]={                    //点
0x02,0x00,0x02,0x00,0x02,0x08,0x03,0xfc,
0x02,0x00,0x02,0x10,0x3f,0xf8,0x20,0x10,
0x20,0x10,0x20,0x10,0x3f,0xf0,0x00,0x00,
0x29,0x10,0x24,0xc8,0x44,0x44,0x80,0x04};
unsigned char code zzhen[32]={                    //阵
0x00,0x80,0x78,0x84,0x4f,0xfe,0x50,0x80,
0x50,0xa0,0x61,0x20,0x51,0x28,0x4b,0xfc,
0x48,0x20,0x48,0x20,0x68,0x24,0x57,0xfe,
0x40,0x20,0x40,0x20,0x40,0x20,0x40,0x20};
unsigned char code zshi[32]={                     //实
0x02,0x00,0x01,0x00,0x7f,0xfe,0x48,0x02,
0x86,0x84,0x02,0x80,0x10,0x80,0x0c,0x80,
0x04,0x84,0xff,0xfe,0x01,0x00,0x01,0x40,
0x02,0x20,0x04,0x10,0x18,0x0c,0x60,0x04};
unsigned char code zyan[32]={                     //验
0x08,0x40,0xfc,0x40,0x08,0xa0,0x48,0xa0,
0x49,0x10,0x4a,0x0e,0x4d,0xf4,0x48,0x00,
0x7c,0x48,0x06,0x48,0x05,0x48,0x1d,0x50,
0xe5,0x10,0x44,0x24,0x17,0xfe,0x08,0x00};
unsigned char code ztanhao[32]={                  //!
0x00,0x00,0x01,0x80,0x03,0xc0,0x03,0xc0,
0x03,0xc0,0x01,0x80,0x01,0x80,0x01,0x80,
0x01,0x80,0x01,0x80,0x00,0x00,0x00,0x00,
0x01,0x80,0x01,0x80,0x00,0x00,0x00,0x00};

unsigned char *z_q[]={zdan,zpian,zji,zdian,zzhen,zshi,zyan,ztanhao,
0}; //要显示的字
//定义了*z_q[]指针指向数组,只是它的每一个数组元素又是一个数组(二维数组)
unsigned char TU[32];                             //要显示的画面

sbit A_A =P1^1 ;                                  //移动
sbit P21 =P2^1 ;
sbit P22 =P2^2 ;
sbit P23 =P2^3 ;
sbit P24 =P2^4 ;
#define P00    P0
#define ZUO(a)    P00=a;P24=0;P24=1
#define YOU(a)    P00=a;P21=0;P21=1
#define SHANG(a)  P00=a;P22=0;P22=1
```

```
#define XIA(a)     P00=a;P23=0;P23=1

extern void xianshiyanshi(unsigned int n);    //显示延时子程序
extern void chuqitu(void);                     //初始图第一个字"单"
extern void dian1616(unsigned char ZZ[]);      //显示画图子程序
extern void DELAY(unsigned int a);             //延时子函数

 void DELAY(unsigned int a)              //延时子函数a最大为十进制65535
 {
    while(a--)
    ;
 }



void dian1616(unsigned char ZZ[])      //显示画图子程序
{
    unsigned char a,b;                  //a放行号,b放字在数组的序号
    b=0;

    XIA(0x00);                          //不送出下半部分
    for(a=0x01;a!=0;a=(a<<1))           //上半个字
    {
       DELAY(2) ;                       //延时一小段时间为看清楚
       ZUO(ZZ[b]);
       b++ ;
       YOU(ZZ[b]);                      //送出右
       b++ ;
      SHANG(a) ;                        //送出行号
       DELAY(30) ;                      //延时一小段时间为了字形显示更清楚
       ZUO(0) ;                         //消影
       YOU(0);
    }

    SHANG(0x00);                        //不送出上半部分
    for(a=0x01;a!=0;a=(a<<1))           //下半个字
    {
       DELAY(2) ;                       //延时一小段时间为看清楚
        ZUO(ZZ[b]) ;
        b++ ;
        YOU(ZZ[b]);                     //送出右
        b++ ;
       XIA(a);                          //送出行号
```

```
        DELAY(30) ;                          //延时一小段时间为了字形显示更清楚
        ZUO(0) ;                             //消影
        YOU(0);
    }
}


void chuqitu(void)                           //初始图为第一个字"单"
{
    char n;
    for(n=0;n<32;n++)
    {
     TU[n]=z_q[0][n];                        //二维数组
    }
}


void xianshiyanshi(unsigned int n)           //显示延时
{
    while(n--)
    dian1616(TU);                            //显示画图子程序
}


void zychulimain(void)                       //左右处理子程序
{

    unsigned char hao=0;                     //记第一序号
    idata unsigned char haox=1;              //记下一个序号
    unsigned char n=0;                       //当前的处理的地方
    unsigned char n_n=0;                     //移位后的位置
    haox=1;
    while(1)
    {
      n_n++;
        if(n_n==16)
{
      n_n=0;
      haox++;
     if(z_q[haox]==0)                        //如下一个序号为最后复位为0
        haox=0;
          hao++;
     if(z_q[hao]==0)                         //如下第一序号为最后复位为0
       hao=0;
}
```

```
        for(n=0;n<16;n++)                        //左右处理
        {
          A_A=1;
            if(A_A==1)                           //没有按下则左移
             {
               TU[2*n]<<=1;                       //左半处理
             TU[2*n]|=((TU[2*n+1]>>7)&1);
             TU[2*n+1]<<=1;                        //右半处理
             if(n_n<8)
             TU[2*n+1]|=((z_q[haox][2*n]>>(7-n_n))&0x01);
             else
              TU[2*n+1]|=((z_q[haox][2*n+1]>>(15-n_n))&0x01);
             }
         else                                     //有按下右移
         {
           TU[2*n+1]>>=1;                          //右半处理
           TU[2*n+1]|=((TU[2*n]<<7)&0x80);
           TU[2*n]>>=1;                            //左半处理
           if(n_n<8)
           TU[2*n]|=((z_q[haox][2*n+1]<<(7-n_n))&0x80);
          else
           TU[2*n]|=((z_q[haox][2*n]<<(15-n_n))&0x80);
         }
       }
   xianshiyanshi(15);                             //显示延时
    }
}


main( )                                           //主程序
{
   chuqitu();                                      //初始图为第一个字"单"
   while(1)
   zychulimain() ;                                 //左右处理子程序
}
```

10.4 键盘接口原理

10.4.1 按键的分类

    按键按照结构原理可分为两类，一类是触点式开关按键，如机械式开关、导电橡胶式开关等；另一类是无触点式开关按键，如电气式按键，磁感应按键等。前者造价低，后者寿命长。目前，微机系统中最常见的是触点式开关按键。

10.4.2 输入原理

在单片机应用系统中，除了复位按键有专门的复位电路及专一的复位功能外，其他按键都是以开关状态来设置控制功能或输入数据的。当所设置的功能键或数字键按下时，计算机应用系统应完成该按键所设定的功能，键信息输入是与软件结构密切相关的过程。

对于一组键或一个键盘，总有一个接口电路与 CPU 相连。CPU 可以采用查询或中断方式了解有无键输入，并检查是哪一个键按下，将该键号送入累加器 ACC，然后通过跳转指令转入执行该键的功能程序，执行完后再返回主程序。

10.4.3 按键结构与特点

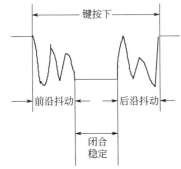

图 10-10 按键触点机械抖动

微机键盘通常使用机械触点式按键开关，其主要功能是把机械上的通断转换成为电气上的逻辑关系。也就是说，它能提供标准的 TTL 逻辑电平，以便与通用数字系统的逻辑电平相容。机械式按键再按下或释放时，由于机械弹性作用的影响，通常伴随有一定时间的触点机械抖动，然后其触点才稳定下来。其抖动过程如图 10-10 所示，抖动时间的长短与开关的机械特性有关，一般为 5～10ms。在触点抖动期间检测按键的通与断状态，可能导致判断出错，即按键一次按下或释放被错误地认为是多次操作，这种情况是不允许出现的。为了克服按键触点机械抖动所致的检测误判，必须采取去抖动措施。这一点可从硬件、软件两方面予以考虑。在键数较少时，可采用硬件去抖，而当键数较多时，采用软件去抖。

（1）按键编码 一组按键或键盘都要通过 I/O 口线查询按键的开关状态。根据键盘结构的不同，采用不同的编码。无论有无编码，以及采用什么编码，最后都要转换成为与累加器中数值相对应的键值，以实现按键功能程序的跳转。

（2）键盘程序 一个完善的键盘控制程序应具备以下功能。

① 检测有无按键按下，并采取硬件或软件措施，消除键盘按键机械触点抖动的影响。

② 有可靠的逻辑处理办法。每次只处理一个按键，其间对任何按键的操作对系统不产生影响，且无论一次按键时间有多长，系统仅执行一次按键功能程序。

③ 准确输出按键值（或键号），以满足跳转指令要求。

（3）独立式按键 单片机控制系统中，往往只需要几个功能键，此时，可采用独立式按键结构。

① 独立式按键结构 独立式按键是直接用 I/O 口线构成的单个按键电路，其特点是每个按键单独占用一根 I/O 口线，每个按键的工作不会影响其他 I/O 口线的状态。独立式按键的典型应用如图 10-11 所示。独立式按键电路配置灵活，软件结构简单，但每个按键必须占用一根 I/O 口线。因此，在按键较多时，I/O 口线浪费较大，不宜采用。

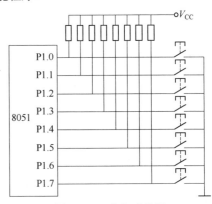

图 10-11 独立式按键

② 独立式按键的软件结构 独立式按键的软件常采用查询式结构。先逐位查询每根 I/O 口线的输入状态，如某一根 I/O 口线输入为低电平，则可确认该 I/O 口线所对应的按键已按下，然后，再转向该键的功能处理程序。

（4）矩阵式按键 单片机系统中，若使用按键较多时，通常采用矩阵式（也称行列式）键盘。

① 矩阵式键盘的结构及原理 矩阵式键盘由行线和列线组成，按键位于行、列线的交叉点上，其结构如图 10-12 所示。

由图 10-12 可知，4×4 的行、列结构可以构成含有 16 个按键的键盘。显然，在按键数量较多时，矩阵式键盘较之独立式按键键盘要节省很多 I/O 口。

矩阵式键盘中，行、列线分别连接到按键开关的两端，行线通过上拉电阻接到+5V 上。当无键按下时，行线处于高电平状态；当有键按下时，行、列线将导通，此时，行线电平将由与此行线相连的列线电平决定。这是识别按键是否按下的关键。然而，矩阵键盘中的行线、列线和多个键相连，各按键按下与否均影响该键所在行线和列线的电平，各按键间将相互影响，因此，必须将行线、列线信号配合起来做适当处理，才能确定闭合键的位置。

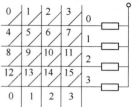

图 10-12　行列式按键

② 矩阵式键盘按键的识别　识别按键的方法很多，其中，最常见的方法是扫描法。

按键按下时，与此键相连的行线与列线导通，行线在无键按下时处在高电平。显然，如果让所有的列线也处于高电平，那么，按键按下与否不会引起行线电平的变化，因此，必须使所有列线处于低电平。只有这样，当有键按下时，该键所在的行电平才会由高电平变为低电平。CPU 根据行电平的变化，便能判定相应的行有键按下。

③ 键盘的编码　对于独立式按键键盘，因按键数量少，可根据实际需要灵活编码。对于矩阵式键盘，按键的位置由行号和列号惟一确定，因此可分别对行号和列号进行二进制编码，然后将两值合成一个字节，高 4 位是行号，低 4 位是列号。

10.4.4　键盘的工作方式

对键盘的响应取决于键盘的工作方式，键盘的工作方式应根据实际应用系统中 CPU 的工作状况而定，其选取的原则是既要保证 CPU 能及时响应按键操作，又不要过多占用 CPU 的工作时间。通常，键盘的工作方式有三种，即编程扫描、定时扫描和中断扫描。

（1）编程扫描方式　编程扫描方式是利用 CPU 完成其他工作的空余时间，调用键盘扫描子程序来响应键盘输入的要求。在执行键功能程序时，CPU 不再响应键输入要求，直到 CPU 重新扫描键盘为止。

（2）定时扫描方式　定时扫描方式就是每隔一段时间对键盘扫描一次，它利用单片机内部的定时器产生一定时间（例如 10ms）的定时，当定时时间到就产生定时器溢出中断。CPU 响应中断后对键盘进行扫描，并在有键按下时识别出该键，再执行该键的功能程序。

（3）中断扫描方式　采用上述两种键盘扫描方式时，无论是否按键，CPU 都要定时扫描键盘，而单片机应用系统工作时，并非经常需要键盘输入，因此，CPU 经常处于空扫描状态。

为提高 CPU 工作效率，可采用中断扫描工作方式。其工作过程如下：当无键按下时，CPU 处理自己的工作，当有键按下时，产生中断请求，CPU 转去执行键盘扫描子程序，并识别键号。

10.4.5　实例分析

【例 10-5】　如图 10-13 所示，编程实现 4×4 键盘，按 "0" 号键在数码管显示 "0"，按 "1" 号键在数码管显示 "1"，……按 "F" 号键在数码管显示 "F"。

分析：在单片机应用系统中，键盘是人机对话不可缺少的组件之一。在按键比较少时，可以一个单片机 I/O 口接一个按键，但当按键需要很多，I/O 资源又比较紧张时，使用矩阵式键盘无疑是最好的选择。

4×4 矩阵键盘是运用得最多的键盘形式，也是单片机入门必须掌握的一种键盘识别技术，下面就以实例来说明一下 4×4 矩阵键盘的识别方法。如图 10-13 所示，把按键接成矩阵的形式，这样用 8 个 I/O 口就可以对 16 个按键进行识别了，节省了 I/O 口资源。

识别思路是这样的，初始化时先让 P1 口的低四位输出低电平，高四位输出高电平，即让 P1 口输出 0xF0。扫描键盘的时候，读 P1 口，看 P1 口是否还为 0xF0，如果仍为 0xF0，则表示没有按键按下；如果不 0xF0，先等待 10ms 左右，再读 P1 口，再次确认是否为 0xF0，这是为了防止是抖动干扰造成错误识别，如果不是那就说明是真的有按键按下了，就可以读键码来识别到底是哪一个键按下了。

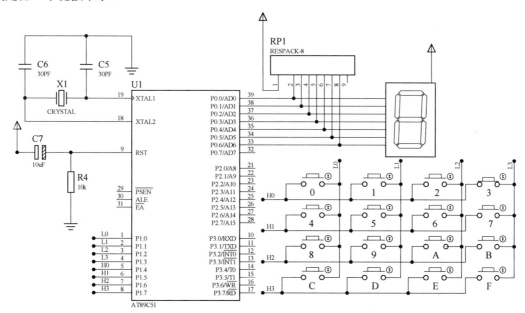

图 10-13　4×4 键盘的数码管显示

　　识别的过程是这样的，初使化时让 P1 口的低四位输出低电平，高四位输出高电平，确认了真的有按键按下时，首先读 P1 口的高四位，然后 P1 口输出 0x0F，即让 P1 口的低四位输出高电平，高四位输出低电平，然后读 P1 口的低四位，最后把高四位读到的值与低四位读到的值做"或"运算就得到了该按键的键码。就可以知道是哪个键按下了。

　　以 0 键为例，初使化时 P1 输出 0xF0，当 0 键按下时，读高四位的状态应为 1110，即 P1 为 0xe0，然后让 P1 输出 0x0F，读低四位产状态应为 1110，即 P1 为 0x0e，让两次读数相"与"得 0xee。

　　程序如下：

```
/*************************************************************
            4*4 行列式键盘的 C 程序编写
*************************************************************/
#include<reg51.h>
#include<absacc.h>
#include<intrins.h>
#define uchar unsigned char
#define uint unsigned int

uchar code Tab[16]=
{
        0xC0,/*0*/
        0xF9,/*1*/
        0xA4,/*2*/
        0xB0,/*3*/
        0x99,/*4*/
        0x92,/*5*/
        0x82,/*6*/
        0xF8,/*7*/
```

```
        0x80,/*8*/
        0x90,/*9*/
        0x88,/*A*/
        0x83,/*b*/
        0xC6,/*C*/
        0xA1,/*d*/
        0x86,/*E*/
        0x8E,/*F*/
    };

    uchar idata com1,com2;

    void delay10ms()
    {
        uchar i,j,k;
        for(i=5;i>0;i--)
        for(j=4;j>0;j--)
        for(k=248;k>0;k--);
    }

    uchar key_scan()
    {
        uchar temp;
        uchar com;
        delay10ms();            //键盘抖动
        P1=0xf0;                //为再读 P1 口做准备
        if(P1!=0xf0)            //再判 P1 口,若为真表示有键按下
          {
             com1=P1&0xf0;      //高 4 位保留,提取行信息;低 4 位屏蔽
             P1=0x0f;           //即让 P1 口的低四位输出高电平,高四位输出低电平,然后
读 P1 口的低四位
             com2=P1&0x0f;      //低 4 位保留,提取列信息;高 4 位屏蔽
          }
         P1=0xf0;               //重新把 P1 口设置为初始化状态,才可以再判键盘是否放开
         while(P1!=0xf0);       //若有键按下,则 P1!=0xf0 成立,则 while(1),在此等待
                                //若无键按下,则 P1!=0xf0 不成立,则 while(0),顺序执
行下面的操作
         temp=com1|com2;        //行列合并,就是键值
         if(temp==0xee)com=0;
         if(temp==0xed)com=1;
         if(temp==0xeb)com=2;
         if(temp==0xe7)com=3;
         if(temp==0xde)com=4;
         if(temp==0xdd)com=5;
         if(temp==0xdb)com=6;
```
- 178 -

```
        if(temp==0xd7)com=7;
        if(temp==0xbe)com=8;
        if(temp==0xbd)com=9;
        if(temp==0xbb)com=10;
        if(temp==0xb7)com=11;
        if(temp==0x7e)com=12;
        if(temp==0x7d)com=13;
        if(temp==0x7b)com=14;
        if(temp==0x77)com=15;
        return(com);
}


void main()
{
    uchar dat;
    while(1)
      {
      P1=0xf0;                //初使化；先让 P1 口的低四位输出低电平，高四位输出高电平，
      while(P1!=0xf0)         //若 P1 不等于 0xf0,则有键按下
        {
        dat=key_scan();       //调用键值识别子函数，并把键值返回给 dat
        P0=Tab[dat];          //查 Tab[]数组，把字形送 P0 口做显示；
        }
      }
}
```

【例 10-6】 如图 10-14 所示，编程实现 4×4 键盘，按 "0" 号键在数码管显示 "0"，按 "1" 号键在数码管显示 "1"，……，按 "F" 号键在数码管显示 "F"。

分析：本键盘程序涉及外中断、定时器中断，比较复杂，需耐心学，帮助了解中断事件。

程序如下：

```
#include <reg51.h>
#include <intrins.h>
sbit SPK=P3^4;                //SPK 定义为 P3 口的第 4 位，就是驱动蜂鸣器的 P3.4 脚
code unsigned char table[]=
            {0x3f,0x06,0x5b,0x4f,0x66,0x6d,0x7d,0x07,0x7f,0x6f,
            0x77,0x7c,0x39,0x5e,0x79,0x71};
                //共阴数码管 "0~9"、"a~f" 表
code unsigned char key_tab[17]={0xed,0x7e,0x7d,0x7b,
                                0xbe,0xbd,0xbb,0xde,
                                0xdd,0xdb,0x77,0xb7,
                                0xee,0xd7,0xeb,0xe7,0XFF};

                //====此数组为键盘编码
                //采用类似电话按键的编码方式，方便以后设计
                //    1    2    3    a              0x01 0x02 0x03 0x0a
                //    4    5    6    b    对应 16 进制码:  0x04 0x05 0x06 0x0b
                //    7    8    9    e              0x07 0x08 0x09 0x0e
```

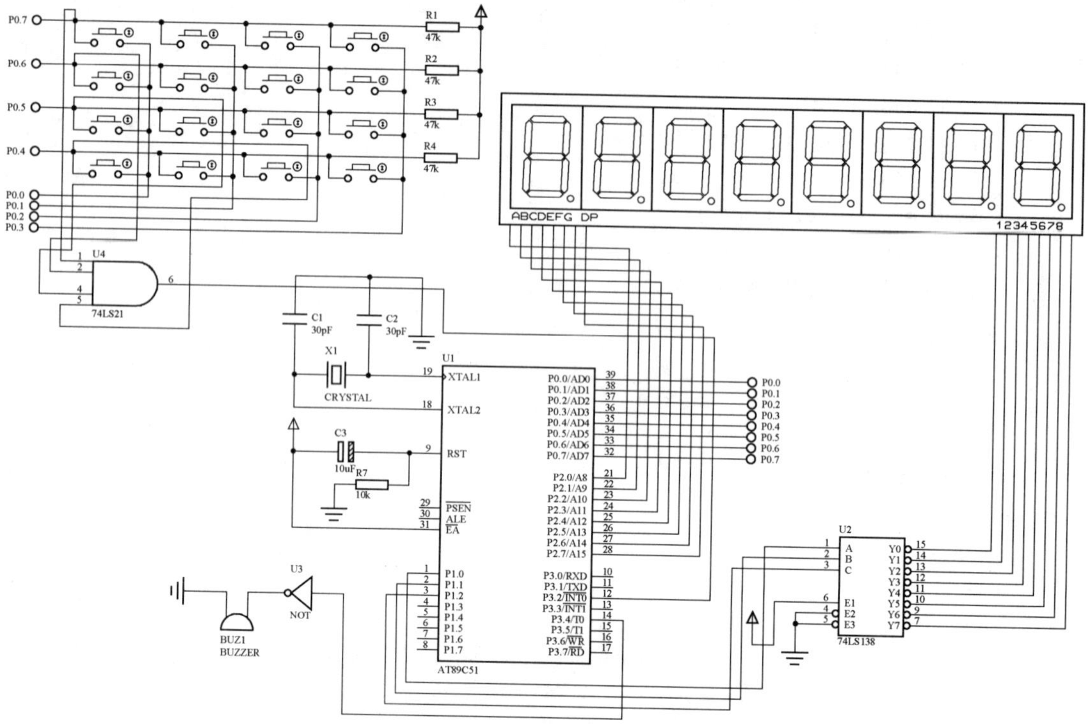

图 10-14 4×4 键盘的数码管显示（带中断）

```
//   *   0   #   f              0x0c 0x00 0x0e 0x0f
```
//打个比方，如果按下 0 键，P0 口读到数据为 0xed
//如果按下 2 键，P0 口读到数据为 0x7d,按下 9 键为 0xdb,
//将读到的 P0 口数据经过查表法就能得到相应的 16 进制码

//键盘的读取，采用中断法，电路用一个 4 与门（74HC21）接入
//中断口（INT0),利用中断来扫描键盘矩阵，读取数据

```c
unsigned char l_tmpdate[8]={0,0,0,0,0,0,0,0};  //定义数组变量
unsigned char l_key=0x00;                       //定义变量，存放键值
unsigned char l_keyold=0xff;                    //作为按键松开否的凭证
void ReadKey(void);      //扫描键盘 获取键值
void delay();            //延时子函数，5 个空指令
void display(unsigned char *lp,unsigned char lc);//数字的显示函数; lp
```
为指向数组的地址，lc 为显示的个数

```c
void main(void)          //入口函数
{
    EA=1;                //首先开启总中断
    EX0=1;               //开启外部中断 0
    IT0=1;               //设置成下降沿触发方式
    P0=0xf0;             //P0 口高位输高电平，经过 74HC21 四输入与门，连接外中
断 0，有键按下调用中断函数
    while(1)
```

```c
    {
        display(&l_key,1);                  //输出获取的键值码
    }
}


void key_scan()    interrupt 0            //外部中断 0，0 的优先级最高
{
    EX0=0;//在读键盘期间，关闭中断，防止干扰带来的多次中断
    //为了消除抖动带来的干扰，在按下键后采用延时十多毫秒再读取键值
    //如果采用循环语句来延时，比如（for,while）会使 CPU 处理循环而占用
    //系统资源，所以这里采用定时器中断法，让定时器等待十多毫秒触发定时器
    //中断，这里用到定时器 0
    TMOD=0x01;                              //设置定时器 0 为模式 1 方式，
    TH0=0xD1;                               //设置初值，为 12ms
    TL0=0x20;
    ET0=1;                                  //开启定时器中断 0
    TR0=1;                                  //启动定时器计数
}


void timer0_isr(void) interrupt 1         //定时器 0 的中断函数
{
    TR0=0;                   //中断后,停止计数
    ReadKey();               //定时器计数 12ms 后产生中断,调用此函数,读取键值
}


void ReadKey(void)          //读键盘值
{
    unsigned char i,j,key;
    j=0xfe;                  //11111110B
    key=0xff;                //设定初值
    for (i=0;i<4;i++)
    {
        P0=j;                //P0 口低 4 位循环输出 0，扫描键盘
        if ((P0&0xf0)!=0xf0)
        {                    //如果有键按下，P0 口高 4 位不会为 1,
            key=P0;          //读取 P0 口，退出循环，否则循环下次
            break;
        }
        j=_crol_(j,1);       //此函数功能为左循环移位
    }
    if (key==0xff)
    {                    //如果读取不到 P0 口的值，比如是干扰，则不做键值处理，返回
        l_keyold=0xff;
        P0=0xf0;             //恢复 P0 口，等待按键按下
        EX0=1;               //返回之前，开启外中断
```

```
            SPK=1;
            return;
        }
        SPK=0;                      //有键按下，驱动蜂鸣器响
        if(l_keyold==key)
        {                           //检测按键放开否，如果一样表明没放开，
            TH0=0xD1;               //继续启动定时器，检测按键松开否
            TL0=0x20;
            TR0=1;
           return;
        }
        TH0=0xD1;
        TL0=0x20;
        TR0=1;                      //继续启动定时器，检测按键松开否
        l_keyold=key;               //获取键码作为放开的凭证
        for(i=0;i<17;i++)
        {                           //查表获得相应的16进制值存放l_key变量中
            if (key==key_tab[i])
            {
                l_key=i;
                break;
            }
        }
```
　　//程序运行到这里，就表明有键值被读取存放于 l_key 变量中，主程序就可以检测此变量做相应处理，

```
        //此时回到主程序
    }


    void display(unsigned char *lp,unsigned char lc)//显示
    {
        unsigned char i;        //定义变量
        P2=0;                   //端口2为输出
        P1=P1&0xF8;             //将P1口的前3位输出0,对应74LS138译门输入脚,
全 0 为第一位数码管
        for(i=0;i<lc;i++)
        {                       //循环显示
          P2=table[lp[i]];      //查表法得到要显示数字的数码段
          delay();              //延时5个空指令
          if(i==7)              //检测是否显示完8位，完成直接退出，不让P1口再加
1, 否则进位影响到第四位数据
                break;
          P2=0;                 //清0端口，准备显示下位
          P1++;                 //下一位数码管
        }
    }
```

```
void delay(void)                    //空 5 个指令
{
    _nop_();_nop_();_nop_();_nop_();_nop_();
}
```

本 章 小 结

发光二极管可分为普通单色发光二极管、高亮度发光二极管、超高亮度 发光二极管、变色发光二极管、闪烁发光二极管、电压控制型发光二极管、红外发光二极管和负阻发光二极管等。

数码管按段数分为七段数码管和八段数码管，八段数码管比七段数码管多一个发光二极管单元（多一个小数点显示）；按能显示多少个"8"可分为 1 位、2 位、4 位等数码管。常用的 LED 显示器有 LED 状态显示器（俗称发光二极管）、LED 七段显示器（俗称数码管）和 LED 十六段显示器。发光二极管可显示两种状态，用于系统状态显示；数码管用于数字显示；LED 十六段显示器用于字符显示。

一个点阵可以还原为一系列平行的阵点行列（简称阵列），或一系列的平行的阵点平面（简称阵面）。可用由一组矢量所确定的坐标系来描述某一组特定的阵列或阵面族的取向。

按键按照结构原理可分为两类，一类是触点式开关按键，如机械式开关、导电橡胶式开关等；另一类是无触点式开关按键，如电气式按键，磁感应按键等。前者造价低，后者寿命长。目前，微机系统中最常见的是触点式开关按键。

思考题及习题

1. 简述数码管的结构和分类。
2. 什么叫静态显示方式？有什么特点？
3. 什么叫动态显示方式？有什么特点？
4. 按键开关为什么有去抖动问题？如何消除？
5. 键盘扫描控制方式有哪几种？各有什么优点缺点？

第11章 单片机与液晶显示器的接口电路

11.1 液晶显示器 LCD1602

在日常生活中，我们对液晶显示器并不陌生。液晶显示模块已作为很多电子产品的通用器件，如在计算器、万用表、电子表及很多家用电子产品中都可以看到，显示的主要是数字、专用符号和图形。在单片机的人机交流界面中，一般的输出方式有以下几种：发光管、LED 数码管、液晶显示器。发光管和 LED 数码管比较常用，软硬件都比较简单，在前面章节已经介绍过，在此不作介绍，本章重点介绍字符型液晶显示器的应用。

在单片机系统中应用晶液显示器作为输出器件有以下几个优点。

（1）显示质量高。由于液晶显示器每一个点在收到信号后就一直保持那种色彩和亮度，恒定发光，而不像阴极射线管显示器（CRT）那样需要不断刷新亮点。因此，液晶显示器画质高且不会闪烁。

（2）数字式接口。液晶显示器都是数字式的，和单片机系统的接口更加简单可靠，操作更加方便。

（3）体积小、重量轻。液晶显示器通过显示屏上的电极控制液晶分子状态来达到显示的目的，在重量上比相同显示面积的传统显示器要轻得多。

（4）功耗低。相对而言，液晶显示器的功耗主要消耗在其内部的电极和驱动 IC 上，因而耗电量比其他显示器要少得多。

11.1.1 液晶显示简介

（1）液晶显示原理　液晶显示的原理是利用液晶的物理特性，通过电压对其显示区域进行控制，有电就有显示。液晶显示器具有厚度薄、适用于大规模集成电路直接驱动、易于实现全彩色显示的特点，目前已经被广泛应用在便携式电脑、数字摄像机、PDA 移动通信工具等众多领域。

（2）液晶显示器的分类　液晶显示的分类方法有很多种，通常可按其显示方式分为段式、字符式、点阵式等。除了黑白显示外，液晶显示器还有多灰度有彩色显示等。如果根据驱动方式来分，可以分为静态驱动（Static）、单纯矩阵驱动（Simple Matrix）和主动矩阵驱动（Active Matrix）三种。

（3）液晶显示器各种图形的显示原理

① 线段的显示　点阵图形式液晶由 $m \times n$ 个显示单元组成，假设 LCD 显示屏有 64 行，每行有 128 列，每 8 列对应 1 字节的 8 位，即每行有 16 字节，共 $16 \times 8 = 128$ 个点组成，屏上 64×16 个显示单元与显示 RAM 区 1024 字节相对应，每一字节的内容和显示屏上相应位置的亮暗对应。例如屏的第一行的亮暗由 RAM 区的 000H～00FH 的 16 字节的内容决定。当（000H）=FFH 时，则屏幕的左上角显示一条短亮线，长度为 8 个点；当（3FFH）=FFH 时，则屏幕的右下角显示一条短亮线；当（000H）=FFH，（001H）=00H，（002H）=00H，……（00EH）=00H，（00FH）=00H 时，则在屏幕的顶部显示一条由 8 段亮线和 8 条暗线组成的虚线。这就是 LCD 显示的基本原理。

② 字符的显示　用 LCD 显示一个字符时比较复杂，因为一个字符由 6×8 或 8×8 点阵组成，既要找到和显示屏幕上某几个位置对应的显示 RAM 区的 8 字节，还要使每字节的不同位为"1"，其他的位为"0"，为"1"的点亮，为"0"的不亮。这样一来就组成某个字符。但由于内带字符发生器

的控制器来说，显示字符就比较简单了，可以让控制器工作在文本方式，根据在 LCD 上开始显示的行列号及每行的列数找出显示 RAM 对应的地址，设立光标，在此送上该字符对应的代码即可。

③ 汉字的显示　汉字的显示一般采用图形的方式，事先从微机中提取要显示的汉字的点阵码（一般用字模提取软件），每个汉字占 32B，分左右两半，各占 16B，左边为 1、3、5……，右边为 2、4、6……，根据在 LCD 上开始显示的行列号及每行的列数可找出显示 RAM 对应的地址，设立光标，送上要显示的汉字的第一字节，光标位置加 1，送第二个字节，换行按列对齐，送第三个字节……，直到 32B 显示完就可以在 LCD 上得到一个完整汉字。

11.1.2　字符型液晶 LCD1602 简介

字符型液晶显示模块是一种专门用于显示字母、数字、符号等点阵式 LCD，目前常用 16×1 行，16×2 行，20×2 行和 40×2 行等的模块。下面以某电子有限公司的 1602 字符型液晶显示器为例，介绍其用法。一般 1602 字符型液晶显示器实物如图 11-1 所示。

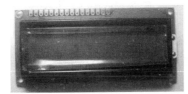

图 11-1　LCD1602 字符型液晶显示器实物图

（1）LCD1602 的基本参数及引脚功能　LCD1602 分为带背光和不带背光两种，其控制器大部分为 HD44780，带背光的比不带背光的厚，是否带背光在应用中并无差别，两者尺寸差别如图 11-2 所示。

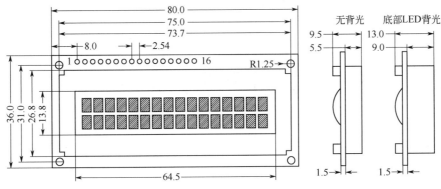

图 11-2　LCD1602 尺寸图

LCD1602 主要技术参数。

显示容量：16×2 个字符。

芯片工作电压：4.5～5.5V。

工作电流：2.0mA(5.0V)。

模块最佳工作电压：5.0V。

字符尺寸：2.95×4.35($W×H$)mm。

（2）引脚功能说明　LCD1602 采用标准的 14 脚（无背光）或 16 脚（带背光）接口，各引脚接口说明如表 11-1 所示。

表 11-1　LCD1602 引脚说明

编　号	符　号	引脚说明	编　号	符　号	引脚说明
1	V_{SS}	电源地	4	RS	寄存器选择
2	V_{DD}	电源正极	5	R/W	读/写选择
3	VL	对比度调整端	6	E	使能端

编 号	符 号	引脚说明	编 号	符 号	引脚说明
7	D0	数据	12	D5	数据
8	D1	数据	13	D6	数据
9	D2	数据	14	D7	数据
10	D3	数据	15	BLA	背光源正极
11	D4	数据	16	BLK	背光源负极

第 1 脚：V_{SS} 为电源地。

第 2 脚：V_{DD} 接+5V 电源。

第 3 脚：VL 为液晶显示器对比度调整端，接正电源时对比度最弱，接地时对比度最高。对比度过高时会产生"鬼影"，使用时可以通过一个 $10k\Omega$ 的电位器调整对比度。

第 4 脚：RS 为寄存器选择，高电平时选择数据寄存器、低电平时选择指令寄存器。

第 5 脚：R/W 为读/写选择，高电平时进行读操作，低电平时进行写操作。当 RS 和 R/W 共同为低电平时，可以写入指令或者显示地址；当 RS 为低电平、R/W 为高电平时，可以读忙信号；当 RS 为高电平、R/W 为低电平时，可以写入数据。

第 6 脚：E 端为使能端，当 E 端由高电平跳变成低电平时，液晶模块执行命令。

第 7~14 脚：D0~D7 为 8 位双向数据线。

第 15 脚：背光源正极。

第 16 脚：背光源负极。

（3）LCD1602 的指令说明及时序 LCD1602 液晶模块内部的控制器共有 11 条控制指令，如表 11-2 所示。

表 11-2 LCD1602 控制指令

序号	指 令	RS	R/W	D7	D6	D5	D4	D3	D2	D1	D0
1	清显示	0	0	0	0	0	0	0	0	0	1
2	光标返回	0	0	0	0	0	0	0	0	1	①
3	光标和显示模式设置	0	0	0	0	0	0	0	1	I/D	S
4	显示开/关控制	0	0	0	0	0	0	1	D	C	B
5	光标或显示移位	0	0	0	0	0	1	S/C	R/L	①	①
6	功能设置命令	0	0	0	0	1	DL	N	F	①	①
7	字符发生器 RAM 地址设置	0	0	0	1	字符发生存储器地址				
8	DDRAM 地址设置	0	0	1	显示数据存储器地址					
9	读忙信号和光标地址	0	1	BF	计数器地址					
10	写数到 CGRAM 或 DDRAM	1	0	要写的数据内容							
11	从 CGRAM 或 DDRAM 读数	1	1	读出的数据内容							

① 无关位，0 或 1 均可。

LCD1602 液晶模块的读写操作、屏幕和光标的操作都是通过指令编程来实现的（说明：1 为高电平、0 为低电平）。

指令 1：清显示。指令码 01H，光标复位到地址 00H 位置。

指令 2：光标返回。光标返回到地址 00H。

指令 3：光标和显示模式设置。I/D 为光标移动方向，高电平右移，低电平左移；S 为屏幕上所有文字是否左移或者右移。高电平表示有效，低电平则无效。

指令 4：显示开/关控制。D 为控制整体显示的开与关，高电平表示开显示，低电平表示关显示；C 为控制光标的开与关，高电平表示有光标，低电平表示无光标；B 为控制光标是否闪烁，高电平闪烁，低电平不闪烁。

指令 5：光标或显示移位。S/C 为高电平时移动显示的文字，低电平时移动光标。

指令 6：功能设置命令。DL 为高电平时为 8 位总线，低电平时为 4 位总线；N 为低电平时为单行显示，高电平时双行显示；F 为低电平时显示 5×7 的点阵字符，高电平时显示 5×10 的点阵字符。

指令 7：字符发生器 RAM 地址设置。

指令 8：DDRAM 地址设置。

指令 9：读忙信号和光标地址。BF 为忙标志位，高电平表示忙，此时模块不能接收命令或者数据，如果为低电平表示不忙。

指令 10：写数据。

指令 11：读数据。

（4）与 HD44780 相兼容的芯片时序表如表 11-3 所示。

表 11-3　LCD1602 基本操作时序表

读 状 态	输入	RS=L, R/W=H, E=H	输出	D0~D7 为状态字
写指令	输入	RS=L, R/W=L, D0~D7=指令码, E=高脉冲	输出	无
读数据	输入	RS=H, R/W=H, E=H	输出	D0~D7 为数据
写数据	输入	RS=H, R/W=L, D0~D7=数据, E=高脉冲	输出	无

读写操作时序如图 11-3 和图 11-4 所示。

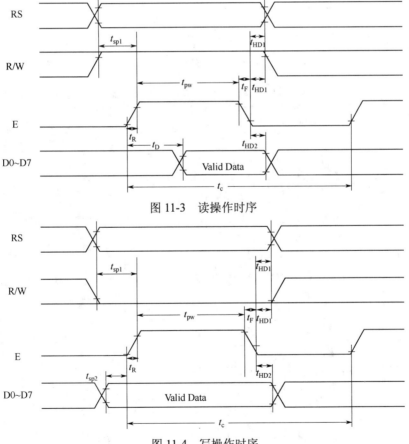

图 11-3　读操作时序

图 11-4　写操作时序

（5）LCD1602 的 RAM 地址映射及标准字库表　液晶显示模块是一个慢显示器件，所以在执行每条指令之前一定要确认模块的忙标志为低电平，表示不忙，否则此指令失效。要显示字符时要先输入显示字符地址，也就是告诉模块在哪里显示字符，图 11-5 是 LCD1602 的内部显示地址。

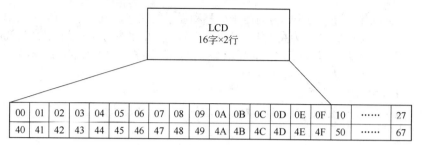

图 11-5　LCD1602 内部显示地址

　　例如第二行第一个字符的地址是 40H，那么是否直接写入 40H 就可以将光标定位在第二行第一个字符的位置呢？这样不行，因为写入显示地址时要求最高位 D7 恒定为高电平，所以实际写入的数据应该是 01000000B(40H)+10000000B(80H)=11000000B(C0H)。

　　在对液晶模块的初始化中要先设置其显示模式，在液晶模块显示字符时光标是自动右移的，无需人工干预。每次输入指令前都要判断液晶模块是否处于忙的状态。

　　1602 液晶模块内部的字符发生存储器（CGROM）已经存储了若干不同的点阵字符图形，如图 11-6 所示，这些字符有阿拉伯数字、英文字母的大小写和常用的符号等，每一个字符都有一个固定的代码，比如大写的英文字母"A"的代码是 01000001B（41H），显示时模块把地址 41H 中的点阵字符图形显示出来，就能看到字母"A"。

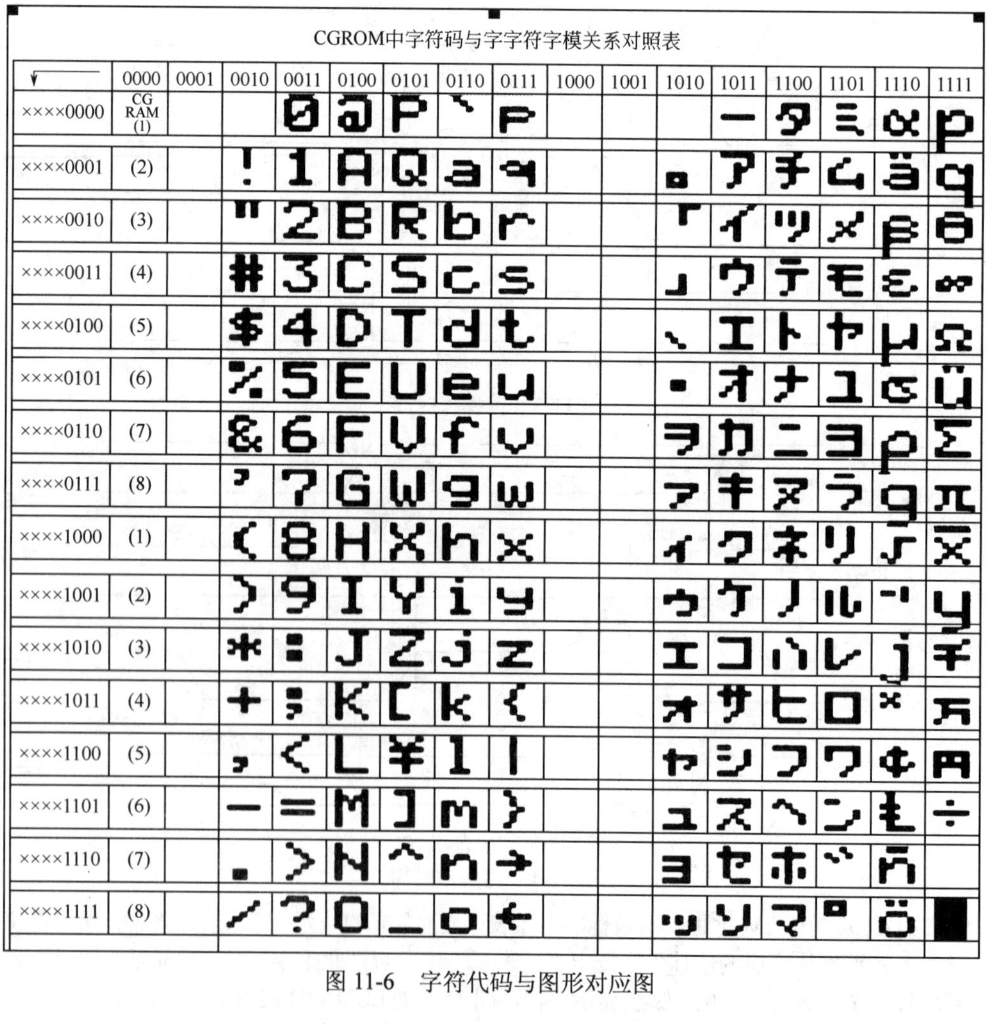

CGROM中字符码与字字符字模关系对照表

	0000	0001	0010	0011	0100	0101	0110	0111	1000	1001	1010	1011	1100	1101	1110	1111
××××0000	CG RAM (1)															
××××0001	(2)															
××××0010	(3)															
××××0011	(4)															
××××0100	(5)															
××××0101	(6)															
××××0110	(7)															
××××0111	(8)															
××××1000	(1)															
××××1001	(2)															
××××1010	(3)															
××××1011	(4)															
××××1100	(5)															
××××1101	(6)															
××××1110	(7)															
××××1111	(8)															

图 11-6　字符代码与图形对应图

（6）LCD1602 的一般初始化（复位）过程 延时 15ms，写指令 38H（不检测忙信号），延时 5ms，写指令 38H（不检测忙信号），延时 5ms，写指令 38H（不检测忙信号）。以后每次写指令、读/写数据操作均需要检测忙信号。写指令如下：

① 写指令 38H：显示模式设置；
② 写指令 08H：显示关闭；
③ 写指令 01H：显示清屏；
④ 写指令 06H：显示光标移动设置；

写指令 0CH：显示开及光标设置。

11.1.3 LCD1602 的软硬件设计实例

1602 液晶显示模块可以和单片机 AT89C51 直接接口，硬件原理图如图 11-7 所示。

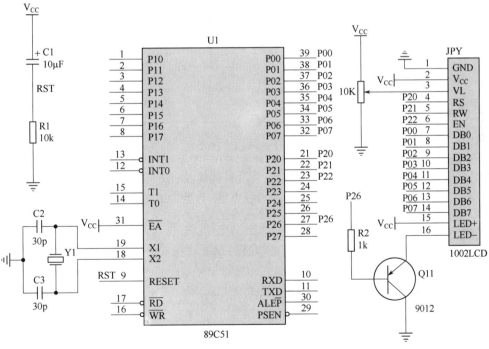

图 11-7 硬件原理图

【例 11-1】 如图 11-8 所示，在 LCD1602 的第一行显示"happy every day!"，第二行显示"gugu 1979candy448"。

程序如下：

```
#include <reg51.h>
#include <intrins.h>
```

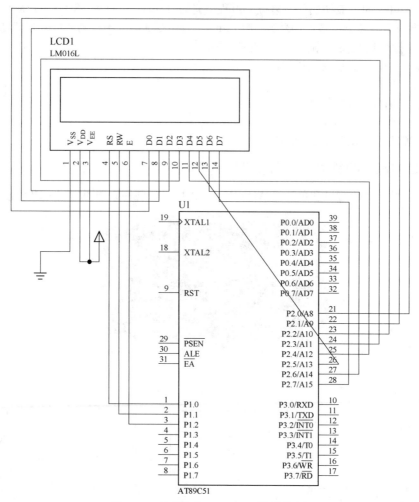

图 11-8　单片机和 LCD1602 的连线图

```
sbit LCD_RS=P1^0;              //RS 寄存器选择;高电平选数据;低电平选指令
sbit LCD_RW=P1^1;              //读写信号线;高电平读操作;低电平写操作
sbit LCD_E=P1^2;               //E 使能端
#define LCD_Data P2            //液晶数据 D7～D0
#define Busy     0x80          //用于检测 LCD 状态字中的 Busy 标识

void WriteDataLCD(unsigned char WDLCD);                        //写数据
void WriteCommandLCD(unsigned char WCLCD,BuysC);              //写指令
unsigned char ReadDataLCD(void);                              //读数据
unsigned char ReadStatusLCD(void);                            //读状态
void LCDInit(void);                                           //LCD 初始化
void DisplayOneChar(unsigned char X, unsigned char Y, unsigned char
DData);                                                       //显示一个字符
void DisplayListChar(unsigned char X, unsigned char Y, unsigned char
code *DData);                                                 //显示一串字符
void Delay5Ms(void);
```

```c
void Delay400Ms(void);
unsigned char code uctech[] = {"happy every day!"};
unsigned char code net[] = {"gugu1979candy448"};

void main(void)
{
    Delay400Ms();                      //启动等待，等 LCD 进入工作状态
    LCDInit();                         //LCD 初始化
    Delay5Ms();                        //延时片刻(可不要)
    DisplayListChar(0, 0, uctech);     //显示第 0 行
    DisplayListChar(0, 1, net);        //显示第 1 行
    ReadDataLCD();                     //测试用句无意义
    while(1);
}


//写数据
void WriteDataLCD(unsigned char WDLCD)
{
    ReadStatusLCD();                   //检测忙
    LCD_Data = WDLCD;
    LCD_RS = 1;
    LCD_RW = 0;
    LCD_E = 0;                         //若晶振速度太高可以在这后加小的延时
    LCD_E = 0;                         //延时
    Delay5Ms();                        //不加延时通不过 PROTEUS 仿真
    LCD_E = 1;
}


//写指令
void WriteCommandLCD(unsigned char WCLCD,BuysC)  //BuysC 为 0 时忽略忙检测
{
    if (BuysC) ReadStatusLCD();        //根据需要检测忙
    LCD_Data = WCLCD;
    LCD_RS = 0;
    LCD_RW = 0;
    LCD_E = 0;
    LCD_E = 0;
    Delay5Ms();
    LCD_E = 1;
}


//读数据
unsigned char ReadDataLCD(void)
{
    LCD_RS = 1;
```

```
      LCD_RW = 1;
      LCD_E = 0;
      LCD_E = 0;
      Delay5Ms();
      LCD_E = 1;
      return(LCD_Data);
}

//读状态
unsigned char ReadStatusLCD(void)
{
   LCD_Data = 0xFF;
   LCD_RS = 0;
   LCD_RW = 1;
   LCD_E = 0;
   LCD_E = 0;
   Delay5Ms();
   LCD_E = 1;
   while (LCD_Data & Busy);         //检测忙信号
   return(LCD_Data);
}

void LCDInit(void)                  //LCD 初始化
{
  LCD_Data = 0;
  WriteCommandLCD(0x38,0);          //三次显示模式设置，不检测忙信号
  Delay5Ms();
  WriteCommandLCD(0x38,0);
  Delay5Ms();
  WriteCommandLCD(0x38,0);
  Delay5Ms();
  WriteCommandLCD(0x38,1);          //显示模式设置,开始要求每次检测忙信号
  WriteCommandLCD(0x08,1);          //关闭显示
  WriteCommandLCD(0x01,1);          //显示清屏
  WriteCommandLCD(0x06,1);          //显示光标移动设置
  WriteCommandLCD(0x0C,1);          //显示开及光标设置
}

//按指定位置显示一个字符
void DisplayOneChar(unsigned char X, unsigned char Y, unsigned char DData)
{
  Y &= 0x01;
  X &= 0x0F;                        //限制 X 不能大于 15，Y 不能大于 1
  if (Y) X |= 0x40;                 //当要显示第二行时地址码+0x40;
  X |= 0x80;                        //算出指令码
```

```c
    WriteCommandLCD(X, 0);                    //这里不检测忙信号，发送地址码
    WriteDataLCD(DData);
}


//按指定位置显示一串字符
//指向数组的指针:int a[10]; int *p; p=&a[0],p指向a[0],是因为将a[0]的地址赋给了p
void DisplayListChar(unsigned char X, unsigned char Y, unsigned char code *DData)
{
  unsigned char ListLength;
  ListLength = 0;
  Y=Y&0x01;                                   //行标志符号,第0行,或者第1行;
  X=X&0x0F;                                    //限制X不能大于15, 0～15显示16个字符
  while (ListLength<=0x0F)                     //若到达字串尾则退出
    {
     if (X<=0x0F)                              //X坐标应小于0xF
      {
        DisplayOneChar(X, Y, DData[ListLength]);      //显示单个字符
        ListLength++;
        X++;
      }
    }
}


//5ms 延时
void Delay5Ms(void)
{
 unsigned int TempCyc = 5552;
 while(TempCyc--);
}


//400ms 延时
void Delay400Ms(void)
{
 unsigned char TempCycA = 5;
 unsigned int TempCycB;
 while(TempCycA--)
  {
   TempCycB=7269;
   while(TempCycB--);
  };
}
```

【例 11-2】 如图 11-9 所示，在 LCD1602 的显示 "I Will Always Love You!"。

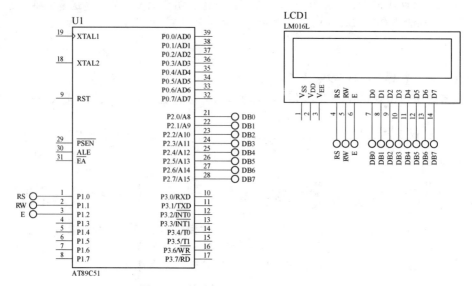

图 11-9　单片机和 LCD1602 的连线图

程序如下：

```c
#include <reg51.h>
#include <intrins.h>
sbit  LCD_RS = P1 ^ 0;
sbit  LCD_RW = P1 ^ 1;
sbit  LCD_E  = P1 ^ 2;
#define  LCD_DATA   P2          //LCD DATA

//函数声明
void  lcd_init(void);
void  display_string(unsigned  char x,unsigned  char y,unsigned  char *s);

//功能描述：短暂延时，使用 12MHz 晶体，约 0.01ms
void dellay(unsigned int  h)
{
  while(h--);                  //0.01ms
}

//功能描述：写数据到 LCD
void  WriteDataLcd(unsigned  char wdata)
{
  LCD_DATA=wdata;
  LCD_RS=1;
  LCD_RW=0;
  LCD_E=0;
  dellay(200);                 //短暂延时，代替检测忙状态
  LCD_E=1;
}
```

```c
//功能描述：写命令到 LCD
void  WriteCommandLcd(unsigned  char wdata)
{
    LCD_DATA=wdata;
    LCD_RS=0;
    LCD_RW=0;
    LCD_E=0;
    dellay(200);                    //短暂延时，代替检测忙状态
    LCD_E=1;
}


//LCD 初始化
void  lcd_init(void)
{
    LCD_DATA=0;
    WriteCommandLcd(0x38);
    dellay(1000);
    WriteCommandLcd(0x38);    //显示模式设置
    WriteCommandLcd(0x08);    //关闭显示
    WriteCommandLcd(0x01);    //显示清屏
    WriteCommandLcd(0x06);    //显示光标移动设置
    WriteCommandLcd(0x0c);    //显示开及光标移动设置
}

//功能描述：设置光标位置，x 是列号，y 是行号
void  display_xy(unsigned  char x,unsigned  char y)
{
    if(y==1)  x=x+0x40;
    x=x+0x80;
    WriteCommandLcd(x);
}

//功能描述：在具体位置显示单个字符，x 是列号，y 是行号
 void  display_char(unsigned  char x,unsigned  char y,unsigned  char dat)
{
    display_xy(x,y);
    WriteDataLcd(dat);
}

//功能描述：在具体位置显示字符串，以/0 结束，x 是列号，y 是行号
void  display_string(unsigned  char x,unsigned  char y,unsigned  char *s)
{
    char n=0;
    if(y>1)
```

```
    y=1;
    display_xy(x,y);
    while(*(s+n))                    //若到达字符串尾则推出
    {
     if(x>=16)                       //第一行超出则在第二行继续写
      {
         display_xy(x-16,1);
      }
     if(x>=32)                       //写满两行则退出
     return;
     WriteDataLcd(*(s+n));
     n++;
     x++;
    }
}


void main()
{
  lcd_init();                       //液初始化
  display_string(0,0,"I  Will  Always Love  You!");        //显示
  while(1);                         //停止
}
```

11.2　液晶 LCD12232

　　HS12232-9 内置 ST7920A 驱动控制器，点阵为 122×32 点，每行 7 个半汉字，共 2 行。内部字形 ROM 包括 8192 个 16×16 点阵的中文字形和 126 个 16×8 点阵的字母符号字形，另外还提供一个 64×256 点的绘图区域（GDRAM）及 240 点的 ICON RAM，可以和文字画面混合显示。内含的 CGRAM 有 4 组可编程的 16×16 点阵的造字功能。与单片机的接口有 8 位并行、4 位并行、2/3 线串行。它采用低功率电源消耗，电压范围 2.7～5.5V，功能齐全，汉字、点阵图形、ASCII 码、曲线同屏显示；上下左右移动当前显示屏幕、清屏、光标显示、闪烁、睡眠、唤醒、关闭显示功能齐备，适合许多场合应用。它内置 8192 个 16×16 点汉字库和 128 个 16×8 点 ASCII 字符集图形点阵液晶显示器，它主要由行驱动器/列驱动器及 128×32 全点阵液晶显示器组成。可完成图形显示，也可以显示 7.5×2 个（16×16 点阵）汉字，与外部 CPU 接口采用并行或串行方式控制。本文介绍点阵式液晶显示器 HS12232-9 和它与单片机的接口及编程的方法，同时给出显示器常用的字符显示和汉字显示程序。

11.2.1　液晶驱动 IC 基本特性

　　① 具有低功耗、供应电压范围宽等特点。
　　② 具有并行和串行输出，并可外接驱动 IC 扩展驱动。
　　③ 具有 2560 位显示 RAM（DDRAM），即 80×8×4 位。
　　④ 具有与 68 系列或 80 系列相适配的 MPU 接口功能，并有专用的指令集，可完成文本显示或图形显示的功能设置。
　　⑤ 视域尺寸：60.5mm×18.0mm（12232-1/-2），54.8mm×18.3mm（12232-3）。
　　⑥ 显示类型：黄底黑字。

⑦ LCD 显示角度：6 点钟直观。

⑧ 驱动方式：1/32 duty（功率比），1/6bias（偏压比）。

⑨ 连接方式：导电胶条，铁框。

⑩ 补充说明：模块外观尺寸可根据用户的要求进行适度调整。

11.2.2 工作参数电气特性（测试条件 T_a=25℃，V_{dd}= (5.0±0.25) V）

① 逻辑工作电压（$V_{DD}-V_{SS}$）：2.4～6.0V

② LCD 驱动电压（$V_{DD}-V_{LCD}$）：3.0～13.5V

③ 工作温度（T_a）：0～55℃（常温）/-20～70℃（宽温）

④ 保存温度（T_{stg}）：-10～70℃

⑤ 输入高电平（V_{ih}）：3.5Vmin

⑥ 输入低电平（V_{il}）：0.55Vmax

⑦ 输出高电平（V_{oh}）：3.75Vmin

⑧ 输出低电平（V_{ol}）：1.0Vmax

⑨ 工作电流：2.0mAmax

11.2.3 接口说明

接口说明见表 11-4。

表 11-4 接口说明

PCB 板引脚号	12232/1	12232/2	12232/3
1	V_{DD}	V_{SS}	
2	GND	V_{DD}	
3	V_{LCD}	V_0	
4	RET	A0	
5	CS1	CS1	
6	CS2	CS2	同 12232-1 引脚
7	R/W	CL（外振时钟）	
8	A0	$\overline{RD}$	
9	D0	$\overline{WR}$	
10	D1	D0	
11	D2	D1	
12	D3	D2	
13	D4	D3	
14	D5	D4	
15	D6	D5	
16	D7	D6	同 12232-1 引脚
17	背光	D7	
18	背光	RES	
19		背光	
20		背光	

11.2.4 LCD12232 管脚说明

① V_{DD}：逻辑电源正

② GND(V_{SS})：逻辑电源地

③ V_{LCD}：LCD 驱动电源

④ RET：复位端，对于 68 系列 MPU：上升沿（L-H）复位，且复位后电平需保持为高电平（H）；对于 80 系列 MPU：下降沿（H-L）复位，且复位后电平需保持为低电平（L）。

⑤ CS1：读写使能。对于 68 系列 MPU，连接使能信号引脚，高电平有效；对于 80 系列 MPU，连接 $\overline{RD}$ 引脚，低电平有效。

⑥ CS2：使能端。

⑦ $\overline{RD}$：读允许，低电平有效。

⑧ $\overline{WR}$：写允许，低电平有效。

⑨ R/W：读写选择，对于 68 系列 MPU，高电平时读数据，低电平时写数据；对于 80 系列 MPU，低电平时允许数据传输，上升沿时锁定数据。

⑩ A0：数据/指令选择。高电平：数据 D0～D7 将送入显示 RAM；低电平：数据 D0～D7 将送入指令执行器执行。

⑪ D0～D7：数据输入输出引脚。

11.2.5　指令描述

（1）显示模式设置

A0	$\overline{RD}$	R/W $\overline{WR}$	D7	D6	D6	D4	D3	D2	D1	D0
0	1	0	1	0	1	0	1	1	1	D

功能：开/关屏幕显示，不改变显示 RAM(DDRAM)中的内容，也不影响内部状态。

D=0，开显示；D=1，关显示。

如果在显示关闭的状态下选择静态驱动模式，那么内部电路将处于安全模式。

（2）设置显示起始行

A0	$\overline{RD}$	R/W $\overline{WR}$	D7	D6	D6	D4	D3	D2	D1	D0
0	1	0	1	1	0	A4	A3	A2	A1	A0

功能：执行该命令后，所设置的行将显示在屏幕的第一行。

起始地址可以是 0～31 范围内任意一行。行地址计数器具有循环计数功能，用于显示行扫描同步，当扫描完一行后自动加 1。

（3）页地址设置

A0	$\overline{RD}$	R/W $\overline{WR}$	D7	D6	D6	D4	D3	D2	D1	D0
0	1	0	H	L	H	H	H	L	A1	A0

功能：设置页地址。

当 MPU 要对 DDRAM 进行读写操作时，首先要设置页地址和列地址。本指令不影响显示。

A1	A0	页地址
0	0	0
0	1	1
1	0	2
1	1	3

（4）列地址设置

A0	$\overline{RD}$	R/W $\overline{WR}$	D7	D6	D6	D4	D3	D2	D1	D0
0	1	0	L	A6	A5	A4	A3	A2	A1	A0

功能：设置 DDRAM 中的列地址。

当 MPU 要对 DDRAM 进行读写操作前，首先要设置页地址和列地址。执行读写命令后，列地址会自动加 1，直到达到 50H 才会停止，但页地址不变。

A6	A5	A4	A3	A2	A1	A0	列地址
0	0	0	0	0	0	0	0
0	0	0	0	0	0	1	1
......							
1	0	0	1	1	1	0	4E
1	0	0	1	1	1	1	4F

（5）读状态指令

A0	$\overline{RD}$	R/W $\overline{WR}$	D7	D6	D6	D4	D3	D2	D1	D0
0	0	1	BUSY	ADC	OM/OFF	RESET	L	L	L	L

功能：检测内部状态。

　　　　BUSY 为忙信号位，BUSY=1：内部正在执行操作；BUSY=0：空闲状态。

　　　　ADC 为显示方向位，ADC=0：反向显示；ADC=1：正向显示。

　　　　ON/OFF 显示开关状态，ON/OFF=0：显示打开，ON/OFF=1：显示关闭。

　　RESET 复位状态，RESET=0：正常，RESET=1：内部正处于复位初始化状态。

（6）写显示数据

A0	$\overline{RD}$	R/W $\overline{WR}$	D7	D6	D6	D4	D3	D2	D1	D0
1	1	0	Write　Data							

功能：将 8 位数据写入 DDRAM，该指令执行后，列地址自动加 1，所以可以连续将数据写入 DDRAM 而不用重新设置列地址。

（7）读显示数据

A0	$\overline{RD}$	R/W $\overline{WR}$	D7	D6	D6	D4	D3	D2	D1	D0
1	0	1	Read　Data							

功能：读出页地址和列地址限定的 DDRAM 地址内的数据。

当"读-修改-写模式"关闭时，每执行一次读指令，列地址自动加 1，所以可以连续从 DDRAM 读出数据而不用设置列地址。

注意：设置完列地址后，首次读显示数据前必须执行一次空的"读显示数据"。这是因为设置完列地址后，第一次读数据时，出现在数据总线上的数据是列地址而不是所要读出的数据。

（8）设置显示方向

A0	$\overline{RD}$	R/W $\overline{WR}$	D7	D6	D6	D4	D3	D2	D1	D0
L	H	L	H	L	H	L	L	L	L	D

功能：该指令设置 DDRAM 中的列地址与段驱动输出的对应关系。

显示当设置 D=0 时，反向；D=1 时，正向。

（9）开/关静态驱动模式设置

A0	$\overline{RD}$	R/W $\overline{WR}$	D7	D6	D6	D4	D3	D2	D1	D0
L	H	L	H	L	H	L	L	H	L	D

功能：D=0 表示关闭静态显示，D=1 表示打开静态显示。

如果在打开静态显示时，执行关闭显示指令，内部电路将被置为安全模式。

（10）DUTY 选择

A0	$\overline{RD}$	R/W $\overline{WR}$	D7	D6	D6	D4	D3	D2	D1	D0
L	H	L	H	L	H	L	H	L	L	D

功能：设置 D=0 表示 1/16DUTY，D=1 表示 1/32DUTY。

（11）"读-修改-写"模式设置

A0	$\overline{RD}$	R/W $\overline{WR}$	D7	D6	D6	D4	D3	D2	D1	D0
L	H	L	H	H	H	L	L	L	L	L

功能：执行该指令以后，每执行一次写数据指令，列地址自动加 1；但执行读数据指令时列地址不会改变。这个状态一直持续到执行"END"指令。

注意：在"读-修改-写"模式下，除列地址设置指令之外，其他指令照常执行。

（12）END 指令

A0	$\overline{RD}$	R/W $\overline{WR}$	D7	D6	D6	D4	D3	D2	D1	D0
L	H	L	H	H	H	L	H	H	H	L

功能：关闭"读-修改-写"模式，并把列地址指针恢复到打开"读-修改-写"模式前的位置。

（13）复位指令

A0	$\overline{RD}$	R/W $\overline{WR}$	D7	D6	D6	D4	D3	D2	D1	D0
L	H	L	H	H	H	L	L	L	H	L

功能：使模块内部初始化。

初始化内容：① 设置显示初始行为第一行；
② 页地址设置为第三页。

复位指令对显示 RAM 没有影响。

（14）设置安全模式

通过关闭显示并打开静态显示的方法，可以设置安全模式，以减小功耗。

安全模式下的内部状态：

① 停止 LCD 驱动。Segment 和 Common 输出 V_{DD} 电平。

② 停止晶体振荡并禁止外部时钟输入，晶振输入 OSC2 引脚处于不确定状态。

③ 显示数据和内部模式不变。

④ 可通过打开显示或关闭静态显示的方法关闭安全模式。

11.2.6 LCD12232 指令码功能表

LCD12232 指令码功能表如表 11-5 所示。

表 11-5　LCD12232 指令码功能表

指　　令	指　令　码								功　　能
	D7	D6	D5	D4	D3	D2	D1	D0	
清除显示	0	0	0	0	0	0	0	1	将 DDRAM 填满 20H，即空格，并且设定 DDRAM 的地址计数器（AC）到 00H
地址归位	0	0	0	0	0	0	1	X	设定 DDRAM 的地址计数器（AC）到 00H，并且将游标移到开头原点位置；这个指令不改变 DDRAM 的内容
显示状态开/关	0	0	0	0	1	D	C	B	D=1：整体显示开； C=1：游标开； B=1：游标位置反白允许
进入点设定	0	0	0	0	0	1	I/D	S	指定在数据的读取和写入时，设定游标的移动方向及指定显示的移位
游标或显示移位控制	0	0	0	0	S/C	R/L	X	X	设定游标的移动与显示的移位；这个指令不改变 DDRAM 的内容
功能设定	0	0	1	DL	X	RE	X	X	DL=0/1：4/8 位数据； RE=1：扩充指令操作； RE=0：基本指令操作
设定 CGRAM 地址	0	1	AC5	AC4	AC3	AC2	AC1	AC0	设定 CGRAM 地址
设定 DDRAM 地址	1	0	AC5	AC4	AC3	AC2	AC1	AC0	设定 DDRAM 地址（显示地址） 第一行：80H～87H 第二行：90H～97H
读取忙标志和地址	BF	AC6	AC5	AC4	AC3	AC2	AC1	AC0	读取忙标志(BF)可以确认内部动作是否完成，同时可以读出地址计数器（AC）的值

11.2.7　LCD12232 应用举例

【例 11-3】 用 C51 编程，实现在 12232 液晶的第一行显示"Big Big World！"第二行显示"世界无限大！"。

```c
#include<reg51.h>
#define uint unsigned int
#define uchar unsigned char
sbit CS=P1^2;
sbit SID=P1^1;
sbit SCLK=P1^0;
uchar code disps[]={"Big Big World! "};
uchar code dispx[]={"世界无限大! "};
void delay(uint xms)
{
    uint i,j;
    for(j=0;j<xms;j++)
        for(i=0;i<110;i++);
}
void send_command(uchar command_data)    //命令发送
{
    uchar i;
    uchar i_data;
    i_data=0xf8;                          //写指令
```

```
    CS=1;
    SCLK=0;
    for(i=0;i<8;i++)                          //第1字节
    {
        SID=(bit)(i_data&0x80);
        SCLK=0;
        SCLK=1;
        i_data=i_data<<1;
    }

    i_data=command_data;
    i_data&=0xf0;
    for(i=0;i<8;i++)                          //第2字节
    {
        SID=(bit)(i_data&0x80);
        SCLK=0;
        SCLK=1;
        i_data=i_data<<1;
    }
    i_data=command_data;
    i_data<<=4;
    for(i=0;i<8;i++)                          //第3字节
    {
        SID=(bit)(i_data&0x80);
        SCLK=0;
        SCLK=1;
        i_data=i_data<<1;
    }
    CS=0;
    delay(10);
}

void send_data(uchar command_data)            //数据发送
{
    uchar i;
    uchar i_data;
    i_data=0xfa;                              //写数据
    CS=1;
    for(i=0;i<8;i++)                          //第1字节
    {
        SID=(bit)(i_data&0x80);
        SCLK=0;
        SCLK=1;
        i_data=i_data<<1;
    }
```

```
    i_data=command_data;
    i_data&=0xf0;
    for(i=0;i<8;i++)                        //第2字节
    {
        SID=(bit)(i_data&0x80);
        SCLK=0;
        SCLK=1;
        i_data=i_data<<1;
    }
    i_data=command_data;
    i_data<<=4;
    for(i=0;i<8;i++)                        //第3字节
    {
        SID=(bit)(i_data&0x80);
        SCLK=0;
        SCLK=1;
        i_data=i_data<<1;
    }
    CS=0;
    delay(10);
}

void init()
{
    delay(100);
    send_command(0x30);                     //设置8位数据口，基本指令模式
    send_command(0x02);                     //清DDRAM
    send_command(0x06);                     //游标及显示右移一位
    send_command(0x0c);                     //整体显示开，游标关，反白关
    send_command(0x01);                     //写入空格清屏幕
    send_command(0x80);                     //设定首次显示位置

}

void display_s()
{
    uchar a;
    send_command(0x80);
    for(a=0;a<14;a++)
    {
        send_data(disps[a]);
    }
}
```

```
void display_x()
{
    uchar a;
    send_command(0x92);
    for(a=0;a<11;a++)
    {
        send_data(dispx[a]);
    }
}
void main()
{
    init();
    display_s();
    display_x();
    while(1);
}
```

程序说明：

① 发送命令和发送数据分别用 send_command( )和 send_data( )函数实现，由前面的描述可知，无论是发送一条命令还是发送一条数据都是由三个字节组成，若发送指令则第一个字节为 0xf8，若发送数据则第一个字为 0xfa，从上面两个函数可看出，它们的不同之处。

② "SID=(bit)(i_data&0x80)"中（bit）表示将后面括号里的数强制转换成位，当把一个字节强制转换成一位时，使用（bit），这里只取这个字节的最高位。整条语句的意思是，将 i_data 的最高位取出来赋给 SID，从而发送给液晶。

③ "i_data=command_data;"和"i_data&=0xf0;"这两句的意思是，将所发送字节的高 4 位取出，低 4 位补 0。

"i_data=command_data;"和"i_data<<4;"这两句的意思是，将所发送的低 4 位移到高 4 位的位置上，原来的低 4 位自动补 0。

④ "lcd_init();"是对 12232 液晶的初始化设置，只有对液晶进行了正确的初始化设置，液晶才能正常运行。

【例 11-4】 用 C51 编程，实现第一行从右侧移入"You are not alone!"，同时第二行从右侧移入"你并不孤独!"，移入速度自定，最后停留在屏幕上。

```
#include<reg51.h>
#define uint unsigned int
#define uchar unsigned char
sbit CS=P1^2;
sbit SID=P1^1;
sbit SCLK=P1^0;
uchar code disps[]={"You are not alone!"};
uchar code dispx[]={"你并不孤独!"};
void delay(uint xms)
{
    uint i,j;
    for(i=xms;i>0;i--)
        for(j=110;j>0;j--);
```

```
}
void send_command(uchar command_data)
{
    uchar i;
    uchar i_data;
    i_data=0xf8;
    CS=1;
    SCLK=0;
    for(i=0;i<8;i++)
    {
        SID=(bit)(i_data&0x80);
        SCLK=0;
        SCLK=1;
        i_data=i_data<<1;
    }

    i_data=command_data;
    i_data&=0xf0;
    for(i=0;i<8;i++)
    {
        SID=(bit)(i_data&0x80);
        SCLK=0;
        SCLK=1;
        i_data=i_data<<1;
    }
    i_data=command_data;
    i_data<<=4;
    for(i=0;i<8;i++)
    {
        SID=(bit)(i_data&0x80);
        SCLK=0;
        SCLK=1;
        i_data=i_data<<1;
    }
    CS=0;
    delay(1);
}

void send_data(uchar command_data)
{
    uchar i;
    uchar i_data;
    i_data=0xfa;
    CS=1;
    for(i=0;i<8;i++)
```

```
    {
        SID=(bit)(i_data&0x80);
        SCLK=0;
        SCLK=1;
        i_data=i_data<<1;
    }

    i_data=command_data;
    i_data&=0xf0;
    for(i=0;i<8;i++)
    {
        SID=(bit)(i_data&0x80);
        SCLK=0;
        SCLK=1;
        i_data=i_data<<1;
    }
    i_data=command_data;
    i_data<<=4;
    for(i=0;i<8;i++)
    {
        SID=(bit)(i_data&0x80);
        SCLK=0;
        SCLK=1;
        i_data=i_data<<1;
    }
    CS=0;
    delay(1);
}

void lcd_init()
{
    delay(100);
    send_command(0x30);        //设置8位数据口，基本指令模式
    send_command(0x02);        //清DDRAM
    send_command(0x06);        //游标及显示右移一位
    send_command(0x0c);        //整体显示开，游标关，反白关
    send_command(0x01);        //写入空格清屏幕
    send_command(0x80);        //设定首次显示位置


}
void display_s(uchar num)
{
    uchar a;
    send_command(0x88-num);
```

```
    for(a=0;a<15;a++)
    {
        send_data(dispx[a]);
    }
}


void display_x(uchar num)
{
    uchar a;
    send_command(0x98-num);
    for(a=0;a<15;a++)
    {
        send_data(dispx[a]);
    }
}



void main()
{
    uchar aa;
    lcd_init();
    for(aa=0;aa<9;aa++)
    {
        display_s(aa);
        display_x(aa);
        delay(300);
    }
    while(1);
}
```

程序说明：

① 由于 12232 液晶没有专门的移屏指令，因此使用 for 循环来实现移屏效果，实际上这种效果是重复向不同的地方写入显示字符而实现的。用这种方法看上去是从右往左移动，也可以从左向右移动。

② Delay(300)延时函数决定屏幕移动的速度，自行调节。

11.3 液晶显示器 LCD12864

11.3.1 液晶 LCD12864 显示模块概述

JM12864M-2 汉字图形点阵液晶显示模块，可显示汉字及图形，内置 8192 个中文汉字（16×16 点阵）、128 个字符（8×16 点阵）及 64×256 点阵显示 RAM（GDRAM）。

主要技术参数和显示特性：

① 电源：V_{DD}3.3～+5V（内置升压电路，无需负压）；

② 显示内容：128 列×64 行

③ 显示颜色：黄绿

④ 显示角度：6：00 钟直视

⑤ LCD 类型：STN

⑥ 与 MCU 接口：8 位或 4 位并行/3 位串行

⑦ 配置 LED 背光

⑧ 多种软件功能：光标显示、画面移位、自定义字符、睡眠模式等

⑨ 外观尺寸：93mm×70mm×12.5mm 视域尺寸：73mm×39mm 如图 11-10 和表 11-6 所示。

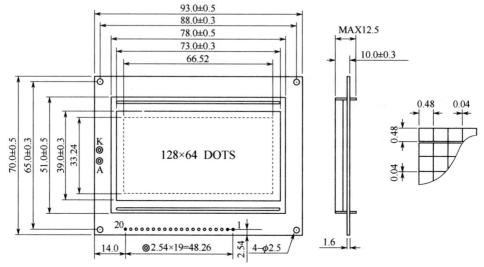

图 11-10 LCD12864 外形尺寸图

表 11-6 LCD12864 外形尺寸

项 目	正 常 尺 寸	单 位
模块体积	93×70×12.5	mm
视域	73.0×39.0	mm
行列点阵数	128×64	dots
点距离	0.52×0.52	mm
点大小	0.48×0.48	mm

11.3.2 LCD12864 模块引脚说明

LCD128X64HZ 引脚说明表如表 11-7 所示。

表 11-7 LCD128X64HZ 引脚说明表

引 脚	引 脚 名 称	方 向	功 能 说 明
1	V_{SS}	—	模块的电源地
2	V_{DD}	—	模块的电源正端
3	V_0	—	LCD 驱动电压输入端
4	RS(CS)	H/L	并行的指令/数据选择信号；串行的片选信号
5	R/W(SID)	H/L	并行的读写选择信号；串行的数据口
6	E(CLK)	H/L	并行的使能信号；串行的同步时钟
7	DB0	H/L	数据 0
8	DB1	H/L	数据 1
9	DB2	H/L	数据 2
10	DB3	H/L	数据 3
11	DB4	H/L	数据 4
12	DB5	H/L	数据 5

引　脚	引 脚 名 称	方　向	功 能 说 明
13	DB6	H/L	数据 6
14	DB7	H/L	数据 7
15	PSB	H/L	并/串行接口选择：H-并行；L-串行
16	NC		空脚
17	$\overline{RET}$	H/L	复位低电平有效
18	NC		空脚
19	LED_A	(LED+5V)	背光源正极
20	LED_K	(LED−0V)	背光源负极

逻辑工作电压（V_{DD}）：4.5～5.5V

电源地（GND）：0V

工作温度（T_a）：−10～60℃（常温）/−20～70℃（宽温）

11.3.3 LCD12864 接口时序

模块有并行和串行两种连接方法（时序如下）。

（1）并行连接时序图

① MPU 写资料到模块如图 11-11 所示。

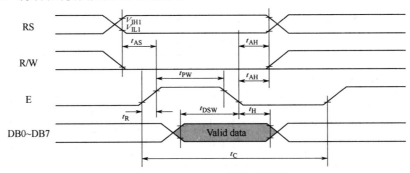

图 11-11　MPU 写资料到模块

② MPU 从模块读出资料如图 11-12 所示。

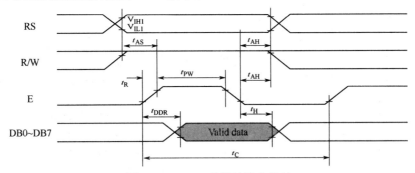

图 11-12　MPU 从模块读出资料

（2）串行连接时序图

串行连接时序图如图 11-13 所示。

串行数据传送共分三个字节完成：

第一字节：串口控制。格式：**11111ABC**

　　A 为数据传送方向控制：H 表示数据从 LCD 到 MCU，L 表示数据从 MCU 到 LCD。

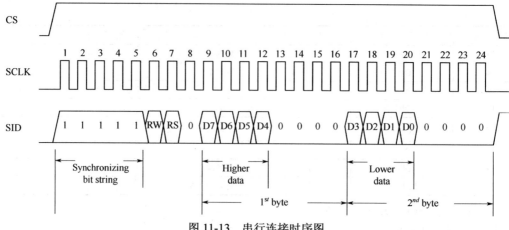

图 11-13　串行连接时序图

B 为数据类型选择：H 表示数据是显示数据，L 表示数据是控制指令

C 固定为 0

第二字节：（并行）8 位数据的高 4 位。格式：DDDD0000

第三字节：（并行）8 位数据的低 4 位。格式：0000DDDD

11.3.4　LCD12864 用户指令集

（1）指令表 1：（RE=0：基本指令集），见表 11-8。

表 11-8　指令表 1

指　令	指令码										说　明	执行时间 （540kHz）
	RS	RW	DB7	DB6	DB5	DB4	DB3	DB2	DB1	DB0		
清除显示	0	0	0	0	0	0	0	0	0	1	将 DDRAM 填满 "20H"，并且设定 DDRAM 的地址计数器（AC）到 "00H"	4.6ms
地址归位	0	0	0	0	0	0	0	0	1	①	设定 DDRAM 的地址计数器（AC）到 "00H"，并且将游标移到开头原点位置；这个指令并不改变 DDRAM 的内容	4.6ms
进入点 设定	0	0	0	0	0	0	0	1	I/D	S	指定在资料的读取与写入时，设定游标移动方向及指定显示的移位	72μs
显示状态 开/关	0	0	0	0	0	0	1	D	C	B	D=1：整体显示 ON C=1：游标 ON B=1：游标位置 ON	72μs
游标或显示 移位控制	0	0	0	0	0	1	S/C	R/L	①	①	设定游标的移动与显示的移位控制位元；这个指令并不改变 DDRAM 的内容	72μs
功能设定	0	0	0	0	1	DL	X	RE	①	①	DL=1：（必须设为 1） RE=1：扩充指令集动作 RE=0：基本指令集动作	72μs
设定 CGRAM 地址	0	0	0	1	AC5	AC4	AC3	AC2	AC1	AC0	设定 CGRAM 地址到地址计数器（AC）	72μs
设定 DDRAM 地址	0	0	1	AC6	AC5	AC4	AC3	AC2	AC1	AC0	设定 DDRAM 地址到地址计数器（AC）	72μs
读取忙标志（BF）和地址	0	1	BF	AC6	AC5	AC4	AC3	AC2	AC1	AC0	读取忙标志（BF）可以确认内部动作是否完成，同时可以读出地址计数器（AC）的值	0μs
写资料到 RAM	1	0	D7	D6	D5	D4	D3	D2	D1	D0	写入资料到内部的 RAM（DDRAM/CGRAM/IRAM/GDRAM）	72μs
读出 RAM 的值	1	1	D7	D6	D5	D4	D3	D2	D1	D0	从内部 RAM 读取资料（DDRAM/CGRAM/IRAM/GDRAM）	72μs

① 无关位，0 或 1 均可。

（2）指令表2：（RE=1：扩充指令集），见表11-9。

表 11-9 指令表 2

指 令	指 令 码										说 明	执行时间（540kHz）
	RS	RW	DB7	DB6	DB5	DB4	DB3	DB2	DB1	DB0		
待命模式	0	0	0	0	0	0	0	0	0	1	将 DDRAM 填满"20H"，并且设定 DDRAM 的地址计数器（AC）到"00H"	72μs
卷动地址或 IRAM 地址选择	0	0	0	0	0	0	0	0	1	SR	SR=1：允许输入垂直卷动地址 SR=0：允许输入 IRAM 地址	72μs
反白选择	0	0	0	0	0	0	0	1	R1	R0	选择 4 行中的任一行作反白显示,并可决定反白与否	72μs
睡眠模式	0	0	0	0	0	0	1	SL	①	①	SL=1：脱离睡眠模式 SL=0：进入睡眠模式	72μs
扩充功能设定	0	0	0	0	1	1	①	RE	G	0	RE=1：扩充指令集动作 RE=0：基本指令集动作 G=1：绘图显示 ON G=0：绘图显示 OFF	72μs
设定 IRAM 地址或卷动地址	0	0	0	1	AC5	AC4	AC3	AC2	AC1	AC0	SR=1：AC5～AC0 为垂直卷动地址 SR=0：AC3～AC0 为 ICON IRAM 地址	72μs
设定绘图 RAM 地址	0	0	1	AC6	AC5	AC4	AC3	AC2	AC1	AC0	设定 CGRAM 地址到地址计数器（AC）	72μs

① 无关位，0 或 1 均可。

备注：

① 当模块在接受指令前，微处理器必须先确认模块内部处于非忙碌状态，即读取 BF 标志时 BF 需为 0，方可接受新的指令。如果在送出一个指令前并不检查 BF 标志，那么在前一个指令和这个指令中间必须延迟一段较长的时间，即是等待前一个指令确实执行完成，指令执行的时间请参考指令表中的个别指令说明。

② "RE"为基本指令集与扩充指令集的选择控制位元，当变更"RE"位元后，往后的指令集将维持在最后的状态，除非再次变更"RE"位元，否则使用相同指令集时，所以不需每次重设"RE"位元。

具体指令介绍如下。

（1）清除显示

RW	RS	DB7	DB6	DB5	DB4	DB3	DB2	DB1	DB0
L	L	L	L	L	L	L	L	L	H

功能。清除显示屏幕，把 DDRAM 地址计数器调整为"00H"。

（2）地址归位

RW	RS	DB7	DB6	DB5	DB4	DB3	DB2	DB1	DB0
L	L	L	L	L	L	L	L	H	X

功能。把 DDRAM 地址计数器调整为"00H"，游标回原点，该功能不影响显示 DDRAM。

（3）地址归位

RW	RS	DB7	DB6	DB5	DB4	DB3	DB2	DB1	DB0
L	L	L	L	L	L	L	H	I/D	S

功能。把 DDRAM 地址计数器调整为"00H",游标回原点,该功能不影响显示 DDRAM 功能。执行该命令后,所设置的行将显示在屏幕的第一行。显示起始行是由 Z 地址计数器控制的,该命令自动将 A0～A5 位地址送入 Z 地址计数器,起始地址可以是 0～63 范围内任意一行。Z 地址计数器具有循环计数功能,用于显示行扫描同步,当扫描完一行后自动加 1。

（4）显示状态开/关

RW	RS	DB7	DB6	DB5	DB4	DB3	DB2	DB1	DB0
L	L	L	L	L	L	H	D	C	B

功能。D=1;整体显示 ON;C=1:游标 ON;B=1:游标位置 ON。

（5）游标或显示移位控制

RW	RS	DB7	DB6	DB5	DB4	DB3	DB2	DB1	DB0
L	L	L	L	L	H	S/C	R/L	X	X

功能。设定游标的移动与显示的移位控制位:这个指令并不改变 DDRAM 的内容。

（6）功能设定

RW	RS	DB7	DB6	DB5	DB4	DB3	DB2	DB1	DB0
L	L	L	L	L	H	DL	X	0 RE	X	X

功能。DL=1（必须设为 1）;RE=1;扩充指令集动作;RE=0:基本指令集动作。

（7）设定 CGRAM 地址

RW	RS	DB7	DB6	DB5	DB4	DB3	DB2	DB1	DB0
L	L	L	H	AC5	AC4	AC3	AC2	AC1	AC0

功能。设定 CGRAM 地址到位址计数器（AC）

（8）设定 DDRAM 地址

RW	RS	DB7	DB6	DB5	DB4	DB3	DB2	DB1	DB0
L	L	H	AC6	AC5	AC4	AC3	AC2	AC1	AC0

功能。设定 DDRAM 地址到地址计数器（AC）。

（9）读取忙碌状态（BF）和地址

RW	RS	DB7	DB6	DB5	DB4	DB3	DB2	DB1	DB0
L	H	BF	AC6	AC5	AC4	AC3	AC2	AC1	AC0

功能。读取忙碌状态（BF）可以确认内部动作是否完成,同时可以读出位址计数器（AC）的值。

（10）写资料到 RAM

RW	RS	DB7	DB6	DB5	DB4	DB3	DB2	DB1	DB0
H	L	D7	D6	D5	D4	D3	D2	D1	D0

功能。写入资料到内部的 RAM（DDRAM/CGRAM/TRAM/GDRAM）。

（11）读出 RAM 的值

RW	RS	DB7	DB6	DB5	DB4	DB3	DB2	DB1	DB0
H	H	D7	D6	D5	D4	D3	D2	D1	D0

功能。从内部 RAM 读取资料（DDRAM/CGRAM/TRAM/GDRAM）。

（12）待命模式（12H）

RW	RS	DB7	DB6	DB5	DB4	DB3	DB2	DB1	DB0
L	L	L	L	L	L	L	L	L	H

功能。进入待命模式，执行其他命令都可终止待命模式。

（13）卷动位址或 IRAM 位址选择（13H）

RW	RS	DB7	DB6	DB5	DB4	DB3	DB2	DB1	DB0
L	L	L	L	L	L	L	L	H	SR

功能。SR=1：允许输入卷动位址；SR=0：允许输入 IRAM 位址。

（14）反白选择（14H）

RW	RS	DB7	DB6	DB5	DB4	DB3	DB2	DB1	DB0
L	L	L	L	L	L	L	H	R1	R0

功能。选择 4 行中的任一行作反白显示，并可决定是否反白。

（15）睡眠模式（015H）

RW	RS	DB7	DB6	DB5	DB4	DB3	DB2	DB1	DB0
L	L	L	L	L	L	H	SL	X	X

功能。SL=1：脱离睡眠模式；SL=0：进入睡眠模式。

（16）扩充功能设定（016H）

RW	RS	DB7	DB6	DB5	DB4	DB3	DB2	DB1	DB0
L	L	L	L	H	H	X	RE	G	L

功能。RE=1：扩充指令集动作；RE=0：基本指令集动作；G=1：绘图显示 ON；G=0：绘图显示 OFF。

（17）设定 IRAM 地址或卷动地址（017H）

RW	RS	DB7	DB6	DB5	DB4	DB3	DB2	DB1	DB0
L	L	L	H	AC5	AC4	AC3	AC2	AC1	AC0

功能。SR=1：AC5～AC0 为垂直卷动位址；SR=0：AC3～AC0 写 ICONRAM 位址。

（18）设定绘图 RAM 地址（018H）

RW	RS	DB7	DB6	DB5	DB4	DB3	DB2	DB1	DB0
L	L	H	AC6	AC5	AC4	AC3	AC2	AC1	AC0

功能。设定 GDRAM 地址到地址计数器（AC）。

11.3.5 LCD12864 显示坐标关系

（1）汉字显示坐标（见表 11-10）

表 11-10 汉字显示坐标

行	X 坐标							
Line1	80H	81H	82H	83H	84H	85H	86H	87H
Line2	90H	91H	92H	93H	94H	95H	96H	97H
Line3	88H	89H	8AH	8BH	8CH	8DH	8EH	8FH
Line4	98H	99H	9AH	9BH	9CH	9DH	9EH	9FH

（2）图形显示坐标　水平方向 X 为以字节为单位；垂直方向 Y 为以位为单位。见图 11-14。

（3）字符表（见图 11-15）

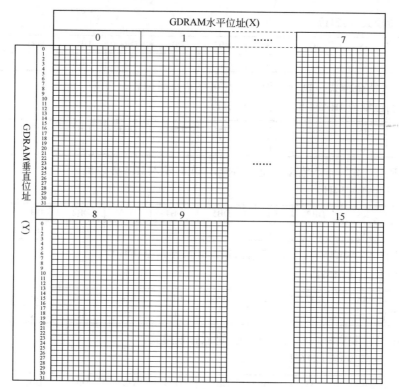

图 11-14　图形显示坐标

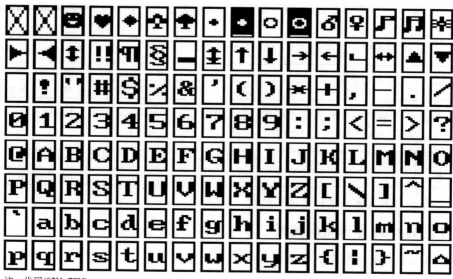

注：代码(02H~7FH)

图 11-15　字符表

11.3.6　LCD12864 显示 RAM

（1）文本显示 RAM（DDRAM）　文本显示 RAM 提供 4 行（每行 8 个）的汉字空间，当写入文本显示 RAM 时，可以分别显示 CGROM、HCGROM 与 CGRAM 的字形；ST7920A 可以显示三种字形，分别是半宽的 HCGROM 字形、CGRAM 字形及中文 CGROM 字形。三种字形的选择，由在 DDRAM 中写入的编码选择，各种字形详细编码如下。

① 显示半宽字形：将一位字节写入 DDRAM 中，范围为 02H～7FH 的编码。

② 显示 CGRAM 字形：将两字节编码写入 DDRAM 中，总共有 0000H、0002H、0004H、0006H 四种编码。

③ 显示中文字形：将两字节编码写入 DDRAM，范围为 A1A0H～F7FFH（GB 码）或 A140H～D75FH（BIG5 码）的编码。

（2）绘图 RAM（GDRAM）　绘图显示 RAM 提供 128×8 字节的记忆空间，在更改绘图 RAM 时，先连续写入水平与垂直的坐标值，再写入两个字节的数据到绘图 RAM，而地址计数器（AC）会自动加 1；在写入绘图 RAM 的期间，绘图显示必须关闭，整个写入绘图 RAM 的步骤如下。

① 关闭绘图显示功能。

② 先将水平的位元组坐标（X）写入绘图 RAM 地址。

③ 再将垂直的坐标（Y）写入绘图 RAM 地址。

④ 将 D15～D8 写入到 RAM 中；将 D7～D0 写入到 RAM 中。

⑤ 打开绘图显示功能。

⑥ 绘图显示的缓冲区对应分布请参考"显示坐标"。

⑦ 游标/闪烁控制。

ST7920A 提供硬件游标及闪烁控制电路，由地址计数器（address counter）的值来指定 DDRAM 中的游标或闪烁位置。

11.3.7　LCD12864 应用举例

【例 11-5】　如图 11-16 所示，用 C 编写程序，在 LCD12864 上显示"中山大学"四个字。

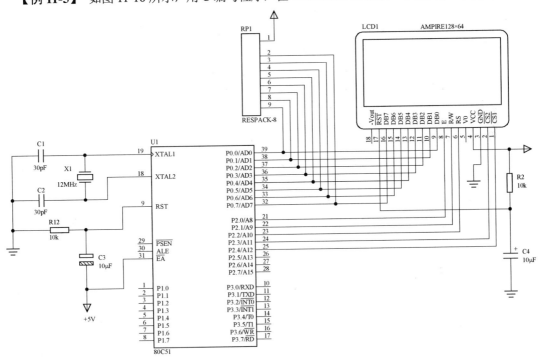

图 11-16　单片机与 LCD12864 电路的连接

程序如下：

```
//函数库名称：12864 显示函数
#include<reg51.h>
#include<absacc.h>
#include<intrins.h>
```

```
#define uchar unsigned char
#define uint unsigned int
#define PORT P0

sbit CS1=P2^4;              //左半屏片选脚
sbit CS2=P2^3;              //右半屏片选脚
sbit RS=P2^2;               //H 代表数据输入，L 代表指令码输入
sbit RW=P2^1;               //H 读取，L 写入
sbit E=P2^0;                //使能，由 H 到 L 完成使能
sbit bflag=P0^7;            //忙标志位

uchar code Num[]={
0x00,0x20,0x60,0xE0,0xE0,0xE0,0xF0,0xFC,
0xFF,0xFC,0xF0,0xE0,0xE0,0xE0,0x60,0x20,
0x00,0x00,0x40,0x30,0x3D,0x1F,0x1F,0x0F,
0x07,0x0F,0x1F,0x1F,0x3D,0x30,0x40,0x00,        //星号
0x00,0xf8,0x08,0x08,0x08,0x08,0x08,0xff,
0x08,0x08,0x08,0x08,0x08,0xfc,0x08,0x00,
0x00,0x03,0x01,0x01,0x01,0x01,0x01,0xff,
0x01,0x01,0x01,0x01,0x01,0x03,0x00,0x00,        //中
0x00,0xf0,0x00,0x00,0x00,0x00,0x00,0xff,
0x00,0x00,0x00,0x00,0x00,0xf0,0x00,0x00,
0x00,0x7f,0x20,0x20,0x20,0x20,0x20,0x3f,
0x20,0x20,0x20,0x20,0x20,0x7f,0x00,0x00,        //山
0x20,0x20,0x20,0x20,0x20,0x20,0xa0,0x7f,
0xa0,0x20,0x20,0x20,0x20,0x30,0x20,0x00,
0x00,0x40,0x40,0x20,0x10,0x0c,0x03,0x00,
0x01,0x06,0x08,0x10,0x20,0x60,0x20,0x00,        //大
0x40,0x30,0x11,0x96,0x90,0x90,0x91,0x96,
0x90,0x90,0x98,0x14,0x13,0x50,0x30,0x00,
0x04,0x04,0x04,0x04,0x04,0x44,0x84,0x7e,
0x06,0x05,0x04,0x04,0x04,0x06,0x04,0x00,        //学
};

//****驱动函数****
void Left()                 //选左半屏
{
 CS1=0;
 CS2=1;
}


void Right()                //选右半屏
{
 CS1=1;
 CS2=0;
```

```
}

void Busy_12864()                      //判忙函数
{
  do
    {
      E=0;
      RS=0;                            //读状态
      RW=1;
      PORT=0xff;
      E=1;
      E=0;
    }
  while(bflag);                        //若 bflag=1 则代表系统忙
}


void Wreg(uchar c)                     //写指令
{
    Busy_12864();
    RS=0;
    RW=0;
    PORT=c;
    E=1;                               //E 下降沿，液晶模块从数据总线写入指令
    E=0;
}


void Wdata(uchar c)                    //写数据
{
    Busy_12864();
    RS=1;
    RW=0;
    PORT=c;
    E=1;
    E=0;
}


void Pagefirst(uchar c)        //页设置
//LCD12864 一共可以画 32 个字，4 行，每行 8 个字，左半屏 4 个，右半屏 4 个;
//每个字占两页，第 0 页显示上半字，第 1 页显示下半字，画 1 个字是 16x16 个点;
//8 小行为一页，DDRAM 共 64 小行，即 8 页，Page0～Page7，所以只能显示 4 行汉字
{
    uchar i;
    i=c;
    c=i|0xb8;//实际页数和 b8(即 10111000B) 的 "或" 运算就是要送的代码，逻辑加法
    Busy_12864();
```

```
            Wreg(c);
    }

void Linefirst(uchar c)    //列设置，Y=0~63，左右半屏各 64 列
{
    uchar i;
    i=c;
    c=i|0x40;    //实际列数和 40H(即 01000000B)的 "或" 运算就是要送的代码
    Busy_12864();
    Wreg(c);
}


//****清屏函数****
void Ready_12864()
{
    uint i,j;
    Left();
    Wreg(0x3f);                    //左屏开显示;0x3e 为关显示的控制字
    Right();
    Wreg(0x3f);                    //右屏开显示;0x3f 为开显示的控制字

    Left();                //清左屏
    for(i=0;i<8;i++)
    {
            Pagefirst(i);
            Linefirst(0x00);
            for(j=0;j<64;j++)
            {
             Wdata(0x00);
            }
    }

    Right();                //清右屏
    for(i=0;i<8;i++)
    {
            Pagefirst(i);
            Linefirst(0x00);
            for(j=0;j<64;j++)
            {
             Wdata(0x00);
            }
        }
}


//****16×6 汉字显示程序****
```

```c
void Display(uchar *s,uchar page,uchar line)
{
//先上半字,再下半字; 由左向右逐列送值
    uchar i,j;
    Pagefirst(page);
    Linefirst(line);
    for(i=0;i<16;i++)
      {
        Wdata(*s);//指针 s 指向数组 Num 进行抽数
        s++;
      }
    Pagefirst(page+1);
    //换页,显示下半字,一个字需要两页才可以完成显示,即 16 小行
    Linefirst(line);
    for(j=0;j<16;j++)
      {
        Wdata(*s);
         s++;
      }
}


main()//主程序
{
  //(3页、4页)显示 6 个字;
    Ready_12864();
    Left();
    Display(Num+0,0x03,16);          //第 3 页第 16 列(左屏第 1 个字位置)
    Display(Num+32,0x03,32);         //第 3 页第 32 列(左屏第 2 个字位置)
    Display(Num+64,0x03,48);         //第 3 页第 48 列(左屏第 3 个字位置)
    Right();
    Display(Num+96,0x03,0);          //第 3 页第 0 列(右屏第 0 个字位置)
    Display(Num+128,0x03,16);        //第 3 页第 16 列(右屏第 1 个字位置)
    Display(Num+0,0x03,32);          //第 3 页第 32 列(右屏第 2 个字位置)
    while(1);
}
```

【例 11-6】 如图 11-17 所示,用 C 编程,在 4×4 键盘上按键,在 LCD12864 显示相应的按键。
程序如下:

```c
#include  <reg51.h>
#include <INTRINS.H>
#define  an P0  /*使用 P0 口作键盘输入*/
/*****液晶显示*****
KS0108 驱动芯片的 LCD
*******************/
#define c8   8
#define c16 16
```

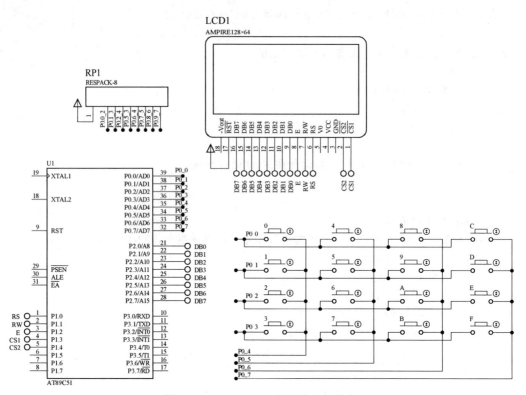

图 11-17   LCD12864 显示的 4×4 键盘

```
/*************************/
#define ksdd P2    /*数据输出*/
sbit ksrs  = P1^0;
sbit ksrw  = P1^1;
sbit kse   = P1^2;
sbit kscs1 = P1^3;
sbit kscs2 = P1^4;
/*************************/
/*中*/code unsigned char zhong[32]={
0x00,0xf8,0x08,0x08,0x08,0x08,0x08,0xff,
0x08,0x08,0x08,0x08,0x08,0xfc,0x08,0x00,
0x00,0x03,0x01,0x01,0x01,0x01,0x01,0xff,
0x01,0x01,0x01,0x01,0x01,0x03,0x00,0x00};
/*文*/code unsigned char wen[32]={
0x08,0x08,0x08,0x18,0x68,0x88,0x09,0x0e,
0x08,0x08,0xc8,0x38,0x08,0x0c,0x08,0x00,
0x80,0x80,0x40,0x40,0x20,0x11,0x0a,0x04,
0x0a,0x11,0x10,0x20,0x40,0xc0,0x40,0x00};
/*液*/code unsigned char ye[32]={
0x10,0x22,0x64,0x0c,0x80,0x04,0xc4,0x34,
0x05,0xc6,0xbc,0x24,0x24,0xe6,0x04,0x00,
0x04,0x04,0xfe,0x01,0x02,0x01,0xff,0x42,
0x21,0x16,0x08,0x15,0x23,0x60,0x20,0x00};
```

```c
/*晶*/code unsigned char jing[32]={
0x00,0x00,0x00,0x00,0xff,0x49,0x49,0x49,
0x49,0x49,0xff,0x00,0x00,0x80,0x00,0x00,
0x00,0xff,0x49,0x49,0x49,0x49,0xff,0x00,
0xff,0x49,0x49,0x49,0x49,0xff,0x01,0x00};
/*显*/code unsigned char xian[32]={
0x00,0x00,0x00,0xfe,0x92,0x92,0x92,0x92,
0x92,0x92,0x92,0xff,0x02,0x00,0x00,0x00,
0x40,0x42,0x44,0x4d,0x40,0x7f,0x40,0x40,
0x40,0x7f,0x40,0x49,0x44,0x66,0x40,0x00};
/*示*/code unsigned char shi[32]={
0x40,0x40,0x42,0x42,0x42,0x42,0x42,0xc2,
0x42,0x42,0x42,0x43,0x42,0x60,0x40,0x00,
0x00,0x10,0x08,0x04,0x06,0x40,0x80,0x7f,
0x00,0x00,0x02,0x04,0x0c,0x18,0x00,0x00};
/*0*/code unsigned char zero[32]={
0x00,0x00,0x00,0x00,0xf0,0xf8,0x0c,0x04,
0x04,0x04,0x0c,0xf8,0xf0,0x00,0x00,0x00,
0x00,0x00,0x00,0x00,0x0f,0x1f,0x30,0x20,
0x20,0x20,0x30,0x1f,0x0f,0x00,0x00,0x00};
/*16x16 数字字模*/
/*1*/code unsigned char  one[32]={
0x00,0x00,0x00,0x00,0x00,0x00,0x08,0xf8,
0xfc,0x00,0x00,0x00,0x00,0x00,0x00,0x00,
0x00,0x00,0x00,0x00,0x00,0x00,0x20,0x3f,
0x3f,0x20,0x00,0x00,0x00,0x00,0x00,0x00};
/*2*/code unsigned char  two[32]={
0x00,0x00,0x00,0x00,0x30,0x38,0x0c,0x04,
0x04,0x0c,0xf8,0xf0,0x00,0x00,0x00,0x00,
0x00,0x00,0x00,0x00,0x20,0x30,0x38,0x2c,
0x26,0x23,0x21,0x38,0x00,0x00,0x00,0x00};
/*3*/code unsigned char three[32]={
0x00,0x00,0x00,0x00,0x10,0x18,0x0c,0x84,
0x84,0xcc,0x78,0x30,0x00,0x00,0x00,0x00,
0x00,0x00,0x00,0x00,0x08,0x18,0x30,0x20,
0x20,0x31,0x1f,0x0e,0x00,0x00,0x00,0x00};
/*4*/code unsigned char four[32]={
0x00,0x00,0x00,0x00,0x80,0xc0,0x70,0x18,
0xfc,0xfe,0x00,0x00,0x00,0x00,0x00,0x00,
0x00,0x00,0x00,0x06,0x07,0x05,0x04,0x24,
0x3f,0x3f,0x24,0x04,0x00,0x00,0x00,0x00};
/*5*/code unsigned char fine[32]={
0x00,0x00,0x00,0x00,0xfc,0xfc,0xc4,0x44,
0x44,0xc4,0x84,0x04,0x00,0x00,0x00,0x00,
0x00,0x00,0x00,0x00,0x08,0x18,0x30,0x20,
```

```
0x20,0x30,0x1f,0x0f,0x00,0x00,0x00,0x00};
/*6*/code unsigned char six[32]={
0x00,0x00,0x00,0x00,0xf0,0xf8,0x8c,0x44,
0x44,0xcc,0x98,0x10,0x00,0x00,0x00,0x00,
0x00,0x00,0x00,0x00,0x0f,0x1f,0x30,0x20,
0x20,0x30,0x1f,0x0f,0x00,0x00,0x00,0x00};
/*7*/code unsigned char seven[32]={
0x00,0x00,0x00,0x00,0x1c,0x0c,0x0c,0x0c,
0xcc,0xec,0x3c,0x1c,0x00,0x00,0x00,0x00,
0x00,0x00,0x00,0x00,0x00,0x00,0x3c,0x3f,
0x03,0x00,0x00,0x00,0x00,0x00,0x00,0x00};
/*8*/code unsigned char eight[32]={
0x00,0x00,0x00,0x00,0x30,0x78,0xcc,0x84,
0x84,0xcc,0x78,0x30,0x00,0x00,0x00,0x00,
0x00,0x00,0x00,0x00,0x0e,0x1f,0x31,0x20,
0x20,0x31,0x1f,0x0e,0x00,0x00,0x00,0x00};
/*9*/code unsigned char nine[32]={
0x00,0x00,0x00,0x00,0xf0,0xf8,0x0c,0x04,
0x04,0x0c,0xf8,0xf0,0x00,0x00,0x00,0x00,
0x00,0x00,0x00,0x00,0x08,0x19,0x33,0x22,
0x22,0x33,0x1f,0x0f,0x00,0x00,0x00,0x00};
/*A*/code unsigned char AA[32]={
0x00,0x00,0x00,0x00,0x00,0x80,0x60,0x18,
0x0c,0x78,0xe0,0x80,0x00,0x00,0x00,0x00,
0x00,0x00,0x00,0x20,0x3c,0x27,0x02,0x02,
0x02,0x02,0x27,0x3f,0x3c,0x20,0x00,0x00};
/*B*/code unsigned char BB[32]={
0x00,0x00,0x00,0x04,0xfc,0xfc,0x84,0x84,
0x84,0x84,0xcc,0xf8,0x38,0x00,0x00,0x00,
0x00,0x00,0x00,0x20,0x3f,0x3f,0x20,0x20,
0x20,0x20,0x30,0x11,0x1f,0x0e,0x00,0x00};
/*C*/code unsigned char CC[32]={
0x00,0x00,0x00,0xe0,0xf0,0x18,0x0c,0x04,
0x04,0x04,0x0c,0x18,0x18,0x00,0x00,0x00,
0x00,0x00,0x00,0x07,0x0f,0x18,0x30,0x20,
0x20,0x20,0x30,0x10,0x08,0x00,0x00,0x00};
/*D*/code unsigned char DD[32]={
0x00,0x00,0x00,0x04,0xfc,0xfc,0x04,0x04,
0x04,0x0c,0x08,0x18,0xf0,0xe0,0x00,0x00,
0x00,0x00,0x00,0x20,0x3f,0x3f,0x20,0x20,
0x20,0x30,0x10,0x18,0x0f,0x07,0x00,0x00};
/*E*/code unsigned char EE[32]={
0x00,0x00,0x00,0x04,0xfc,0xfc,0x84,0x84,
0x84,0x84,0xc4,0x0c,0x1c,0x00,0x00,0x00,
0x00,0x00,0x00,0x20,0x3f,0x3f,0x20,0x20,
```

```
0x20,0x20,0x21,0x30,0x38,0x00,0x00,0x00};
/*F*/code unsigned char FF[32]={
0x00,0x00,0x00,0x04,0xfc,0xfc,0x84,0x84,
0x84,0x84,0xc4,0x0c,0x1c,0x00,0x00,0x00,
0x00,0x00,0x00,0x20,0x3f,0x3f,0x20,0x00,
0x00,0x00,0x01,0x00,0x00,0x00,0x00,0x00};
//////////////////////////////
//////////////////////////////
code unsigned char *xianshi[]={ye,jing,xian,shi,zhong,wen,0};//用一
个数组存字模的首地址,方便显示。
code unsigned char *xianshu[]={zero,one,two,three,four,fine,six,
seven,eight,nine,AA,BB,CC,DD,EE,FF,0};
//*************液晶**********//
void ksbusy(void)                                  //读忙
  {
        do
        {
        ksrs=0;
        ksrw=1;
        ksdd=0xff;
        _nop_();
        _nop_();
        kse=1;
        _nop_();
        _nop_();
        kse=0;
        }
      while ((ksdd&0x80)==0x80);
  }


void kswrite (unsigned char ksswrite)              //写指令
{  ksbusy();
   ksrs=0;
   ksrw=0;
   ksdd=ksswrite;
   kse=1;
   kse=0;
}

void ksdata (unsigned char ksdata,unsigned char ksi)    //写入一个数据
{  ksbusy();
   ksrs=1;
   ksrw=0;
   if(ksi==0)
```

```c
        {
        ksdd=ksdata;              //ksi=0 时正常输出数据
        }
         else
        {
        ksdd=~ksdata;             //ksi=1 时取反输出数据
        }
        kse=1;
        kse=0;
   }

    void kschoice (unsigned char ksschoice )   //片选1为选CS1,关CS2,不为
1时则开CS2
      {
      if(ksschoice==1)
       {
      kscs1=0;
      kscs2=1;
       }
       else
       {
      kscs1=1;
      kscs2=0;
        }
    }
//////////////////////////////////////////////////////////
//////////////////////////////////////////////////////////
/****************
 液晶初始化程序 initks();

*****************/
 void initks()
 {
     kschoice (1);          //选左半屏
     kswrite(0x30);         //开显示
     kswrite(0xc0);         //设置显示起始为第0行
     kschoice (2);          //选右半屏
     kswrite(0x30);         //开显示
     kswrite(0xc0);         //设置显示起始为第0行
 }

/***********************************************
12864 液晶显示函数 ksxie();
使用方法:
   x:选行 ( 0 到 7 小行)
```

y:选列（0 到 127）
　　　c8or16:选 8×16 或 16×16.(c8 为选 8×16,c16 为选 16×16)
　　　*s:字体数组
　　　ksi:选择数据输出方式 0 为正常显示,方式 1 为反白显示
**/


```
void ksxie(unsigned char x,unsigned char y,unsigned char c8or16,
unsigned char *s,unsigned ksi)
  {
  kschoice (2);              //选右半屏
  kswrite (0xc0);            //再设置一次显示起始地址,以防显示数据乱码
  kschoice (1);              //选左半屏
  kswrite (0xc0);            //再设置一次显示起始地址,以防显示数据乱码
  while(c8or16--)
    {
    if(y<64)                 //y<64 则左半屏处理
      {
      //设置行,写上半字
      kschoice (1);          //选左半屏
      kswrite (0xb8|x);      //设置行
      kswrite (0x40|y);      //设置列
      ksdata (*s,ksi);       //写数据
      //设置行,写下半字
      kschoice (1);          //选左半屏
      kswrite (0xb8|(x+1));  //设置行
      kswrite (0x40|y);      //设置列
      ksdata (*(s+16),ksi);  //写数据
      s++;                   //指向字形的下一位
      y++;                   //列自增
      }
    else
    { if(y<128)
      {
      //y>=64 则右半屏处理
        //设置行,写上半字
      kschoice (2);          //选左半屏
      kswrite (0xb8|x);      //设置行
      kswrite (0x40|(y-64)); //设置列
      ksdata (*s,ksi);       //写数据
      //设置行,写下半字
      kschoice (2);          //选左半屏
      kswrite (0xb8|(x+1));  //设置行
      kswrite (0x40|(y-64)); //设置列
      ksdata (*(s+16),ksi);  //写数据
      s++;                   //指向字形的下一位
```

```c
            y++;                        //列自增
        }
        if(y>=128)
            return ;                    //超出列范围则退出
        }
    }
}


/*************************
清行函数 clearx();
使用方法:
kk 为起始行
kkk 为结束行

例如: 清所有行 clearx(0,7);
      清第一, 二小行 clearx(0,1);
      注意每个字占两小行。
*************************/
void clearx(unsigned char kk,unsigned char kkk)
{   unsigned char ksbb,ksaa;
    for(ksaa=(0xb8|kk);ksaa<=(0xb8|kkk);ksaa++)
        {
            kschoice (1);                   //选左半屏
            kswrite (ksaa);                 //设置行
            kschoice (2);                   //选右半屏
            kswrite (ksaa);                 //设置行
        for(ksbb=0;ksbb<=64;ksbb++)
            { kschoice (1);                 //选左半屏
              kswrite (ksbb|0x40);          //设置列
              ksdata (0x00,0) ;             //写入 0
              kschoice (2);                 //选右半屏
              kswrite (ksbb|0x40);          //设置列
              ksdata (0x00,0) ;             //写入 0
              }
        }
}
/*********液晶结束~*********/

/**************************/
/******以下为16x16键盘********/

void jpdelay(unsigned int a,unsigned int b)    //去抖动延时
{
 unsigned int c;
  while(a--)
```

```
    {
      for(c=0;c<b;c++)
      {}
    }
  }

char jianpan(void)              //键盘
{ char a;
  unsigned int b=0;

  an=0x0f;                      //低四位置高电平
  a=an;                         //读 P0 状态
  if(a!=0x0f)                   //有键按下
  {
    jpdelay(50,100);            //延时去抖动
    if(a==an)                   //确定是按下相应的键
    {
      a=a&0x0f;                 //保留低四位的信息
      an=0xf0;                  //高四位输出高电平

      a=(a)|(an&0xf0);          //读 P0 高四位状态,并记下到 a 上,现在 a 的高四位和
低四位就保留了用户的按键信息

      while(an!=0xf0)           //等待用户放手
      { b++;                    //b 为计算按键超时
        if(b==20000)            //按键太久则自动退出
          break;
      }

      a=~a;
      switch(a)                 //返回相应的键盘号码
      {
      case 0x11:return 0;
      case 0x12:return 1;
      case 0x14:return 2;
      case 0x18:return 3;
      case 0x21:return 4;
      case 0x22:return 5;
      case 0x24:return 6;
      case 0x28:return 7;
      case 0x41:return 8;
      case 0x42:return 9;
      case 0x44:return 10;
      case 0x48:return 11;
```

```
        case 0x81:return 12;
        case 0x82:return 13;
        case 0x84:return 14;
        case 0x88:return 15;
        default:return -2;                //错误返回-2
        }
      }
  }
  return -1;                              //没有键按下返回-1
}
/*******************
jianpanxh();
只有按下键才退出循环并返回相应的键值
******************/
char jianpanxh(void)
{
  char a;
  do
  a=jianpan();
  while(a<0||a>15);
  return a;
}
/********键盘结束************/

/*********主函数**********/
void main()
{  char a=16;
   unsigned char n=0;
   initks();                             //液晶初始化
   clearx(0,7);                          //清屏 0 到 7 小行

   while(*(xianshi+n)!=0)
   {ksxie(3,a,c16,*(xianshi+n),0);       //写一个字
    a+=16;                               //列+16
    n++;                                 //指向下一个字
    }

  while(1)
  {
   a=jianpanxh();
   ksxie(6,20,c16,*(xianshu+a),1);       //写一个字
  }
}
```

本 章 小 结

液晶显示的原理是利用液晶的物理特性，通过电压对其显示区域进行控制，有电就有显示，这样就可以显示出图形。液晶显示器具有厚度薄，适用于大规模集成电路直接驱动，易于实现全彩色显示等特点，目前已经被广泛应用在便携式电脑、数字摄像机、PDA 移动通信工具等众多领域。

本章重点介绍了 LCD1602、LCD12232、LCD12864 三种液晶显示器的结构和特点，以及电气特性、接口说明、如何驱动、硬件设计、程序设计、指令描述和单片机的连接电路，通过例子介绍了具体编程运用。

思考题及习题

1. 编程实现，在 LCD1602 上显示 "University of Oxford"。
2. 编程实现，在 LCD12232 上显示 "清华大学"。
3. 编程实现，在 LCD12864 上显示 "Massachusetts Institute of Technology"。

第12章 单片机与 D/A 及 A/D 的接口电路

12.1 单片机与 D/A 接口电路

D/A 转换器输入的是数字量，经转换后输出的是模拟量。有关 D/A 转换器的技术性能指标很多，例如绝对精度、相对精度、线性度、输出电压范围、温度系数、输入数字代码种类（二进制或 BCD 码）等。

12.1.1 技术性能指标

（1）分辨率　分辨率是 D/A 转换器对输入量变化敏感程度的描述，与输入数字量的位数有关。如果数字量的位数为 n，则 D/A 转换器的分辨率为 2^{-n}。这就意味着数/模转换器能对满刻度的 2^{-n} 输入量作出反应。

（2）建立时间　建立时间是描述 D/A 转换速度快慢的一个参数，指从输入数字量变化到输出达到终值误差 $\pm(1/2)$ LSB（最低有效位）时所需的时间。通常以建立时间来表示转换速度。

转换器的输出形式为电流时，建立时间较短；输出形式为电压时，由于建立时间还要加上运算放大器的延迟时间，因此建立时间要长一点。但总体来说，D/A 转换速度远高于 A/D 转换速度，快速的 D/A 转换器的建立时间可达 $1\mu s$。

（3）接口形式　D/A 转换器与单片机接口方便与否，主要取决于转换器本身是否带数据锁存器。有两类 D/A 转换器，一类是不带锁存器的，另一类是带锁存器的。对于不带锁存器的 D/A 转换器，为了保存来自单片机的转换数据，接口要另加锁存器，因此这类转换器必须在口线上；而带锁存器的 D/A 转换器，可以把它看做是一个输出口，因此可直接在数据总线上，而不需另加锁存器。

12.1.2 典型 D/A 转换器芯片 DAC0832

DAC0832 是一个 8 位 D/A 转换器。单电源供电，从 5~15V 均可正常工作。基准电压的范围为 -10~10V；电流建立时间为 $1\mu s$；CMOS 工艺，低功耗 20mW。DAC0832 转换器芯片为 20 引脚，双列直插式封装，其引脚排列图如图 12-1 所示。

DAC0832 内部结构框图如图 12-2 所示。该转换器由输入寄存器和 DAC 寄存器构成两级数据输入锁存。使用时，数据输入可以采用两级锁存（双锁存）形式，或单级锁存（一级锁存、一级直通）形式，或直接输入（两级直通）形式。此外，由三个与门电路组成寄存器输出控制逻辑电路，该逻辑电路的功能是进行数据锁存控制。当=0 时，输入数据被锁存；当=1 时，锁存器的输出跟随输入的数据。

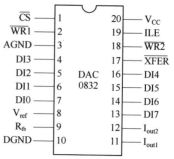

图 12-1　DAC0832 引脚图

D/A 转换电路是一个 R-2R T 型电阻网络，实现 8 位数据的转换。对各引脚信号说明如下。

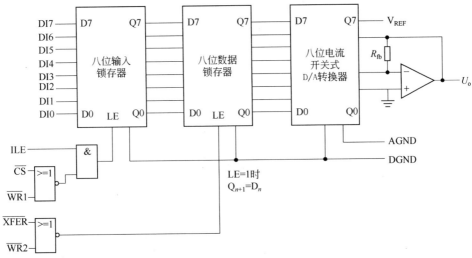

图 12-2   DAC0832 内部结构框图

① DI7～DI0：转换数据输入。

② $\overline{CS}$：片选信号（输入），低电平有效。

③ ILE：数据锁存允许信号（输入），高电平有效。

④ $\overline{WR1}$：第 1 写信号（输入），低电平有效。

上述两个信号控制输入寄存器是数据直通方式还是数据锁存方式，当 ILE = 1 和 WR1 = 0 时，为输入寄存器直通方式；当 ILE = 1 和 WR1 = 1 时，为输入寄存器锁存方式。

⑤ $\overline{WR2}$ =1：第 2 写信号（输入），低电平有效。

⑥ $\overline{XFER}$：数据传送控制信号（输入），低电平有效。

上述两个信号控制 DAC 寄存器是数据直通方式还是数据锁存方式，当 $\overline{WR2}$ =0 和 $\overline{XFER}$ = 0 时，为 DAC 寄存器直通方式；当 $\overline{WR2}$ = 1 和 $\overline{XFER}$ = 0 时，为 DAC 寄存器锁存方式。

⑦ I_{out1}：电流输出 1。

⑧ I_{out2}：电流输出 2。DAC 转换器的特性之一是 $I_{out1} + I_{out2}$ = 常数。

⑨ R_{fb}：反馈电阻端。

DAC 0832 是电流输出，为了取得电压输出，需在电压输出端接运算放大器，R_{fb} 即为运算放大器的反馈电阻端。运算放大器的接法如图 12-2 所示。

⑩ V_{ref}：基准电压，其电压可正可负，范围是 -10～$+10V$。

⑪ DGND：数字地。

⑫ AGND：模拟地。

12.1.3   单缓冲方式的接口与应用

所谓单缓冲方式就是使 DAC0832 的两个输入寄存器中有一个处于直通方式，而另一个处于受控的锁存方式，或者说两个输入寄存器同时受控的方式。在实际应用中，如果只有一路模拟量输出，或虽有几路模拟量但并不要求同步输出时，就可采用单缓冲方式。

在许多控制应用中，要求有一个线性增长的电压（锯齿波）来控制检测过程，移动记录笔或移动电子束等。对此可通过在 DAC0832 的输出端接运算放大器，由运算放大器产生锯齿波来实现，电路连接如图 12-3 所示。图中的 DAC8032 工作于单缓冲方式，其中输入寄存器受控，而 DAC 寄存器直通。

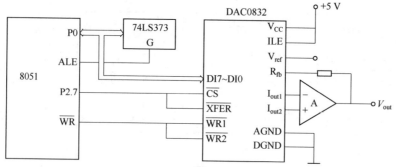

图 12-3 DAC0832 单缓冲方式

12.1.4 双缓冲方式的接口与应用

所谓双缓冲方式，就是把 DAC0832 的两个锁存器都接成受控锁存方式。双缓冲 DAC0832 的连接如图 12-4 所示。为了实现寄存器的可控，应当给寄存器分配一个地址，以便能按地址进行操作。图 12-4 中采用 P2.5 和 P2.6 分别接两块 DAC0832 的片选端，P2.7 接两块 DAC0832 的写选通信号。这样就完成了两个锁存器都可控的双缓冲接口方式。双缓冲方式用于多路 D/A 转换系统，以实现多路模拟信号同步输出的目的。

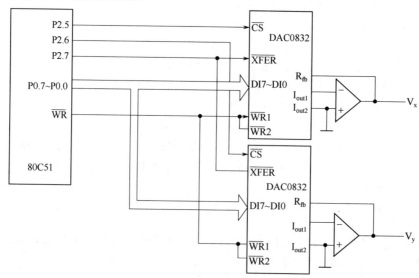

图 12-4 DAC0832 双缓冲方式

12.2 单片机与 A/D 接口电路

A/D 转换器用于实现模拟量→数字量的转换，按转换原理可分为 4 种，即计数式 A/D 转换器、双积分式 A/D 转换器、逐次逼近式 A/D 转换器和并行式 A/D 转换器。

目前最常用的是双积分式 A/D 转换器和逐次逼近式 A/D 转换器。双积分式 A/D 转换器的主要优点是转换精度高，抗干扰性能好，价格便宜。其缺点是转换速度较慢，因此，这种转换器主要用于速度要求不高的场合。另一种常用的 A/D 转换器是逐次逼近式，逐次逼近式 A/D 转换器是一种速度较快、精度较高的转换器，其转换时间大约在几微秒到几百微秒之间。通常使用的逐次逼近式典型 A/D 转换器芯片有：

① ADC0801～ADC0805 型 8 位 MOS 型 A/D 转换器（美国国家半导体公司产品）。

② ADC0808/0809 型 8 位 MOS 型 A/D 转换器。

③ ADC0816/0817。这类产品除输入通道数增加至 16 个以外，其他性能与 ADC0808 /0809 型基本相同。

12.2.1　典型 A/D 转换器芯片 ADC0809

ADC0809 是典型的 8 位 8 通道逐次逼近式 A/D 转换器，CMOS 工艺。

ADC0809 内部逻辑结构如图 12-5 所示。

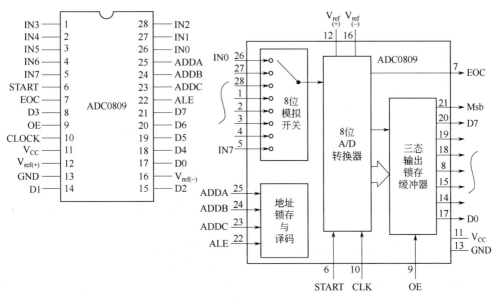

图 12-5　ADC0809 内部逻辑结构

图中，多路开关可选通 8 个模拟通道，允许 8 路模拟量分时输入，共用一个 A/D 转换器进行转换。地址锁存与译码电路完成对 A、B、C 三个地址位进行锁存和译码，其译码输出用于通道选择。

对 ADC0809 主要信号引脚的功能说明如下。

① IN7～IN0：模拟量输入通道。ADC0809 对输入模拟量的要求主要有信号单极性，电压范围 0～5 V，若信号过小还需进行放大。另外，在 A/D 转换过程中，模拟量输入的值不应变化太快。因此，对变化速度快的模拟量，在输入前应增加采样保持电路。

② A、B、C：地址线。A 为低位地址，C 为高位地址，用于对模拟通道进行选择。图中为 ADDA、ADDB 和 ADDC。

③ ALE：地址锁存允许信号。在对应 ALE 上跳沿时，A、B、C 地址状态送入地址锁存器中。

④ START：转换启动信号。START 上跳沿时，所有内部寄存器清 0；START 下跳沿时，开始进行 A/D 转换；在 A/D 转换期间，START 应保持低电平。

⑤ D7～D0：数据输出线。其为三态缓冲输出形式，可以和单片机的数据线直接相连。

⑥ OE：输出允许信号。其用于控制三态输出锁存器向单片机输出转换得到的数据。OE=0，输出数据线呈高电阻；OE=1，输出转换得到的数据。

⑦ CLK：时钟信号。ADC0809 的内部没有时钟电路，所需时钟信号由外界提供，因此有时钟信号引脚。通常使用频率为 500kHz 的时钟信号。

⑧ EOC：转换结束状态信号。EOC=0，正在进行转换；EOC=1，转换结束。该状态信号既可作为查询的状态标志，又可以作为中断请求信号使用。

⑨ V_{CC}：+5V 电源。

⑩ V_{ref}：参考电源。参考电压用来与输入的模拟信号进行比较，作为逐次逼近的基准。其典型值为+5 V（$V_{ref(+)}$ =+5 V，$V_{ref(-)}$ =0 V）

12.2.2　单片机与 ADC0809 接口

ADC0809 与 8051 单片机的一种连接如图 12-6 所示。

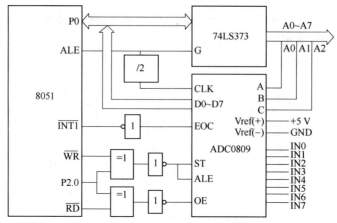

图 12-6　ADC0809 与单片机的连接

电路连接主要涉及两个问题，一是 8 路模拟信号通道选择，二是 A/D 转换完成后转换数据的传送。

A、B、C 分别接地址锁存器提供的三位地址，只要把三位地址写入 0809 中的地址锁存器，就实现了模拟通道选择。对系统来说，地址锁存器是一个输出口，为了把三位地址写入，还要提供口地址。图 12-6 中使用的是线选法，利用单片机 P2.0 和读写端的组合控制则可实现对 AD0809 的选通控制。

A/D 转换后得到的是数字量的数据，这些数据应传送给单片机进行处理。数据传送的关键问题是如何确认 A/D 转换完成，因为只有确认数据转换完成后，才能进行传送。为此，可采用下述三种方式。

（1）定时传送方式　对于一种 A/D 转换器来说，转换时间作为一项技术指标是已知的和固定的。例如，ADC0809 转换时间为 128μs，相当于 6 MHz 的 MCS-51 单片机 64 个机器周期。可据此设计一个延时子程序，A/D 转换启动后即调用这个延时子程序，延迟时间一到，转换肯定已经完成了，接着就可进行数据传送。

（2）查询方式　A/D 转换芯片有表明转换完成的状态信号，例如 ADC0809 的 EOC 端。因此，可以用查询方式，软件测试 EOC 的状态，即可确知转换是否完成，然后进行数据传送。

（3）中断方式　把表明转换完成的状态信号（EOC）作为中断请求信号，以中断方式进行数据传送。

在图 12-6 中，EOC 信号经过反相器送到单片机，因此可以采用查询该引脚或中断的方式进行转换后数据的传送。

不管使用上述哪种方式，一旦确认转换完成，即可通过指令进行数据传送。首先送出口地址，并以作选通信号，当信号有效时，OE 信号即有效，把转换数据送上数据总线，供单片机接收。

12.3　应用举例

【例 12-1】　如图 12-7 所示，ADC0831 模数转换（含 74LS138 译码器），运行程序后，调节电位器，数据在 0～255 内变动，并能够在数码管上实时显示。

程序如下：

/*ADC0831 模数转换，运行程序后，调节电位器（在 ADC0831 模块左上方，数据在 0～

255 内变动）*/

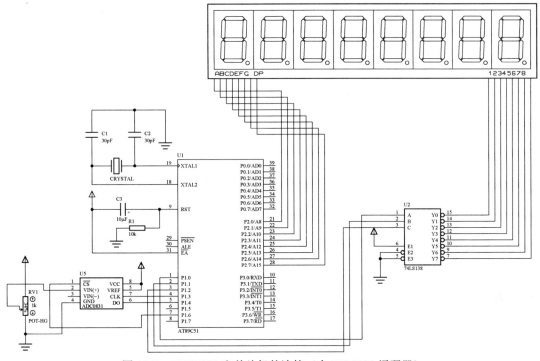

图 12-7　ADC0831 和单片机的连接（含 74LS138 译码器）

```c
#include <reg51.h>
#include <intrins.h>

sbit SCL2=P1^3;     //SCL2 定义为 P1 口的第 3 位脚，连接 ADC0831CLK 脚
sbit SDA2=P1^4;     //SDA2 定义为 P1 口的第 4 位脚，连接 ADC0831DO 脚
sbit CS2=P1^6;      //CS2 定义为 P1 口的第 6 位脚，连接 ADC0831 的 CS 脚

code unsigned char table[]=
            {0x3f,0x06,0x5b,0x4f,0x66,0x6d,0x7d,0x07,0x7f,0x6f};
            //共阴数码管 "0-9" 表
unsigned char l_tmpdate[]={0,0,0};  //定义数组变量

void delay();       //延时子函数，5 个空指令
void display(unsigned char *lp,unsigned char lc);//数字的显示函数；lp
为指向数组的地址，lc 为显示的个数
unsigned char ad0831read(void);        //定义该函数为读取 ADC0831 的数据

void main(void)    //入口函数
{
    unsigned char i=254,tmp;
    //RST=0;
    while(1)
    {
```

```
            i++;
            if(i==255)
            {
                tmp=ad0831read();                //这里为循环 255 个周期读取一次
ADC0831，因 CPU 运行比较快，没必要每次循环都去读取
                i=0;
                l_tmpdate[0]=tmp/100;            //分离百位
                tmp=tmp%100;
                l_tmpdate[1]=tmp/10;             //分离十位
                l_tmpdate[2]=tmp%10;             //分离个位
                //因读到的数据为 8 位的二进制数，即 0~255，将其分开放入 l_tmpdate
数组中
            }
        display(l_tmpdate,3);                    //输出显示
    }
}


    void display(unsigned char *lp,unsigned char lc)//显示
    {
        unsigned char i;                         //定义变量
        P2=0;                                    //端口 2 为输出
        P1=P1&0xF8;                              //将 P1 口的前 3 位输出 0，对应
74LS138 译门输入脚，全 0 为第一位数码管
        for(i=0;i<lc;i++)
        {                                        //循环显示
          P2=table[lp[i]];                       //查表法得到要显示数字的数码段
          delay();                               //延时 5 个空指令
          if(i==7)                               //检测是否显示完 8 位，完成直接退
出，不让 P1 口再加 1，否则进位影响到第四位数据
            break;
          P2=0;                                  //清 0 端口，准备显示下位
          P1++;                                  //下一位数码管
        }
    }


    void delay(void)                             //空 5 个指令
    {
        _nop_();_nop_();_nop_();_nop_();_nop_();
    }


    unsigned char ad0831read(void)               //请先了解 ADC0831 模数转换器的
串口协议，再来读本函数；
    {               //本函数是模拟 ADC0831 的串口协议进行的，当了解用软件去模拟一个端口
的协议
                //以后，对于一个硬件这样的端口就简单多了
```

```
    unsigned char i=0,tmp=0;
        SDA2=1;
        CS2=0;
        _nop_();
        _nop_();
        SCL2=0;
        _nop_();
        _nop_();
        SCL2=1;
        _nop_();
        _nop_();
        SCL2=0;
        _nop_();
        _nop_();
        SCL2=1;
        _nop_();
        _nop_();
        SCL2=0;
        _nop_();
        _nop_();
        for(i=0;i<8;i++)
        {
            tmp<<=1;
            if(SDA2)
            tmp++;
            SCL2=1;
            _nop_();
            _nop_();
            SCL2=0;
            _nop_();
            _nop_();
        }
    CS2=1;
    return tmp;
}
```

【例 12-2】 如图 12-8 所示，利用 DAC0832 数模转换，产生正弦波。

程序如下：

```
#include<reg51.h>
#include<absacc.h>

#define uchar unsigned char
#define uint  unsigned int
#define DAC0832_ON XBYTE[0x7fff]     //定义外部总线地址
#define DAC0832_OFF XBYTE[0x3fff]
```

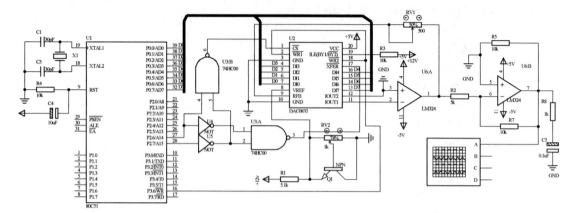

图 12-8　波形发生器电路图

```
uint code Num[]={
                0x80,0x83,0x86,0x89,0x8D,0x90,0x93,0x96,
                0x99,0x9C,0x9F,0xA2,0xA5,0xA8,0xAB,0xAE,
                0xB1,0xB4,0xB7,0xBA,0xBC,0xBF,0xC2,0xC5,
                0xC7,0xCA,0xCC,0xCF,0xD1,0xD4,0xD6,0xD8,
                0xDA,0xDD,0xDF,0xE1,0xE3,0xE5,0xE7,0xE9,
                0xEA,0xEC,0xEE,0xEF,0xF1,0xF2,0xF4,0xF5,
                0xF6,0xF7,0xF8,0xF9,0xFA,0xFB,0xFC,0xFD,
                0xFD,0xFE,0xFF,0xFF,0xFF,0xFF,0xFF,0xFF,
                0xFF,0xFF,0xFF,0xFF,0xFF,0xFF,0xFE,0xFD,
                0xFD,0xFC,0xFB,0xFA,0xF9,0xF8,0xF7,0xF6,
                0xF5,0xF4,0xF2,0xF1,0xEF,0xEE,0xEC,0xEA,
                0xE9,0xE7,0xE5,0xE3,0xE1,0xDE,0xDD,0xDA,
                0xD8,0xD6,0xD4,0xD1,0xCF,0xCC,0xCA,0xC7,
                0xC5,0xC2,0xBF,0xBC,0xBA,0xB7,0xB4,0xB1,
                0xAE,0xAB,0xA8,0xA5,0xA2,0x9F,0x9C,0x99,
                0x96,0x93,0x90,0x8D,0x89,0x86,0x83,0x80,
                0x80,0x7C,0x79,0x76,0x72,0x6F,0x6C,0x69,
                0x66,0x63,0x60,0x5D,0x5A,0x57,0x55,0x51,
                0x4E,0x4C,0x48,0x45,0x43,0x40,0x3D,0x3A,
                0x38,0x35,0x33,0x30,0x2E,0x2B,0x29,0x27,
                0x25,0x22,0x20,0x1E,0x1C,0x1A,0x18,0x16,
                0x15,0x13,0x11,0x10,0x0E,0x0D,0x0B,0x0A,
                0x09,0x08,0x07,0x06,0x05,0x04,0x03,0x02,
                0x02,0x01,0x00,0x00,0x00,0x00,0x00,0x00,
                0x00,0x00,0x00,0x00,0x00,0x00,0x01,0x02,
                0x02,0x03,0x04,0x05,0x06,0x07,0x08,0x09,
                0x0A,0x0B,0x0D,0x0E,0x10,0x11,0x13,0x15,
                0x16,0x18,0x1A,0x1C,0x1E,0x20,0x22,0x25,
                0x27,0x29,0x2B,0x2E,0x30,0x33,0x35,0x38,
                0x3A,0x3D,0x40,0x43,0x45,0x48,0x4C,0x4E,
                0x51,0x51,0x55,0x57,0x5A,0x5D,0x60,0x63,
```

```
                        0x69,0x6C,0x6F,0x72,0x76,0x79,0x7C,0x80,
                        };

main()
{
    uchar i;
    for(i=0;i<256;i++)
    {
      DAC0832_ON=*(Num+i);              //送数据
      DAC0832_OFF=*(Num+i);             //启动 DA 转换
    }
}
```

【例 12-3】 如图 12-9 所示，ADC0831 模数转换（不含 74LS138 译码器），运行程序后，调节电位器，数据在 0～255 内变动，并能够在数码管上实时显示。

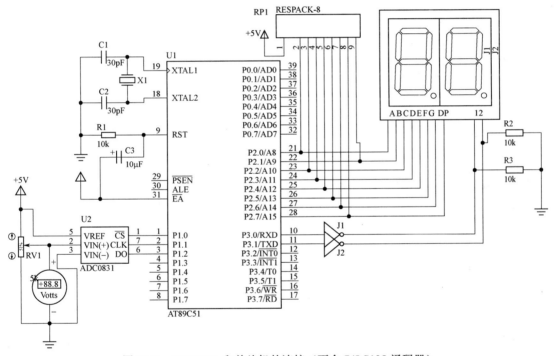

图 12-9　ADC0831 和单片机的连接（不含 74LS138 译码器）

```
#include<reg51.h>
#include<intrins.h>
#include<absacc.h>

#define PORT  P2
#define uint  unsigned int
#define uchar unsigned char

sbit CS=P2^5;
sbit CLK=P2^6;
```

```c
sbit DO=P2^7;
sbit a0=P3^0;
sbit a1=P3^1;

uchar code Num[]={
        0xC0,/*0*/
        0xF9,/*1*/
        0xA4,/*2*/
        0xB0,/*3*/
        0x99,/*4*/
        0x92,/*5*/
        0x82,/*6*/
        0xF8,/*7*/
        0x80,/*8*/
        0x90,/*9*/
};
uchar dat0,dat1;

uchar ad_conv(void){
    uchar i,com;
    CS=1;
    CLK=0;
    _nop_();
    _nop_();
    CS=0;
    _nop_();
    _nop_();
    CLK=1;
    _nop_();
    _nop_();
    CLK=0;
    _nop_();
    _nop_();
    CLK=1;
    _nop_();
    _nop_();

    for(i=8;i>0;i--){
        CLK=0;
        com<<=1;
        if(DO)com=com|0x01;
        CLK=1;
        _nop_();
        _nop_();
    }
```

```
        CS=1;
        return com;
}

void delay(void){                          //定时延时函数
    uint i,j;
    for(i=20;i>0;i--)
    for(j=100;j>0;j--);
}

void display(void){                        //定义显示函数
    a1=0;                                  //选中第二个数码管
    PORT=Num[dat0];                        //将要显示的数据送到 P0 口
    delay();
    a1=1;

    a0=0;                                  //选中第一个数码管
    PORT=Num[dat1];                        //将要显示的数据送到 P0 口
    delay();
    a0=1;
}

main(){
    uchar dat;
    a1=a0=0;
    dat=ad_conv();
    dat1=dat/10;
    dat0=dat%10;
    display();
}
```

本 章 小 结

D/A 转换器输入的是数字量，经转换后输出的是模拟量。有关 D/A 转换器的技术性能指标很多，例如绝对精度、相对精度、线性度、输出电压范围、温度系数、输入数字代码种类（二进制或 BCD 码）等。

A/D 转换器用于实现模拟量→数字量的转换，按转换原理可分为 4 种，即：计数式 A/D 转换器、双积分式 A/D 转换器、逐次逼近式 A/D 转换器和并行式 A/D 转换器。ADC0809 是典型的 8 位 8 通道逐次逼近式 A/D 转换器，CMOS 工艺。

思考题及习题

1. 什么叫 A/D 转换？为什么要进行 A/D 转换？
2. A/D 转换器有哪些主要性能指标？简述其含义。
3. 一个 8 位 A/D 转换器的分辨率是多少？若基准电压为 5V，该 A/D 转换器能分辨的最小电压变化是多少？如果 A/D 转换器改为 10 位或者是几位，分辨率和最小电压变化情况又是如何呢？

4. 什么叫 D/A 转换？为什么要进行 D/A 转换？

5. D/A 转换的基本原理是什么？若 $D = 65H$，$V_{ref} = 5V$，求 D/A 转换后输出电压是多少？

6. 根据下列已知条件，求 D/A 转换后输出电压 U_a。

（1）$D = 80H$，$V_{ref} = 5V$，$N = 8$；

（2）$D = 345H$，$V_{ref} = 3V$，$N = 12$；

（3）$D = CDH$，$V_{ref} = 5V$，$N = 8$。

第13章 单片机的课程设计（综合应用实例）

13.1 红外接收器件 TL1838

近年来随着计算机在社会各领域的渗透，单片机的应用正在不断走向深入，同时也带动传统的控制、检测等工作日益更新。传统的遥控器大多采用无线电遥控技术，随着科技的进步，红外线遥控技术的进一步成熟，红外遥控也逐步成为了一种被广泛应用的通信和遥控手段。为了方便实用，传统的家庭电器逐渐采用红外线遥控。工业设备中，在高压、辐射、有毒气体、粉尘等有害环境下，采用红外线遥控不仅完全可靠而且能有效地隔离电气干扰。

红外遥控的特点是不影响周边环境、不干扰其他电气设备。由于其无法穿透墙壁，故不同房间的家用电器可使用通用的遥控器而不会产生相互干扰；电路调试简单，只要按给定电路连接无误，一般不需任何调试即可投入工作；编解码容易，可进行多路遥控。红外遥控虽然被广泛应用，但各产商的遥控器不能相互兼容。当今市场上的红外线遥控装置一般采用专用的遥控编码及解码集成电路，但编程灵活性较低，且产品多相互绑定，不能复用，故应用范围有限。而本文采用单片机进行遥控系统的应用设计，遥控装置将同时具有编程灵活、控制范围广、体积小、功耗低、功能强、成本低、可靠性高等特点，因此采用单片机的红外遥控技术具有广阔的发展前景。

13.1.1 概述

（1）基于单片机的红外遥控系统概述 当今科学技术的发展日新月异，人们生活水平也是日益提高，为了减少人们的工作量，所以对各种家用电器、电子器件的非人工控制的要求越来越高，针对这种情况，设计出一种集成度比较高的控制体系是必然的。在许多危险、不可靠近场合也对远程控制提出了越来越高的要求。单片机是指一个集成在一块芯片上的完整计算机系统。尽管它的大部分功能集成在一块小芯片上，但是它具有一个完整计算机所需要的大部分部件：CPU、内存、内部和外部总线系统，目前大部分还会具有外存。同时集成诸如通信接口、定时器，实时时钟等外围设备。而现在最强大的单片机系统甚至可以将声音、图像、网络、复杂的输入输出系统集成在一块芯片上。单片机的集成度很高，它具有体积小、功耗低、控制功能强、扩展灵活、微型化、使用方便等突出特点，尤其耗电少，又可使供电电源体积小、质量轻。所以特别适用于"电脑型产品"，它的应用已深入到工业、农业、国防、科研、教育以及日常生活用品（家电、玩具）等各种领域，几乎很难找到哪个领域没有单片机的踪迹。单片机特别适合把它做到产品的内部，取代部分老式机械、电子零件或元器件。可使产品缩小体积，增强功能，实现不同程度的智能化。

红外线是一种光线，具有普通光的性质，可以以光速直线传播，强度可调，可以通过光学透镜聚焦，可以被不透明物体遮挡等。特别制造的半导体发光二极管，可以发出特定波长（通常是近红外）的红外线，通过控制二极管的电流可以很方便地改变红外线的强度，以达到调制的目的。因此，在现代电子工程应用中，红外线常常被用作近距离视线范围内的通信载波。使用红外线作信号载波的优点很多：成本低、传播范围和方向可以控制、不产生电磁辐射干扰，也不受干扰等。因此被广泛地应用在各种技术领域中。由于红外线为不可见光，因此对环境影响很小，再由红外光波长远小于无线电波的波长，所以红外线遥控不会影响其他家用电器，也不会影响临近的无线电设备。最典型的应用就是家电遥控器。红外线遥控不具有像无线电遥控那样穿过障碍物去控制被控对象的能力，所以，在设计家用电器的红外线遥控器时，不必要像无线电遥控器那样，每套（发射器和接收器）要有不同的遥控频率或编码（否则，就会隔墙控制或干扰邻居的家用电器）。同类产品的红外线遥控器，也可以有相同的遥控频率或编码，而不会出现遥控信号"串门"的情况。这对于大批量生产以及在家用电器上普及红外线遥控提供了极大方便。

　　本部分主要研究并设计一个基于单片机的红外发射及接收系统，实现对温度的隔离控制。控制系统主要是由 MCS-51 系列单片机、集成红外发射遥控器、红外接收电路、LCD 显示电路、温度控制电路等部分组成，发射遥控信号经红外接收处理传送给单片机，单片机根据不同的信息码控制温度报警，并完成相应的状态指示（如图 13-1 所示）。

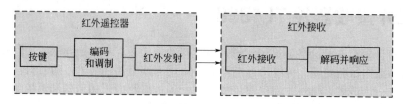

图 13-1　红外线遥控系统框图

　　（2）设计方案思路　主控芯片采用目前比较通用的 MCS-51 系列单片机。此类单片机的运算能力强，软件编程灵活，自由度大，市场上比较多见，价格便宜且技术比较成熟，容易实现。

　　红外传输利用载波对信号进行调制从而减少信号传输过程中的光波干扰，提高数据传输效率。由遥控器将键盘信息及系统识别码等数据调制在红外载波上经红外发射头发射出去。接收方由红外一体化接收头实现对接收信号的放大解调并还原为数据流，经由单片机解码后对相关 I/O 口进行操作。

　　（3）研发方向和技术关键

　　① 合理设计硬件电路，使各模块功能协调。

　　② 红外接收信号的脉冲波形。

　　③ 红外接收信号的编解码。

　　④ 单片机对 I/O 口的操作。

　　（4）主要技术指标

　　① 遥控最远距离 8～10m。

　　② 工作频率为 38kHz，即红外发射和接收的载频为 38kHz。

　　③ 接收端可显示受控状态以及输入控制数据。

13.1.2　总体设计

　　红外遥控系统是集光、电于一体的系统。其工作原理是用户按键信号经单片机编码处理后转化为脉冲信号，经由红外发射头发送出去；接收端由红外一体化接收头实现对接收信号的放大解调并还原为数据流，经由单片机解码后对相关 I/O 口进行操作，从而完成整个遥控操作。

　　整个系统主要是由 51 单片机基本电路、红外接收电路、LCD 显示电路，温度控制电路等部分组成。系统硬件由以下几部分组成：红外数据发射遥控器；红外数据接收则是采用 VS1838B 一体化红外接收头，内部集成红外接收、数据采集、解码的功能，只要在接收端 INT0 检测到信号低电平的到来，就可完成对整个串行的信号进行分析得出当前控制指令的功能。然后根据所得的指令去操作相应的用电器件工作，如图 13-2 所示。

　　（1）红外遥控发射部分　红外遥控发射部分为常见的普通遥控器。

　　（2）红外遥控接收部分　红外遥控接收电路框图见图 13-3。红外接收端普遍采用价格便宜，性能可靠的一体化红外接收头（VS1838B，它接收红外信号频率为 38kHz，周期约 26μs）。它能同时对信号进行放大、检波、整形，得到 TTL 电平的编码信号。红外接收头收到信号后单片机立即产生中断，开始接收红外信号。接收到的信号经单片机解码得到用户遥控信息并转至 I/O 口执行，同时单片机还完成对处于工作状态的设备进行计数并显示。

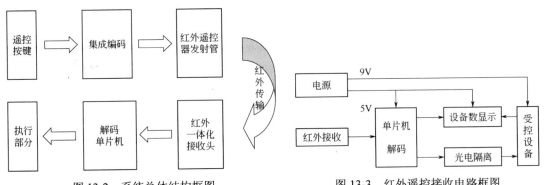

图 13-2　系统总体结构框图　　　　　　　图 13-3　红外遥控接收电路框图

（3）红外编码标准　通过拆解遥控器知道这个用的编码芯片是 PT2221。

通过查询得知是 NEC 编码标准：此标准下的发射端所发射的一帧码含有一个引导码、8 位用户码、8 位用户反码，8 位键数据码、8 位键数据反码。引导码由一个 9ms 的高电平和 4.5ms 的低电平组成。当按下持续时间超过 108ms 时，则发送简码（简码由 9ms 高电平和 2.25ms 的低电平组成）来告之接收端是某一个按键一直按着，像电视的音量和频道切换键都有此功能，简码与简码之间相隔是 108ms。"1" 和 "0" 的区分采用脉冲位置调制方式（PPM）。

① 二进制信号的调制　二进制信号的调制仍由发送单片机来完成，A 是二进制信号的编码波形，B 是频率为 38kHz（周期为 26μs）的连续脉冲，C 是经调制后的间断脉冲串（相当于 C=A×B），用于红外发射二极管发送的波形。

② 二进制信号的解调　二进制信号的解调由一体化红外接收头 VS1838B 来完成，它把接收到的红外信号（图 13-4 中波形 D）经内部处理并解调复原，在输出脚输出图 13-4 中波形 E，VS1838B 的解调可理解为：在输入有脉冲串时，输出端输出低电平，否则输出高电平。可直接与单片机串行输入口及外中断相联，以实现随时接收遥控信号并产生中断，然后由单片机对编码还原。

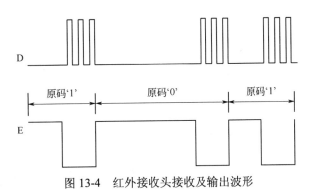

图 13-4　红外接收头接收及输出波形

③ 二进制信号的解码　二进制信号的解码由接收单片机来完成，它把红外接收头送来的二进制编码波形通过解码，还原出发送端发送的数据。如图 13-4 所示，把波形 E 解码还原成原始二进制数据信息 101。

13.1.3　硬件设计

（1）主控芯片 AT89C51　AT89C51 是美国 ATMEL 公司生产的低功耗、高性能 CMOS8 位单片机，片内含 4K Bytes 的可系统编程的 Flash 只读程序存储器，器件采用 ATMEL 公司的高密度、非易失性存储技术生产，兼容标准 8051 指令系统及引脚。

（2）红外发射　红外发射器大多是使用 Ga、As 等材料制成的红外发射二极管，其能够通过的 LED 电流越大，发射角度越小，产生的发射强度就越大；发射强度越大，红外传输距离就越远，传输距离正比于发射强度的平方根。

通常，红外遥控器将遥控信号（二进制脉冲码）调制在 40kHz（周期为 26.3ms）的载波上，经缓冲放大后送至红外发光二极管，产生红外信号发射出去。在红外数据发射过程中，由于发送信号时的最大平均电流需几十毫安（对应毫瓦级发射功率），所以需要三极管放大后去驱动红外光发射二极管（又称电光二极管）。单片机通过软件编程将调制好的脉冲信号从 P3 口第 6 脚（P3.5）将数据输出。

（3）红外遥控接收电路　本部分电路是该设计中硬件电路的重点部分，系统由红外接收电路，单片机电路，设备驱动电路，状态显示电路组成。

一体化红外接收头采用 VS1838B，它负责对接收到的红外遥控信号的解调。将调制在 40kHz 上的红外脉冲信号解调后再输入到 AT89C51 的 INT0 引脚，由单片机进行高电平与低电平宽度的测量。遥控信号的还原是通过 P3.1 输入二进制脉冲码的高电平与低电平及维持时间，当接收头接收信号时，单片机产生中断，并在 P3.1 口对信号电平进行识别，并还原为原发送数据，这在后面的软件设计中会具体介绍。数据流通过单片机处理后送到驱动控制部分。并通过数码管显示用电设备的个数。

① 红外信号接收电路　VS1838B 是用于红外遥控接收的小型一体化接收头，它的主要功能包括放大、选频、解调等，要求输入信号需是已经被调制的信号。经过它的接收放大和解调会在输出端直接输出原始信号的反相信号。其不需要任何外接元件，就能完成从红外线接收到输出与 TTL 电平信号兼容的所有工作，而体积和普通的塑封三极管大小一样，从而使电路达到最简化。灵敏度和抗干扰性都非常好。它适合于各种红外线遥控和红外线数据传输，中心频率为 38.0kHz。接收器对外只有 3 个引脚，如图 13-5 所示，从左至右依次为 OUT、GND、V_{CC}。红外接收头电路图如图 13-6 所示，OUT 脚（1 号脚）与单片机 I/O 口直接相连。

红外接收头内部放大器的增益很大，很容易引起干扰，依次在接收头的供电脚上必须加上滤波电容。故红外接收部分电路如图 13-6 所示。

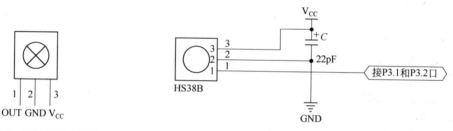

图 13-5　VS1838B 引脚　　　　　图 13-6　红外接收头电路

② 控制部分电路　单片机收到红外接收头解调后的信号后，对其进行解码，从中解出控制码，此时系统将转至对具体设备的控制工作。

温度检测部分采用 DS18B20 数字温度传感器，DS18B20 数字温度传感器接线方便，封装后可应用于多种场合，DS18B20 有管道式，螺纹式，磁铁吸附式，不锈钢封装式，型号多种多样。主要根据应用场合的不同而改变其外观。封装后的 DS18B20 可用于电缆沟测温、高炉水循环测温、锅炉测温、机房测温、农业大棚测温、洁净室测温、弹药库测温等各种非极限温度场合。

③ 显示部分　红外遥控系统接收到遥控码并对相关设备操作后，单片机将对正在工作的设备进行计数并通过一个 LCD12232 显示。

13.1.4　制作过程

仿真调试电路如图 13-7 所示。

实物制作样品如图 13-8 所示。

实物演示效果图如图 13-9 所示。

在程序内部设定按键的功能。"+"键进入最低温度设置；"−"键进入最高温度设置；"EQ"键进入当前温度显示，以及键码显示界面进入最低、最高温度报警设置时，按遥控器的数字键，可自定义输入新的报警温度。

温度控制规则：当前实际温度大于设定最高温度，LED 灯发出警告。当前实际温度小于设定最小温度，LED 灯发出警告。

由于目前的遥控装置大多对某一设备进行单独控制,而在本设计中的红外遥控电路设计了多个控制按键,可以对不同的设备,也可以对同一设备的多个功能进行控制。系统可通过设定发射及接收程序中的识别码及识别反码达到不同遥控器间相互区分,对识别码、识别反码、控制码和控制码反码的判定一方面消除了非遥控信号的红外干扰,另一方面降低了误操作发生的概率。经过测试,设计结果完全达到课题任务要求。

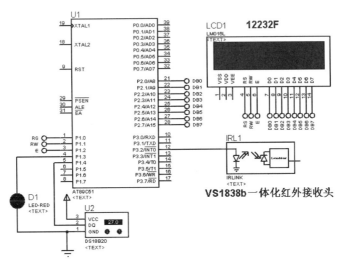

图 13-7　红外仿真调试电路图

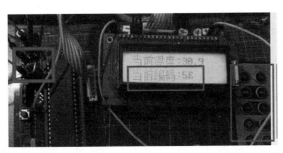

注:用89RC52搭建基本电路,解出遥控器的每个按键的按键编码值例如

1 (0×0c)　2 (0×18)　3 (0×5E)
4 (0×08)　5 (0×1c)　6 (0×5A)
7 (0×42)　8 (0×52)　9 (0×4A)

图 13-8　实物制作样品图

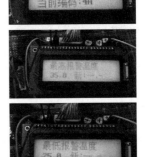

图 13-9　实物演示效果图

但是本电路也有不完善的地方,由于时间、水平和经验有限,在信号解码、抗干扰及功耗控制等方面仍有不足之处,有改进的余地。例如设计中可通过增加红外线发射功率进而增加遥控距离,改进信号编码方式以提高数据的传输速度,使用小型单片机以降低功耗等。另外在系统的调试方面,由于时间和设备的原因,只进行了短距离的调试,更多参数有待进一步的调试。

13.1.5　源程序代码

```
#include<reg51.h>
#include<intrins.h>
#include "18b20.h"
```

```c
#define uchar unsigned char
#define uint  unsigned int
    uchar m,k1,k2;
    uchar c,c1,c2,c3,t1,t2,t3,b;

uint temp;

uint temp_h=350,temp_l=250;

void delay(uchar x);            //x*0.14MS
void display(uchar *tab1,uchar *tab2);
void IR_IN();

/*************** IO 口定义  ************************/
sbit IRIN = P3^2;               //红外接收器数据线
sbit LCD_RS = P1^0;
sbit LCD_RW = P1^1;
sbit LCD_EN = P1^2;
sbit led=P1^3;
//1602 数据口接 P0
uchar IRCOM[7];
uchar cdis1[ ] = {"当前温度:--.-"};
uchar cdis2[ ] = {"当前编码:--"};

uchar cdis21[ ] = {"最高报警温度"};
uchar cdis22[ ] = {"35.0  新:--.-"};

uchar cdis31[ ] = {"最低报警温度"};
uchar cdis32[ ] = {"25.0  新:--.-"};

/******************************************************/
/*                                                  */
/*写指令数据到 LCD                                   */
/*RS=L, RW=L, E=高脉冲, D0-D7=指令码。               */
/*                                                  */
/******************************************************/

void lcd_wcmd(uchar cmd)

{
    LCD_RS = 0;
    LCD_RW = 0;
    LCD_EN = 0;
    P0 = cmd;
```

```c
    LCD_EN = 1;
    delay(50);
    LCD_EN = 0;
     delay(50);
}


/*************************************************************/
/*                                                         */
/*写显示数据到 LCD                                          */
/*RS=H, RW=L, E=高脉冲, D0-D7=数据。                       */
/*                                                         */
/*************************************************************/

void lcd_wdat(uchar dat)
{

    LCD_RS = 1;
    LCD_RW = 0;
    LCD_EN = 0;
    P0 = dat;

    LCD_EN = 1;
    delay(50);
    LCD_EN = 0;
     delay(50);
}


/*************************************************************/
/*                                                         */
/*  LCD 初始化设定                                          */
/*                                                         */
/*************************************************************/

void lcd_init()
{
    lcd_wcmd(0x30);                    //16x2 显示, 5x7 点阵, 8 位数据
    lcd_wcmd(0x0c);                    //显示开, 关光标
    lcd_wcmd(0x06);                    //移动光标
    lcd_wcmd(0x01);                    //清除 LCD 的显示内容
}


/*************************************************************/
/*                                                         */
/*  显示函数                                                */
/*                                                         */
```

```
/*************************************************************/

void display(uchar *tab1,uchar *tab2)
{
        lcd_wcmd(0x80);                        //设置显示位置为第一行的第 1 个字符

    m = 0;
    while(tab1[m] != '\0')
     {                                         //显示字符
       lcd_wdat(tab1[m]);
       m++;
     }

    lcd_wcmd(0x90);                            //设置显示位置为第二行第 1 个字符
     m = 0;
    while(tab2[m] != '\0')
     {
       lcd_wdat(tab2[m]);                      //显示字符
       m++;
     }
}

/******************延时函数*********************************/
void delay(unsigned char x)                    //x×0.14ms
{
 uchar i;
  while(x--)
 {
  for (i = 0; i<13; i++) {}
 }
}

//..................温度报警规则..............................
void warr()
{
                if(temp>=temp_h||temp<=temp_l)
                        led=0;
                    else
                     led=1;
                    //else if(temp<=tem_tl)//默认 45 摄氏度，继电器动
作，等到温度降到 35 摄氏度，继电器恢复
                                // led=1;
```

```c
}

/*****************红外数据接收和处理*************************/
void IR_IN() interrupt 0 using 0
{
  unsigned char j,k,N=0;
    EX0 = 0;
    delay(15);
    if (IRIN==1)
    { EX0 =1;
      return;
    }
                                //确认 IR 信号出现
  while (!IRIN)                 //等 IR 变为高电平, 跳过 9ms 的前导低电平信号。
    {delay(1);}

 for (j=0;j<4;j++)              //收集四组数据
 {
  for (k=0;k<8;k++)            //每组数据有 8 位
  {
   while (IRIN)               //等 IR 变为低电平, 跳过 4.5ms 的前导高电平信号。
    {delay(1);}
    while (!IRIN)             //等 IR 变为高电平
    {delay(1);}
    while (IRIN)              //计算 IR 高电平时长
     {
    delay(1);
    N++;
    if (N>=30)
    { EX0=1;
    return;}                  //0.14ms 计数过长自动离开。
    }                         //高电平计数完毕
    IRCOM[j]=IRCOM[j] >> 1;                   //数据最高位补 "0"
    if (N>=8) {IRCOM[j] = IRCOM[j] | 0x80;}   //数据最高位补 "1"
    N=0;
 }//end for k
}//end for j

  if (IRCOM[2]!=~IRCOM[3])
  { EX0=1;
    return; }

  IRCOM[5]=IRCOM[2] & 0x0F; //取键码的低四位
  IRCOM[6]=IRCOM[2] >> 4;    //右移 4 次, 高四位变为低四位
```

```
if(IRCOM[5]>9)
 { IRCOM[5]=IRCOM[5]+0x37;}
else
    IRCOM[5]=IRCOM[5]+0x30;

if(IRCOM[6]>9)
 { IRCOM[6]=IRCOM[6]+0x37;}
else
    IRCOM[6]=IRCOM[6]+0x30;
```

/*************** （显示编码之后，测试译码，将编码转变成功能键）   ******/

```
    if(IRCOM[5]=='C' && IRCOM[6]=='0')          //遥控器中的 0 按键的编码
是 0x0C,当接收的编码是 0x0c 时显示 1
        {
        c=1;
        b++;
        if(b==4)
        b=0;
        }
        if(IRCOM[5]=='8' && IRCOM[6]=='1')
        {
         c=2;
         b++;
         if(b==4)
         b=0;
        }

        if(IRCOM[6]=='5' && IRCOM[5]=='E')
        {
         c=3;
         b++;
         if(b==4)
         b=0;
        }

        if(IRCOM[6]=='0' && IRCOM[5]=='8')
        {
         c=4;
         b++;
         if(b==4)
         b=0;
        }

        if(IRCOM[6]=='1' && IRCOM[5]=='C')
```

```
        {
          c=5;
          b++;
          if(b==4)
          b=0;
        }


        if(IRCOM[6]=='5' && IRCOM[5]=='A')
        {
          c=6;
          b++;
          if(b==4)
          b=0;
        }
        if(IRCOM[6]=='4' && IRCOM[5]=='2')
        {
          c=7;
          b++;
          if(b==4)
          b=0;
        }


        if(IRCOM[6]=='5' && IRCOM[5]=='2')
        {
          c=8;
          b++;
          if(b==4)
          b=0;
        }

        if(IRCOM[6]=='4' && IRCOM[5]=='A')
        {
          c=9;
          b++;
          if(b==4)
          b=0;
        }

        if(IRCOM[6]=='1' && IRCOM[5]=='6')
        {
          c=0;
          b++;
          if(b==4)
```

```
        b=0;
      }


//////////////////////////////////////////////////////////////

      if(IRCOM[6]=='0' && IRCOM[5]=='7')
       {
            k1++;
            k2=0;
       }

      if(IRCOM[6]=='1' && IRCOM[5]=='5')
      {
            k2++;
            k1=0;
       }

      if(IRCOM[6]=='0' && IRCOM[5]=='9')
      {
            k2=0;
            k1=0;
       }

//////////////////////////////////////////////////////////////

/*************** 测试译码 end     *************************/

      cdis2[10]=IRCOM[5];
      cdis2[9]=IRCOM[6];

      if(k1>0 && k2==0){
            if(b==1)
                 {
                 t1=c;
                 cdis22[9]=c+0x30;
                 }

            if(b==2)
                 {
                 t2=c;
                 cdis22[10]=c+0x30;
                 }
            if(b==3)
                 {
                 t3=c;
```

```
                        cdis22[12]=c+0x30;
                        temp_h=t3+t2*10+t1*100;
                        b=0;
                        }
                }

        if(k2>0 && k1==0){
                if(b==1)
                        {
                        t1=c;
                        cdis32[9]=c+0x30;
                        }

                if(b==2)
                        {
                        t2=c;
                        cdis32[10]=c+0x30;
                        }
                if(b==3)
                        {
                        t3=c;
                        cdis32[12]=c+0x30;
                        temp_l=t3+t2*10+t1*100;
                        b=0;
                        }
                }

    EX0 = 1;
}


/*************************************************************/
main()
{
    IRIN=1;                              //I/O 口初始化
    lcd_init();                          //初始化 LCD
     IE = 0x81;                          //允许总中断中断,使能 INT0 外部中断
     TCON = 0x01;                        //触发方式为脉冲负边沿触发
     while(1)
     {

///////////////////////////////////////////////////////////
     if(k1>0)
     {
     b=0;
     lcd_wcmd(0x01);                          //清除 LCD 的显示内容
```

```
cdis22[0]=temp_h/100+0x30;            //显示十位
cdis22[1]=temp_h/10%10+0x30;          //显示个位
cdis22[3]=temp_h%10+0x30;             //显示 0.1
cdis22[9]='-';
cdis22[10]='-';
cdis22[12]='-';

                  while(1)
                  {



                  display(cdis21,cdis22);
                  if(k1==0)
                  break;
                  warr();
                }
        }


if(k2 >0)
{
              b=0;
              lcd_wcmd(0x01);          //清除 LCD 的显示内容
cdis32[0]=temp_1/100+0x30;            //显示十位
cdis32[1]=temp_1/10%10+0x30;          //显示个位
cdis32[3]=temp_1%10+0x30;             //显示 0.1
cdis32[9]='-';
cdis32[10]='-';
cdis32[12]='-';

          while(1)
              {
                display(cdis31,cdis32);
                if(k2==0)
                break;
                warr();
              }
        }


if(k2==0 && k1==0)
{
lcd_wcmd(0x01);                              //清除 LCD 的显示内容
while(1)
{
```

```
temp=ReadTemperature();              //读温度
cdis1[9]=temp%1000/100+0x30;         //显示十位
cdis1[10]=temp%100/10+0x30;          //显示个位
cdis1[12]=temp%10+0x30;              //显示 0.1

    display(cdis1,cdis2);
    if(k2!=0 || k1!=0)
    break;
    warr();
    }
    }


  }


} //end main

#include "18b20.h"
#define uchar unsigned char
#define uint  unsigned int
sbit  DATA = P1^4; //DS18B20 接入口
/*************************延时子函数*********************/
void Ddelay(uint num)
{
    while(num--)  ;
}
/************************************************************/



/***********************DS18b20 设置********************/
Init_DS18B20()          //传感器初始化
{
    uchar x=0;
    DATA = 1;           //DQ 复位
    Ddelay(10);         //稍做延时
    DATA = 0;           //单片机将 DQ 拉低
    Ddelay(80);         //精确延时大于 480μs      //450
    DATA = 1;           //拉高总线
    Ddelay(20);
    x=DATA;             //稍做延时后，如果 x=0 则初始化成功，x=1 则初始化失败
    Ddelay(30);
}

//读一个字节
ReadOneChar()
```

```
    {
        uchar i=0;
        uchar dat = 0;
        for (i=8;i>0;i--)
        {
            DATA = 0;                    // 给脉冲信号
            dat>>=1;
            DATA = 1;                    // 给脉冲信号
            if(DATA)
             dat|=0x80;
            Ddelay(8);
        }
        return(dat);
    }


//写一个字节
WriteOneChar(unsigned char dat)
    {
        uchar i=0;
        for (i=8; i>0; i--)
        {
            DATA = 0;
            DATA = dat&0x01;
        Ddelay(10);
        DATA = 1;
        dat>>=1;
        }
        Ddelay(8);
    }


//读取温度
int ReadTemperature()
    {
        uchar a=0;
        uchar b=0;
        int t=0;
        float tt=0;
        Init_DS18B20();
        WriteOneChar(0xCC);             //跳过读序号列号的操作
        WriteOneChar(0x44);             //启动温度转换
        Init_DS18B20();
        WriteOneChar(0xCC);             //跳过读序号列号的操作
        WriteOneChar(0xBE);             //读取温度寄存器等（共可读 9 个寄存器） 前
两个就是温度
        a=ReadOneChar();               //低位
```

```
b=ReadOneChar();                    //高位
t=b;
t<<=8;
t=t|a;
t=t*0.625;
return(t);
}
/***********************************************************/
```

13.2 超声波测距

随着我国经济与社会的发展，交通安全日益成为人们不能忽视的问题。由于人口的大幅增长，机动车辆的大量增加，使得路况越来越复杂，车辆和行人所面临的危险也越来越大。

由于道路空间的有限性，驾车穿行、拐弯、倒车等总次数不断增长，但是汽车驾驶员视野又是非常有限，故而碰撞和拖挂的事故时有发生，夜间因为视野的原因，使得撞车事故更为频发。因此汽车迫切需要一种能够实时测距，并且能够给驾驶员提供警示的器件，汽车防撞报警器的研究有着很重要的现实意义和应用价值。

超声波测距报警系统应该能够实时测量车辆之间的距离，并且将所测得的数据显示在表盘上，以便于驾驶员根据路况进行判断。而且一旦车辆之间的距离超过了警戒距离，报警器应该立即采取警示措施，即采取蜂鸣器响、LED 灯亮的形式对驾驶员发送警告，提醒驾驶员立即采取应变措施，能够有效地解除驾驶员停车和启动车辆时前后左右探视所引起的困扰，并帮助驾驶员克服视野不足以及操纵困难的矛盾，大大提高了行车出行安全性。

该系统的硬件部分主要有单片机模块，超声波测距模块，1602 显示模块和报警模块。软件部分利用 C 语言编程，严格定义了单片机和各部分电路的接口。并且将软件分成几个模块编写，极大降低了难度和减少了时间。主要有超声波发射程序、距离计算程序、1602 显示程序等，通过主程序来分别调用以完成测距和报警的目标。

13.2.1 系统设计与分析

（1）超声波的测距原理 超声波是人耳听不到的一种声波，是一种频率高于 20kHz 的声波。通常频率高于 20kHz 的超声波不仅波长短、方向性好、能够成射线定向传播、纵向分辨率比较高、对色彩和光照度不敏感、对外界光线和电磁场不敏感，碰到界面就会有显著反射，而且能有灰尘、烟雾、有毒等各种环境中稳定工作。它方向性好，穿透能力强，易于获得较集中的声能，可用于测距、测速、清洗、焊接、碎石、杀菌消毒等。在医学、军事、工业、农业上有很多的应用。

因此在本设计中采用超声波发射器来实现测距的功能，经综合比较，基于超声波的汽车防撞报警系统的设计，采用的是超声波频率为 40kHz 的超声波传感器。

（2）超声波发射器及其原理 超声波发射器一般可以分为两大类：一类是用电气方式产生超声波，一类是用机械方式产生超声波。电气方式包括压电型、磁致伸缩型和电动型等；机械方式有加尔统笛、液哨和气流旋笛等。它们所产生的超声波的频率、功率和声波特性各不相同，因而用途也各不相同。

超声波传感器是利用超声波的特性研制出的传感器，它必须能够发射超声波和接收超声波。具备这种功能的装置就是超声波传感器，习惯上称为超声波换能器，或者超声探头。超声波传感器主要制造材料有压电晶体及镍铁铝合金两类。这类传感器适用于测距、遥控、防盗等用途。超声波应用有三种基本类型，透射型——用于遥控器，防盗报警器、自动门、接近开关等；分离式反射型——用于测距、液位或料位；反射型——用于材料探伤、测厚等。这里主要应用了超声波的测距功能，通过超声波来计算障碍物与汽车之间的距离。

目前较为常用的是压电式超声波发生器。压电式超声波发生器实际上是利用压电晶体的谐振来工作的。超声波发生器内部结构如图 13-10 所示，它有两个压电晶片和一个共振板。当它的两极外加脉冲信号，其产生的频率等于压电晶片的固有振荡频率时，压电晶片将会发生共振，并带动共振板振动，便产生超声波。反之，如果两电极间未外加电压，当共振板接收到超声波时，将压迫压电晶片产生的振动，将机械能转换为电信号，这时它就成为超声波接收器了。超声波实物正面图以及发射器原理图如图 13-10 所示。

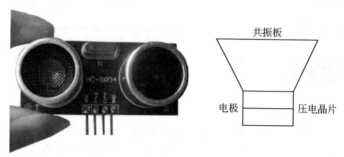

图 13-10　超声波实物正面图以及发射器原理图

（3）声波测距算法设计　声波测距算法原理如图 13-11 所示。

图 13-11　声波测距算法原理图

通过超声波发射装置发出超声波，根据接收器接到超声波时的时间差就可以知道距离了。超声波发射器向某一方向发射超声波，在发射时刻的同时开始计时，超声波在空气中传播，途中碰到障碍物就立即返回来，超声波接收器收到反射波就立即停止计时。（超声波在空气中的传播速度为 340m/s，根据计时器记录的时间 t，就可以计算出发射点距障碍物的距离，即：$s=340t/2$）在实际使用中，超声波的声速会受到温度的影响，因此常常需要使用温度补偿模块，通过温度传感器测得外界的温度，再根据温度求得对应的声速值。在实际的运算中，要采用温度补偿后的温度值。超声波测距原理图如图 13-12 所示。

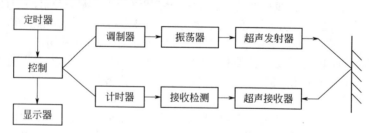

图 13-12　超声波测距原理图

（4）模块设计与原理　系统设计原理框图如图 13-13 所示。

全部模块都由 STC89C52 单片机控制整合，单片机在此处相当于一个微型计算机的功能，通过输入和输出的端口与传感器和显示器等外部端口交换信息，从而控制内部的操作能够按照流程实现功能。

在 C 语言软件设计上，首先启动超声波发生模块，定义超声波发生接口为 TX，然后驱动器推动探头产生超声波。发射的超声波在空气中传播，当遇到障碍物的时候反射回来，被超声波的接受探头所感知，在 C 语言设计程序中用 RX 表示超声波接收端。当接受到超声波反射信号时候，RX=1，此时定时器中断，根据时间计算公式求出时间，再根据距离计算模块算出距离大小。

当障碍物的距离没有超出测量范围时，所测数据可以通过 C 语言显示程序控制显示在 LCD 屏幕上，并通过判定程序（用 if、else 来实现）决定是否 LED 亮、蜂鸣器响，从而成功实现防撞报警的功能。由系统软件控制把距离数据送到显示器进行显示。

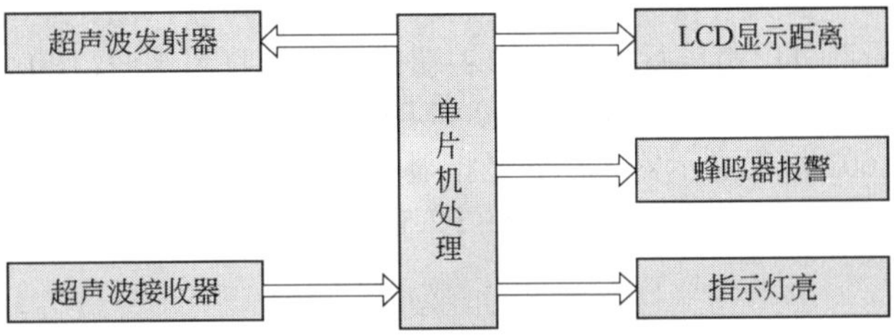

```
超声波发射器 ← 单片机处理 → LCD显示距离
                         → 蜂鸣器报警
超声波接收器 → 单片机处理 → 指示灯亮
```

图 13-13　系统设计原理框图

测试系统功能流程如下三个步骤。

① 当距离在一个可测距离 4～50cm 时，LCD1602 显示距离，显示橙色灯。如图 13-14 所示。

② 模拟若距离小于预先设置的 4cm 时，进行声光报警。如图 13-15 所示。

图 13-14　可测距离 4～50cm

图 13-15　距离小于预先设置的 4cm

③ 当距离大于 50cm 时，LCD 显示 Satay，并且闪绿灯。如图 13-16 所示。

（5）超声波发射部分的设计　本系统主要由单片机系统及显示电路、超声波发射电路和超声波检测接收电路三部分组成。采用 STC89C52 来实现对 CX20106A 红外接收芯片的控制，单片机通过 P2.3.引脚经反相器来控制超声波的发送。

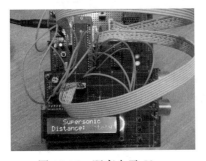

图 13-16　距离大于 50cm

测距系统中的超声波传感器采用的是陶瓷传感器，它的工作频率是 40kHz 的脉冲信号。超声波发射器包括超声波反射电路与超声波发射控制电路两个部分，超声波探头的型号为 CSB40T。超声波接收端口设置为 P2.4，当接收到超声波返回信号时，RX 置 1 从而中断计数器。

通过输出引脚输入到驱动器，经过驱动器驱动探头后可以产生超声波，这种方法方便快捷，能够极大节省时间。输出端采用两个反向器并联，用以提高驱动能力。上拉电阻 R_{10}、R_{20} 一方面可以提高反向器 74LS04 输出高电平的驱动能力，另一方面可以增加超声波换能器的阻尼效果，缩短其自由振荡的时间。

（6）超声波接收电路的设计　超声波接收器的设计，大致分为三个部分，分别是超声波接受探头、信号放大电路和波形变换电路三个部分，按照测距的原理，单片机需要的只是第一个回波的时刻，接收电路的设计可以采用通用电路实现。

因为超声波模块电路设计成熟，超声波的接收电路可以采用现成的电路模块，以节约时间和提高效率。目前较为通用的是采用 CX20106A 的集成电路，集成电路可以有效节省空间，并且实践证明这种集成电路是目前较为成熟和可靠的设计。

13.2.2　系统硬件的设计

系统硬件部分的设计主要包括单片机系统，以及 1602 液晶显示器和超声波接收器、超声波发射器三个部分组成。单片机采用 STC89C52 系列。采用 12MHz 高精度的晶振，从而获得精确的时钟频率，有效减少测量误差。

C 语言程序控制启动模块，产生超声波，由 P2.3 端口输出，超声波接收电路的输入返回信号对外中断进行控制。P2.4 端口用来接收超声波，P0 端口用来向 LCM 传输数据，可以用 C 语言定义为 LCD_Data，P3.0 和 P1 口分别连接蜂鸣器和 LCD 报警电路。显示电路采用较为简便的 1602 液晶显示器，1602 是指显示的内容为 16×2，即可以显示两行，每行 16 个字符。1062 的 RS、RW、E 口分别与单片机的 P2.5、P2.6、P2.7 连接。系统电路图如图 13-17 所示。

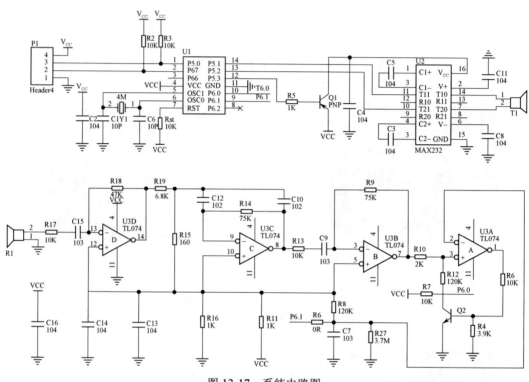

图 13-17　系统电路图

（1）单片机选择与说明　单片机种类很多，根据本系统需要实现的功能，按照节约成本和节约开发时间的原则，选择功耗低、性能高的 STC89C52 单片机。

（2）各模块电路的设计　该系统的硬件部分由 STC89C52 单片机主控，包含 USB 电源模块，复位电路模块，LCD 显示电路模块，声光报警模块。

单片机采用 STC89C52 或其兼容系列，采用 12MHz 高精度的晶振，以获得较稳定的时钟频率，减小测量误差。单片机使用 P2.3 端口输出超声波，使用 P2.4 接收超声波，系统由 USB 提供全部电源，再由晶振发出信号使整个系统开始工作，此时单片机由程序控制对超声波发射器发出信号，然后由超声波接收器接收到信号，再传入单片机进行处理。

USB 电源供电电路如图 13-18 所示。

此电源模块为整个系统提供一个比较稳定的供电来源，是系统能够顺利运行实现其功能，此 USB 提供的是 5V±10% 的直流电源。

蜂鸣器报警电路图如图 13-19 所示。

LCD 显示电路图如图 13-20 所示。

图 13-20 采用的是 1602LCD 显示器，此显示模块比 LED 显示模块更加丰富，显示内容更加完善，使显示的数据让人一目了然。所谓 1602 是指显示的内容为 16×2，即可以显示两行，每行 16 个字符。

超声波测距报警器仿真电路图如图 13-21 所示。

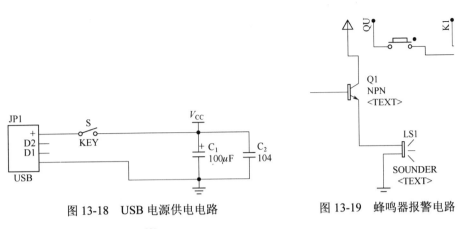

图 13-18　USB 电源供电电路　　　　　图 13-19　蜂鸣器报警电路

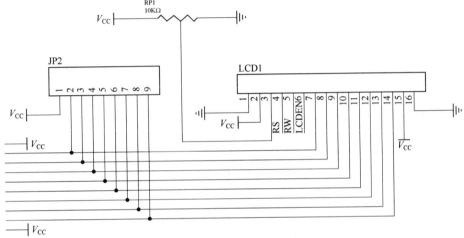

图 13-20　LCD 显示电路

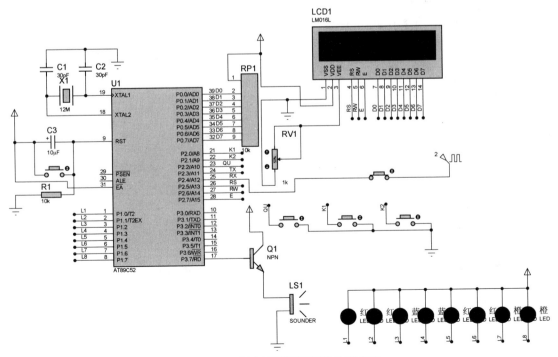

图 13-21　超声波测距报警器仿真电路

本章介绍了 STC89C52 单片机系列的引脚和其对应的功能，并且给出了单片机的接口和各部分的电路连接情况。在 C 语言程序中，可以通过 #define 来定义单片机与各个模块的接口。超声波测距模块选择了超声波传感器作为测距的工具，并且给出了各部分的电路连接图，使得每部分的结构与功能一目了然。从而奠定了倒车防撞系统的硬件基础。

13.2.3　系统软件部分的设计

（1）软件部分设计分析　在汽车倒车防撞系统的设计中，采用了 C 语言来进行编程。首先利用 C 语言的宏定义 #define 语句来定义各个管脚的连接，将每个管脚表示成为便于理解的字符，在程序中可以直接对字符进行赋值，以实现对单片机输出端口的控制。

根据各个部分功能的不同，可以将整个过程划分为若干个模块。每个模块都是实现一定功能并且相互独立的程序段，这种方法叫做模块程序设计法，利用模块的办法设计倒车报警系统，能够简化开发流程，并且使逻辑过程更加一目了然。对于特定的模块，可以直接将已经发展很完善的模块程序加以使用，不用再对各个部分重新设计。

超声波测距报警器的 C 语言程序主要有以下几个部分（模块）组成，第一个部分是主程序部分，即是通过 C 语言的主函数来实现，主程序部分统领各个部分的分工与合作，调用各个模块以实现测距和报警的功能；第二个部分是超声波发生程序，第三个部分是超声波接收程序，第四个部分是距离计算子程序。

（2）主程序设计　主程序设计流程图见图 13-22。

主程序的实现步骤如下：

① 主程序首先对系统环境进行初始化，设置定时器 T0 的工作模式。

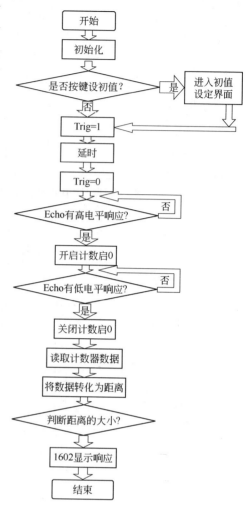

图 13-22　主程序设计流程图

② 调用超声波发送子程序发出超声波脉冲，同时计数器开始计时。

③ 当接受到返回超声波信号时，将计数器 T0 中断，读取计数时间。

④ 根据读取时间和 Count 计算距离子程序来计算障碍物距离并显示。

⑤ 根据障碍物距离判断是否报警，利用 if、else 语句实现。

主程序清单如下：

```
/**********************************************************/
void main(void)
{   speak=0;
    P1=0xff;
    Delay400Ms();              //启动等待，等 LCD 进入工作状态
    LCDInit();                 //LCD 初始化
    Delay400Ms();
    DisplayListChar(0, 0, uctech);   //显示第 0 行
    DisplayListChar(0, 1, net);      //显示第 1 行
    ReadDataLCD();                   //测试用句无意义
```

```
    Delay400Ms();
    DisplayListChar(0, 1, Cls);
    while(1)
{       key1();
        key2();
        key3();
    xianshi();

}
}
```

（3）超声波发射子程序 P1.3 与超声波的发射端连接，通过单片机产生脉冲信号经过发射端驱动电路，使超声波探头产生超声波。在 C 语言中可以将超声波发射定义为 StartModule 的函数，设定 TX=1，即将 1 值赋给 TX 端口时，模块启动一次，随后利用延时函数 nop 构成完整的启动模块子程序。

超声波发射程序如下：
```
/**************************************************/
void  StartModule()              //启动模块
  {
    TX=1;                        //启动一次模块大约10μs的方波
    _nop_();
    _nop_();
    _nop_();
    _nop_();
    _nop_();
    _nop_();
    _nop_();
    _nop_();
    _nop_();
    _nop_();
    _nop_();
    _nop_();
    _nop_();
    _nop_();
    _nop_();
    _nop_();
    _nop_();
    _nop_();
    _nop_();
    _nop_();
    TX=0;
  }
```

（4）超声波接收子程序 P1.4 端口与超声波接收端相连，用#define 定义为 RX，在软件程序的设计中，需要利用 P1.4 作为接收端来控制定时器的开启与关断，从而能够得出超声波在空气中传播的时间。对于定时器的开启与关断，可以通过 while 语句来实现，通过 while 语句能够很好地将 RX 的状态与定时器的状态联系起来，用 while 语句表示，当 RX 的值为 0 时，TR0=1，即是开启计时器计数。当超声波返回被接收模块所接收的时候，TR1=0，此时计数器关断，则可以根据计数器的时间差来求得超声波在空气中传播的时间。

超声波接收端 RX 用来启动和关断定时器，部分程序如下：

```
while(!RX);            //当 RX 为零时等待
    TR0=1;            //开启计数
while(RX);            //当 RX 为 1 计数并等待
    TR0=0;            //关闭计数
    Conut();         //计算
delayms(20);         //80ms
```

（5）距离计算子程序　启动发射电路的时候同时启动单片机内部定时器 T0，利用定时器的计数功能记录超声波的发射时间和反射波的接收时间。当收到超声波反射时，利用 while 语句中断计时器计数，时间根据 T0 计时器的高位 TH0 和低位 TL0 的读数来计算，$time=TH0\times256+TL0$；求出时间之后，再根据时间计算障碍物的距离，$S=(time\times1.7)/100$；因为分母是 100，所以求出来的结果单位是厘米。

```
/*********************************************************/
void Conut(void)//计算距离
    {
    time=TH0*256+TL0;
    TH0=0;
    TL0=0;
    S=(time*1.72)/100;
```

（6）报警判断子程序　若距离在一个可测距离 4～50cm 时，LCD1602 显示距离，显示橙声灯。若距离小于预先设置的 4cm 时，LCD 显示 Danger，进行声光报警。当距离大于 50cm 时，LCD 显示 Satey，并且闪绿灯。

部分源程序如下：

```
    if(S<Small)            //小于测量最小值显示 Danger
    {
    flag=0;
    speak=1;
    P1=0xcc;
    DisplayOneChar(10, 1, 'D');
    DisplayOneChar(11, 1,'a');
    DisplayOneChar(12, 1, 'n');
    DisplayOneChar(13, 1, 'g');
    DisplayOneChar(14, 1, 'e');
    DisplayOneChar(15, 1, 'r');
    }
    if(S>Large)            //大于测量最大值显示 Satety
{
    flag=0;
    speak=1;
    P1=0xf3;
    delayms(10);
    speak=0;
```

```
        P1=0xff;
         DisplayOneChar(10, 1, 'S');
         DisplayOneChar(11, 1,'a');
         DisplayOneChar(12, 1, 't');
         DisplayOneChar(13, 1, 'e');
         DisplayOneChar(14, 1, 't');
         DisplayOneChar(15, 1, 'y');
         }
        if(S>=Small&&S<=Large)            //检测距离
      { speak=0;
        P1=0x3f;
        disbuff[0]=(long)S%1000/100;
        disbuff[1]=(long)S%1000%100/10;
        disbuff[2]=(long)S%1000%100%10;
        disbuff[3]= (long)((S-(long)S)*10)%10;
        DisplayOneChar(9, 1, ASCII[disbuff[0]]);
        DisplayOneChar(10, 1, ASCII[disbuff[1]]);
        DisplayOneChar(11, 1,ASCII[disbuff[2]] );
        DisplayOneChar(12, 1,ASCII[10] );
        DisplayOneChar(13, 1,ASCII[disbuff[3]] );
        DisplayOneChar(14, 1, ASCII[13]);
      DisplayOneChar(15, 1, ASCII[12]);
        }
    }
```

(7) LCM 的部分程序 在汽车防撞报警器的设计中，采用 P0 端口与 LCD 数据输入相连，并且并联一个排阻，以提高电路的安全性和可靠性。在软件设计中，首先利用#define 宏定义将 P0 端口定义为 LCM_Data，即使 LCD 模块为数据输入端口。然后再通过赋值给 LCM_Data 以达到对 P0 端口的控制。

在 P2 端口的电路连接中，P2.5 连接 LCD 的信号控制线 RS，P2.6 连接信号的控制线 RW，P2.7 与信号控制线 E 口相连。在软件设计中，首先利用#define 语句定义好接口，将 P2.5 定义为 RS，P2.6 定义为 RW，将 P2.7 定义为 E，便于直接在 C 程序中直接操作 RS、RW、E 接口，以分别实现对 LCD 信号控制线的控制。要实现读/写数据，读/写指令，可以根据对 RS、RW、E 的赋值来实现对 LCD 寄存器的选择。

例如写数据的子函数程序如下：

```
//写数据
void WriteDataLCD(unsigned char WDLCD)
{
  ReadStatusLCD();              //检测忙
  LCD_Data = WDLCD;
  LCD_RS = 1;
  LCD_RW = 0;
  LCD_E = 0;                    //若晶振速度太高可以在这后加小的延时
  LCD_E = 0;                    //延时
  Delay5Ms();                   //不加延时通不过 PROTEUS 仿真
  LCD_E = 1;
}
```

（8）实物的测试　经过 Keil 软件对程序进行编译和连接之后，生成拓展名为.HEX 的文件，将 STC89C52 单片机插入编程器插座内，通过编程器将程序烧写到单片机内。然后接通 USB 电源，打开开关按钮，LCD 屏幕显示。

在进行测试的过程中，当障碍物接近 4cm 以内的时候，系统的蜂鸣器开始响，LED 灯也同时亮。说明能够正常运行和实现功能，在一定程度上起到了防撞报警的作用。反复进行测试实验，发现了该报警器仍然存在一些问题，所测距离并不十分精确。

分析其原因应该是：第一，该报警器没有温度补偿模块，直接采用常温下的声速作为运算数据，忽略了温度对超声波传播速度的影响；第二，该报警器的超声波测距模块只有一个超声波发射探头，超声波的反射很容易受到物体形状和位置的干扰；第三，单片机的传输过程和计算过程也会占用一定的时间，并且产生一定的误差，导致接收时间不够精准，运算结果也不够精确。

测量实际效果图如图 13-23 所示。

图 13-23　测量实际效果图

13.2.4　元件表

元　件	型　号	数　量
单片机	STC89C52（带插槽）	1
液晶	1602	1
排阻	10kΩ（9 脚）	1
LED 灯	红色、橙色、绿色	各 2 个
超声波模块	HC-SR04	1
电阻	10kΩ　270	各 1 个
可调电阻	1kΩ	1
电容	30pF　10μF	各 2 个
普通开关		5 个
扬声器	12A05V	1
三极管	9014	1

13.2.5　C 语言源程序

```c
#include <reg51.h>
#include <intrins.h>
#include<stdlib.h>
sbit LCD_RS=P2^5;                //RS 寄存器选择;高电平选数据;低电平选指令;
sbit LCD_RW=P2^6;                //读写信号线;高电平读操作;低电平写操作;
sbit LCD_E=P2^7;                 //E 使能端
sbit RX=P2^4;
sbit TX=P2^3;
sbit speak=P3^0;
sbit KEY1=P2^0;
sbit KEY2=P2^1;
sbit quding=P2^2;
#define LCD_Data P0              //液晶数据 D7～D0
#define Busy    0x80             //用于检测 LCD 状态字中的 Busy 标识
unsigned int  time=0,c=0,n;
float Small=4.0,Large=50.0;      //设定最小距离和最大距离
```

```c
double S=0;
bit      flag =0;
unsigned long disbuff[4];
void WriteDataLCD(unsigned char WDLCD);                //写数据
void WriteCommandLCD(unsigned char WCLCD,BuysC);       //写指令
unsigned char ReadDataLCD(void)                        //读数据
unsigned char ReadStatusLCD(void);                     //读状态
void LCDInit(void);//LCD初始化
void DisplayOneChar(unsigned char X, unsigned char Y, unsigned char
DData);//显示一个字符
void DisplayListChar(unsigned char X, unsigned char Y, unsigned char
code *DData);//显示一串字符
void Conut(void);
void xianshi();
void Delay5Ms(void);
void  StartModule();
void delayms(unsigned int ms);
void Delay400Ms(void);
unsigned char code uctech[] = {"  Supersonic   "};
unsigned char code net[] = {"     Start     "};
unsigned char code Cls[] ={"               "};
unsigned char code Cls0[] ={"Distance:      "};
unsigned char code Cls1[]={"Short:         "};
unsigned char code Cls2[]={"Long:          "};
unsigned char code ASCII[] ={'0','1',' 2','3','4', '5','6','7', '8',
'9','.','-','M','C'};
//写数据
void WriteDataLCD(unsigned char WDLCD)
{
  ReadStatusLCD();                  //检测忙
  LCD_Data = WDLCD;
  LCD_RS = 1;
  LCD_RW = 0;
  LCD_E = 0;                         //若晶振速度太高可以在这后加小的延时
  LCD_E = 0;                         //延时
  Delay5Ms();                        //不加延时通不过PROTEUS仿真
  LCD_E = 1;
}
//写指令
void WriteCommandLCD(unsigned char WCLCD,BuysC)  //BuysC为0时忽略忙检测
{
  if (BuysC) ReadStatusLCD();      //根据需要检测忙
  LCD_Data = WCLCD;
  LCD_RS = 0;
  LCD_RW = 0;
```

```
    LCD_E = 0;
    LCD_E = 0;
    Delay5Ms();
    LCD_E = 1;
}
//读数据
unsigned char ReadDataLCD(void)
{
    LCD_RS = 1;
    LCD_RW = 1;
    LCD_E = 0;
    LCD_E = 0;
    Delay5Ms();
    LCD_E = 1;
    return(LCD_Data);
}
//读状态
unsigned char ReadStatusLCD(void)
{
    LCD_Data = 0xFF;
    LCD_RS = 0;
    LCD_RW = 1;
    LCD_E = 0;
    LCD_E = 0;
    Delay5Ms();
    LCD_E = 1;
    while (LCD_Data & Busy);              //检测忙信号
    return(LCD_Data);
}
void LCDInit(void)                        //LCD 初始化
{
    LCD_Data = 0;
    WriteCommandLCD(0x38,0);              //三次显示模式设置，不检测忙信号
    Delay5Ms();
    WriteCommandLCD(0x38,0);
    Delay5Ms();
    WriteCommandLCD(0x38,0);
    Delay5Ms();
    WriteCommandLCD(0x38,1);             //显示模式设置,开始要求每次检测忙信号
    WriteCommandLCD(0x08,1);             //关闭显示
    WriteCommandLCD(0x01,1);             //显示清屏
    WriteCommandLCD(0x06,1);             //显示光标移动设置
    WriteCommandLCD(0x0c,1);             //显示开及光标设置
}
//按指定位置显示一个字符
```

```c
void DisplayOneChar(unsigned char X, unsigned char Y, unsigned char DData)
{
  Y &= 0x01;
  X &= 0x0F;                      //限制 X 不能大于 15，Y 不能大于 1
  if (Y) X |= 0x40;               //当要显示第二行时地址码+0x40;
  X |= 0x80;                      //算出指令码
  WriteCommandLCD(X, 0);          //这里不检测忙信号，发送地址码
  WriteDataLCD(DData);
}


//按指定位置显示一串字符
//指向数组的指针:int a[10]; int *p; p=&a[0],p指向a[0],是因为将a[0]的地址赋给了 p
void DisplayListChar(unsigned char X, unsigned char Y, unsigned char code *DData)
{
  unsigned char ListLength;
  ListLength = 0;
  Y=Y&0x01;                       //行标志符号,第 0 行,或者第 1 行;
  X=X&0x0F;                        //限制 X 不能大于 15，0~15 显示 16 个字符
  while (ListLength<=0x0F)         //若到达字串尾则退出
    {
     if (X<=0x0F)                  //X 坐标应小于 0F
      {
        DisplayOneChar(X, Y, DData[ListLength]); //显示单个字符
        ListLength++;
        X++;
      }
    }
}


//5ms 延时
void Delay5Ms(void)
{
 unsigned int TempCyc =100;
 while(TempCyc--);
}
void  StartModule()                //启动模块
  {
      TX=1;                        //启动一次模块大约 10μs 的方波
      _nop_();
      _nop_();
      _nop_();
      _nop_();
      _nop_();
      _nop_();
      _nop_();
```

```
        _nop_();
        _nop_();
        _nop_();
        _nop_();
        _nop_();
        _nop_();
        _nop_();
        _nop_();
        _nop_();
        _nop_();
        _nop_();
        _nop_();
        _nop_();
        _nop_();
        TX=0;
    }


//延时
void Delay400Ms(void)
{
 unsigned char TempCycA = 5;
 unsigned int TempCycB;
 while(TempCycA--)
 {
  TempCycB=7552;
  while(TempCycB--);
 }
}
void delayms(unsigned int ms)
{
     unsigned char i=10,j;
     for(;ms;ms--)
     {
          while(--i)
          {
               j=10;
               while(--j);
          }
     }
}
//键盘扫描
void key1()
{   if(quding==0)
        {   delayms(1);
             if(quding==0)
```

```c
                      {
                      speak=0;
                      P1=0xff;
                      while(quding==0);
                              c++;
                              if(c==3)
                                  c=0;
                      }
              }
      }
//键盘扫描
void key2()
  {    if(c==1)
          { if(KEY1==0)
              { delayms(1);
                 if(KEY1==0)
                    { while(KEY1==0)
                         {
                          n++;
                          if(n==100)
                          break;
                         }
                       Small=Small+0.1;
                    }
              }
          }
        if(KEY2==0)
          { delayms(1);
            if(KEY2==0)
              { while(KEY2==0)
                   {
                    n++;
                    if(n==100)
                    break;
                   }
                 Small=Small-0.1;
              }
          }
      }
  }


//键盘扫描
void key3()
  {    if(c==2)
          { if(KEY1==0)
              {          delayms(1);
```

```c
        if(KEY1==0)
            {   while(KEY1==0)
                {
                 n++;
                 if(n==100)
                 break;
                }
              Large=Large+0.1;
              }
        }
      if(KEY2==0)
        {           delayms(1);
        if(KEY2==0)
          {   while(KEY2==0)
              {
               n++;
               if(n==100)
               break;
              }
        Large=Large-0.1;
        }
      }
    }
  }

void Conut(void)        //计算距离
    {
    time=TH0*256+TL0;
    TH0=0;
    TL0=0;
    S=(time*1.72)/100;
    if(S<Small)     //超出测量范围显示Danger
    {
      flag=0;
      speak=1;
      P1=0xcc;
       DisplayOneChar(10, 1, 'D');
       DisplayOneChar(11, 1,'a');
       DisplayOneChar(12, 1, 'n');
       DisplayOneChar(13, 1, 'g');
       DisplayOneChar(14, 1, 'e');
       DisplayOneChar(15, 1, 'r');
       }
    if(S>Large)        //超出测量范围显示Satety
    {
```

```
        flag=0;
      speak=1;
      P1=0xf3;
      delayms(10);
      speak=0;
      P1=0xff;
       DisplayOneChar(10, 1, 'S');
       DisplayOneChar(11, 1,'a');
       DisplayOneChar(12, 1, 't');
       DisplayOneChar(13, 1, 'e');
       DisplayOneChar(14, 1, 't');
       DisplayOneChar(15, 1, 'y');
       }
      if(S>=Small&&S<=Large)//检测距离
    { speak=0;
        P1=0x3f;
        disbuff[0]=(long)S%1000/100;
        disbuff[1]=(long)S%1000%100/10;
        disbuff[2]=(long)S%1000%100%10;
        disbuff[3]= (long)((S-(long)S)*10)%10;
        DisplayOneChar(9, 1, ASCII[disbuff[0]]);
        DisplayOneChar(10, 1, ASCII[disbuff[1]]);
        DisplayOneChar(11, 1,ASCII[disbuff[2]] );
        DisplayOneChar(12, 1,ASCII[10] );
        DisplayOneChar(13, 1,ASCII[disbuff[3]] );
        DisplayOneChar(14, 1, ASCII[13]);
       DisplayOneChar(15, 1, ASCII[12]);
        }
      }
void xianshi()//手动调节最少距离和最大距离显示
{   if(c==1)
   {
    DisplayListChar(0, 0, uctech);
    DisplayListChar(0, 1, Cls1);
     disbuff[0]=(long)Small%1000/100;
     disbuff[1]=(long)Small%1000%100/10;
     disbuff[2]=(long)Small%1000%100%10;
     disbuff[3]= (long)((Small-(long)Small)*10)%10;
    DisplayOneChar(9, 1, ASCII[disbuff[0]]);
    DisplayOneChar(10, 1, ASCII[disbuff[1]]);
    DisplayOneChar(11, 1,ASCII[disbuff[2]] );
    DisplayOneChar(12, 1,ASCII[10] );
    DisplayOneChar(13, 1,ASCII[disbuff[3]] );
    DisplayOneChar(14, 1, ASCII[13]);
   DisplayOneChar(15, 1, ASCII[12]);
```

```
        }

    if(c==2)
        {
            DisplayListChar(0, 0, uctech);
            DisplayListChar(0, 1, Cls2);
            disbuff[0]=(long)Large%1000/100;
            disbuff[1]=(long)Large%1000%100/10;
            disbuff[2]=(long)Large%1000%100%10;
            disbuff[3]= (long)((Large-(long)Large)*10)%10;
            DisplayOneChar(9, 1, ASCII[disbuff[0]]);
            DisplayOneChar(10, 1, ASCII[disbuff[1]]);
            DisplayOneChar(11, 1,ASCII[disbuff[2]] );
            DisplayOneChar(12, 1,ASCII[10] );
            DisplayOneChar(13, 1,ASCII[disbuff[3]] );
            DisplayOneChar(14, 1, ASCII[13]);
          DisplayOneChar(15, 1, ASCII[12]);


            }

    if(c==0)
        {
            DisplayListChar(0, 0, uctech);//显示第0行
            DisplayListChar(0, 1, Cls0);
        TMOD=0x01;                          //设 T0 为方式 1, GATE=1;
        TH0=0;
        TL0=0;
        ET0=1;                              //允许 T0 中断
        EA=1;
            StartModule();
            while(!RX);                     //当 RX 为零时等待
            TR0=1;                          //开启计数
            while(RX);                      //当 RX 为 1, 计数并等待
            TR0=0;                          //关闭计数
            Conut();                        //计算
            delayms(20);                    //延时
            }
}
void zd0() interrupt 1                   //T0 中断
    {
        flag=1;                             //中断溢出标志
    }
void main(void)
{   speak=0;
    P1=0xff;
```

```
        Delay400Ms();                      //启动等待，等 LCD 进入工作状态
        LCDInit();                         //LCD 初始化
        Delay400Ms();
        DisplayListChar(0, 0, uctech);     //显示第 0 行
        DisplayListChar(0, 1, net);        //显示第 1 行
        ReadDataLCD();                     //测试用句无意义
        Delay400Ms();
    DisplayListChar(0, 1, Cls);
    while(1)
    {        key1();
             key2();
             key3();
         xianshi();

    }
}
```

13.3 基本单元制作（ISP 烧写模式或 USB 烧写模式）

13.3.1 单片机基本单元制作 ISP 烧写模式

（1）单片机基本单元制作 ISP 烧写模式电路图，如图 13-24 所示。

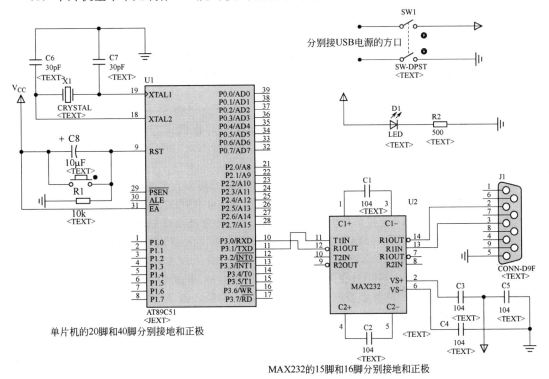

图 13-24 单片机基本单元制作 ISP 烧写模式

（2）工作原理说明 RS-232C 接口是 EIA（美国电子工业协会）1969 年修订 RS-232C 标准。RS-232C 定义了数据终端设备（DTE）与数据通信设备（DCE）之间的物理接口标准。

① 机械特性　RS-232C 接口规定使用 25 针连接器，连接器的尺寸及每个插针的排列位置都有明确的定义（阳头）。

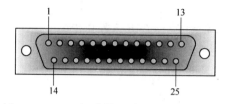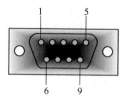

② 功能特性　RS-232C 标准接口主要引脚定义见表 13-1。

表 13-1　PS-232C 标准接口主要引脚定义

插针序号	信号名称	功　　能	信号方向
1	PGND	保护接地	
2（3）	TXD	发送数据（串行输出）	DTE→DCE
3（2）	RXD	接收数据（串行输入）	DTE←DCE
4（7）	RTS	请求发送	DTE→DCE
5（8）	CTS	允许发送	DTE←DCE
6（6）	DSR	DCE 就绪（数据建立就绪）	DTE←DCE
7（5）	SGND	信号接地	
8（1）	DCD	载波检测	DTE←DCE
20（4）	DTR	DTE 就绪（数据终端准备就绪）	DTE→DCE
22（9）	RI	振铃指示	DTE←DCE

注：插针序号（）内为 9 针非标准连拉接器的引脚号。

③ C_1、C_2、C_3、C_4 及 V_+，V_- 是电源变换电路部分。

在实际应用中，器件对电源噪声很敏感，因此，V_{CC} 必须要对地加去耦电容 C_5，其值为 $0.1\mu F$。按芯片手册中介绍，电容 C_1、C_2、C_3、C_4 应取 $1.0\mu F/16V$ 的电解电容，经大量的实验应用，这 4 个电容都可选用 $0.1\mu F$ 的非极性瓷片电容代替电解电容，在具体设计电路时，这 4 个电容要尽量靠近 MAX232 芯片，以提高抗干扰能力。

实际应用中，T1IN，T2IN 可直接连接 TTL/CMOS 电平的 51 单片机串行发送端 TXD；R1OUT，R2OUT 可直接连接 TTL/CMOS 电平的 51 单片机的串行接收端 RXD；R1OUT、R2OUT 可直接连接 PC 机的 RS-232 串口的接收端 RXD；R1IN，R2IN 可直接连接 PC 机的 RS-232 串口的发送端 TXD。

现从 MAX232 芯片中两路发送、接收中任选一路作为接口。要注意其发送、接收的引脚要对应。如使用 T1IN 连接单片机的发送端 TXD，则 PC 机的 RS-232 接收端 RXD 一定要对应接 T1OUI 引脚。同时，R1OUI 连接单片机的 RXD 引脚，PC 机的 PS-232 发送端 TXD 对应 R1IN 引脚。

MAX-232 数据传输过程：MAX-232 的 11 脚 T1IN 接单片机 TXD 端的 P3.1，TTL 电平从单片机的 TXD 端发出，经过 MAX-232 转换为 RS-232 电平后从 MAX-232 的 14 脚 T1OUI 发出，再连接到串口座的第 2 脚，再经过交叉串口线后，连接至 PC 机的串口座的第 3 脚 RXD 端，至此计算机接收到数据。PC 机发送数据时从 PC 机串口座的第 2 脚 TXD 端发出数据，再逆向流向单片机的 RXD 端 P3.0 接收数据。

（3）元件表

元　件	型　号	数　量
单片机芯片及活动 IC 座	51 单片机	各 1 个
芯片及 IC 座	MAX232 芯片	各 1 个
晶振	12MHz	1 个
电解电容	$10\mu F$	1 个
非极性瓷片电容	30pF	2 个

元　件	型　号	数　量
非极性瓷片电容	104	5 个
点触开关		1 个
自锁开关		1 个
发光 LED 灯		1 个
电阻	500Ω、10kΩ	各 1 个
带专用串口的万能板		1 块
母串口	DB9 母	1 个
USB 方口		1 个
带 USB 的方口电源线		1 条（建议网上购买）
带 USB 的公串口线		1 条（建议网上买专用）

（4）源程序代码　功能：一个灯在做秒闪烁

```
#include<reg51.h>            //头文件
#define uint unsigned int    //宏定义
sbit led=P1^0;               //声明单片机 P1 口的第一位
void delay();                //声明延时子函数
void main()                  //主函数
{
    while(1)                 //大循环
    {
        led=0;               //点亮 led 灯
        delay();             //调用延时函数
        led=1;               //熄灭 led 灯
        delay();             //调用延时函数
    }
}
void delay()                 //延时函数体
{
    uint i,j;
    for(i=500;i>0;i--)
        for(j=110;j>0;j--);
}
```

13.3.2　单片机基本单元制作 USB 烧写模式

（1）单片机基本单元制作 USB 烧写模式电路图，如图 13-25 所示。

（2）工作原理说明

PL2303 是 Prolific 公司生产的一种高度集成的 RS232-USB 接口转换器，可提供一个 RS232 全双工异步串行通信装置与 USB 功能接口便利连接的解决方案。该器件内置 USB 功能控制器、USB 收发器、振荡器和带有全部调制解调器控制信号的 UART，只需外接几只电容就可实现 USB 信号与 RS232 信号的转换，能够方便嵌入到手持设备。该器件作为 USB/RS232 双向转换器，一方面从主机接收 USB 数据并将其转换为 RS232 信息流格式发送给外设；另一方面从 RS232 外设接收数据转换为 USB 数据格式传送回主机。

PL2303 的高兼容驱动可在大多操作系统上模拟成传统 COM 端口，并允许基于 COM 端口应用可方便地转换成 USB 接口应用，通信波特率高达 6Mb/s。在工作模式和休眠模式时都功耗低，是嵌入式系统手持设备的理想选择。

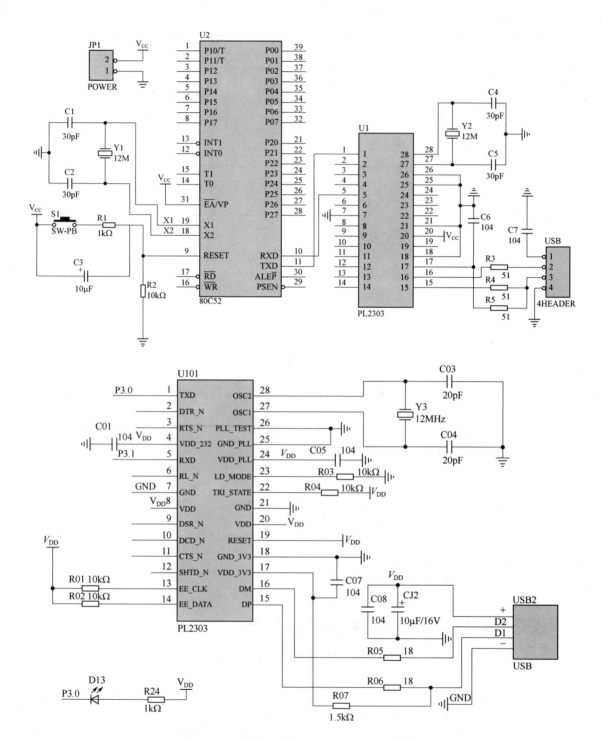

图 13-25　单片机基本单元制作 USB 烧写模式

　　该器件具有以下特征：完全兼容 USBl.1 协议；可调节的 3～5V 输出电压，满足 3V、3.3V 和 5V 不同应用需求；支持完整的 RS232 接口，可编程设置的波特率为 75bit/s～6Mbit/s，并为外部串行接口提供电源；512 字节可调的双向数据缓存；支持默认的 ROM 和外部 EEPROM 存储设备配置信息，具有 I²C 总线接口，支持从外部 MODEM 信号远程唤醒。

将 PL2303 的 TXD（PINl）和 RXD（PIN5）分别与单片机上的串口（TXD 和 RXD）连接，DM、DP 与计算机的 USB 接口连接，再加上其他外围元件，就可实现单片机与计算机之间的通信。PL2303 支持默认 ROM 和外部 EEPROM 两种不同的存储方法，可存储包括 PID（Pinduct ID），VID（Vendor ID）和器件收发器控制和状态等信息，如果不希望采用默认的设置，则需外扩一个 EEPROM（如 ST 公司的 M24C02）。

（3）元件表

元　件	型　号	数　量
单片机芯片及活动 IC 座	51 单片机	各 1 个
芯片及 IC 座	PL2303 芯片	各 1 个
晶振	12MHz	2 个
电解电容	10μF	1 个
非极性瓷片电容	30pF	4 个
非极性瓷片电容	104	5 个
点触开关		1 个
自锁开关		1 个
发光 LED 灯		1 个
电阻		若干
USB 接口		1 个
USB 线		1 条
万能板		1 块

参 考 文 献

[1] 江世明. 基于 PROTEUS 的单片机应用技术. 北京：电子工业出版社，2009.

[2] 刘剑. 51 单片机开发与应用基础教程（C 语言版）. 北京：中国电力出版社，2012.

[3] 江力. 单片机原理与应用技术. 北京：清华大学出版社，2006.

[4] 俞虹. MCS51 单片机原理与应用（C 语言版）. 北京：机械工业出版社，2004.

[5] 张志良. 单片机原理与控制技术. 第 2 版. 北京：机械工业出版社，2005.

[6] 杨旭方. 单片机控制与应用实训教程. 北京：电子工业出版社，2010.

[7] 鞠剑平. 单片机应用技术教程. 武汉：华中科技大学出版社，2012.

[8] 王守中. 51 单片机开发入门与典型实例. 第 2 版. 北京：人民邮电出版社，2009.

[9] 周慈航. 单片机程序设计基础. 北京：北京航空航天大学出版社，2003.

[10] 胡汉才. 单片机原理及其接口技术. 第 2 版. 北京：清华大学出版社，2008.

[11] 胡伟. 单片机 C 程序设计及应用实例. 北京：人民邮电出版社，2003.

[12] 赵佩华. 单片机接口技术及应用. 北京：机械工业出版社，2003.

[13] 常敏. 单片机应用程序开发与实践. 北京：电子工业出版社，2001.

[14] 武庆生. 单片机原理与应用. 成都：电子科技大学出版社，2003.

[15] 马忠梅. 单片机的 C 语言应用程序设计. 北京：北京航空航天大学出版社，2008.

[16] 刘同法. C51 单片机 C 程序模板与应用. 北京：北京航空航天大学. 2010.

[17] 邹显圣. 单片机原理与应用项目式教程. 北京：机械工业出版社，2010.

[18] 姚国林. 单片机原理与应用技术. 北京：清华大学出版社，2009.

[19] 张涛. 单片机技术. 北京：电子工业出版社，2012.

[20] 刘训非. 单片机技术及应用. 北京：清华大学出版社，2010.